산호초의 구조와 분포

I

The Structure and Distribution of Coral Reefs
by Charles Darwin

Published by Acanet, Korea, 2019

학술명저번역 618

산호초의 구조와 분포

1832년부터 1836년에 걸쳐
왕립해군 피츠로이 함장의 지휘를 받은
비글호 항해의 지질학보고서 첫 부분

The Structure and Distribution of Coral Reefs

찰스 다윈 지음 | **장순근·백인성** 옮김

아카넷

일러두기

1), 2), 3), …는 지은이 주를, *, **, ***, …는 옮긴이 주를 나타낸다.

머리말

여러 사람들이 귀중한 것을 알려주어 나는 이 책의 많은 부분에서 그들에게 깊이 감사한다. 그 가운데서도 홍해와 인도양의 낮은 산호섬들로 된 제도를 조사한 인도해군 R. 모레스비(Moresby) 함장에게 특별히 감사 드린다. 또 해군성에 있는 해도들을 자유롭게 참고할 수 있게 해준 왕립해군 보퍼트(Beaufort) 함장과 그 해도들을 참고할 때 아주 친절하게 답변해준 왕립해군 비처(Beecher) 함장에게도 대단히 깊은 고마움을 표한다. 또 여러 가지로 나를 도와준 왕립해군 워싱턴(Washington) 함장에게도 무한히 감사한다. 나의 과거 발간물에서 왕립해군 비글호에 승선하여 스스로 일할 수 있게 하고 내 연구를 한결같이 친절하게 도와준 피츠로이(FitzRoy) 함장에게 깊이 감사한 바 있으며, 이 자리에서 다시 한 번 감사를 드린다. 이 책의 내용은 거의 2년 전에 준비되었으나 건강이 나빠져* 출판이 늦어졌다. 이어지는 두 부분—곧 비글호 항해 중에 찾아간 화산섬들에 관한 부분과 남아메리카 지질에 관한 부분—은 준비되는 대로 곧 발간할 것이다.**

1842년 5월 2일

---

* 다윈이 1835년 3월 안데스산맥을 넘어 아르헨티나 멘도사로 가던 중 룩산이라는 시골에서 남아메리카 풍토병의 하나인 샤가스병에 걸린 것을 말한다. 찰스 다윈의 비글호 항해기 15장을 보라.

** 화산섬들에 관한 내용은 1844년에 발간되었으며, 남아메리카 지질에 관한 내용은 1846년에 발간되었다.

도판 설명

도판 I

이 책에서는 작은 평면도들로 축소되어 있으나, 산호초들을 원래 조사한 해도에서는 이 섬들이 아주 다르게 인쇄되어 있었다. 이들을 통일하려고 모레스비 함장과 파월(Powell) 대위의 조사결과를 동인도회사가 발간한 차고스 제도* 해도의 형식을 그대로 사용했다. 썰물 때 노출되는 초(礁)의 표면은 도판에서 작은 십자 기호들로 표시되어 있다. 초에 있는 작은 산호섬들은 모두 아무 표시 없이 선으로 그렸다. 섬에는 균형이 맞지 않을 정도로 큰 야자나무들이 그려져 있는데, 산호섬들을 분명하게 하려고 그 야자나무들을 일부러 크게 그려놓았다. 물로 이루어진 넓은 공간을 완전히 둘러싼 둥근 모양의 초는 '환초'이며, 한 개 이상의 높은 섬들을 둘러싼 초는 '보초'이다. 이들은 거의 같은 과정으로 만들어졌으며, 눈에 잘 띄도록 연한 적갈색**으로 표시했다. 원래 조사된 몇몇 해도에서는 초들이 십자 기호로 표시되어 있어, 폭을 알 수 없었다. 나는 그런 초들은 보통 산호초의 폭으로

---

* 차고스 제도(Chagos Archipelago)는 몰디브 제도 남쪽으로 500km 정도 떨어진, 인도양 남위 6도 동경 71도30분에 있는 환초이다. 60개가 넘는 환초들이 크게 7개의 그룹을 만든다. 수면 위보다는 물에 잠긴 뱅크가 더 많고 더 넓다. 이 제도는 영국영토이며, 미국과 영국의 군사기지인 디에고가르시아(Diego Garcia)가 이 제도의 남쪽에 있다. 아래에 나오는 페로스 반호스(Peros Banhos)는 차고스 제도에 있다.

** 원본에서는 도판 I이 컬러본이라 연한 적갈색이지만 흑백인 이 책에서는 회색이다.

표시했다. 그 많은 작은 섬 모두와 수많은 초들을 다 표시할 필요는 없다고 생각한다. 그 이유는 그 섬들과 초들은 환초 대부분의 초호와 보초 대부분의 초호수로에 한 개만 있거나 다른 초나 육지의 해안으로 연결되어 있기 때문이다. 페로스반호스에서는 초호에 있는 초들이 하나도 수면 위로 솟아나지 않아서, 그 가운데 몇 개를 점으로 둥글게 표시했다. 초 안에서 가장 깊은 곳을 패덤으로 표시하였는데, 1패덤은 6영국피트이다.*

그림 1 바니코로(Vanikoro)는 남태평양의 서쪽에 있으며,** 뒤르빌(D'Urville) 함장이 아스트롤라베호***를 타고 조사한 결과를 인용했다. 축척은 1/4인치가 1지리마일이다.**** 섬의 남쪽 수심, 곧 30~40패덤이 슈발리에 디옹(Chevalier Dillon)의 항해에서 측정되었다. 다른 수심들은 뒤르빌의 항해에서 측정되었다. 섬의 꼭대기는 3,032피트이다. 작은 개개의 초들이 초호수로 안에 따로 표시되어 있다. 섬의 남쪽 해안에서는 초가 바짝 붙어 있다.***** 만약 목판화를 그린 사람이 이 초가 섬 두 개를 완전히 둘러싸도

---

* 푸트(foot)는 옛날부터 사람 발의 크기를 길이의 단위로 쓰면서 생긴 단위이다. 옛날에는 1푸트가 지역에 따라 250~335mm였다. 영국에서는 1593년 엘리자베스 1세 시절 1법정마일 1,609.344m를 5,280피트로 정했다. 따라서 1피트가 30.48cm이다.

** 바니코로는 솔로몬 군도(Solomon Islands) 남동쪽에 있는 산타크루스 군도(Santa Cruz Islands)의 북서쪽인 남위 11도40분, 동경 166도50분에 있다.

*** 원전에는 대부분의 경우 배의 이름이 이탤릭체로 씌어 있다. 그러나 가끔 분명히 배인데도 이탤릭체로 쓰지 않은 곳도 있지만 원전에 충실하게 옮겼다. 덧붙이면, 유럽인에게 배는 단순한 교통수단을 넘는 존재로 생각되어왔다. 곧 배 덕분에 그들이 미지의 땅에 진출할 수 있었기 때문에 유럽인들이 배를 이탤릭체로 표기한 것으로 추정된다.

**** 지리마일이란 적도에서 경도 1분의 거리로 1,854m이다. 반면 1해리 1,852m는 적도에서 위도 1분의 평균거리이다. 이렇게 지리마일과 해리가 다른 것은 지구가 자전해, 적도반지름(6,378km)이 극반지름(6,357km)보다 크기 때문이다.

***** 그림의 남쪽 해안에 붙은 초를 말하는 것으로 생각된다.

록 그렸으면, (보초를 상상하지 않는다면) 이 그림이 거초 유형에 해당하는 초로 둘러싸인 급경사 섬의 좋은 예로 쓰였을 터인데, 그렇지 못했다.

그림 2 캐롤라인(Caroline) 제도에 있는 호골루(Hogoleu) 또는 루그(Roug). 뒤페리(Duperrey) 함장과 뒤르빌 함장의 조사결과를 편집한 아스트롤라베호 일주항해 지도책에서 인용했다. 1/20인치가 1마일이다. 초 안에 있는 널찍한 초호 같은 공간의 수심은 알 수 없다.

그림 3 소사이어티(Society) 제도의 라이아테아(Raiatea). 쿡 1차 항해기 4판에 있는 지도를 인용했다. 정확하지 않을 수 있다. 1/20인치가 1마일이다.

그림 4 왕립해군 비치(Beechey) 함장이 조사한 로 제도*에 있는 보 환초 또는 애유(Heyou) 환초(또는 초호도). 1/20인치가 1마일이다. 초호는 초들로 꽉 차 있으나** 가장 깊은 곳의 평균수심이 약 20패덤이며 발간된 항해기에 있다.

그림 5 뒤페리 함장이 코키유호를 타고 측정한 소사이어티 제도에 있는 볼라볼라(Bolabola). 1/4인치가 1마일이다. 이 그림과 다음 그림에 있는 수심은 프랑스 피트에서 영국 패덤으로 다시 구했다.*** 섬에서 가장 높은 곳

---

* 로 제도(Low Archipelago)는 오늘날 투아모투(Tuamotu) 제도를 말하며 남태평양 남위 18도, 서경 141도 부근에 있다. 프랑스령 폴리네시아(Polynesia)로 거의 80개에 이르는 섬과 환초로 되어 있다. 타히티(Tahiti)가 속한 소사이어티 제도(Society Archipelago)의 북동쪽에 있으며 북서쪽에서 남동쪽으로 대략 2,500km에 걸쳐 흩어져 있다.

** 다윈은 보 환초는 초들로 꽉 차 있다고 말했다. 그러나 도판 I의 그림 4에서는 보 환초를 초들로 꽉 차게 그리는 대신, "초가 많다."는 말로 대신했다.

의 높이가 4,026피트이다.

그림 6 뒤페리 함장이 코키유호를 타고 조사한 소사이어티 제도에 있는 마우루아(Maurua). 1/4인치가 1마일이다. 육지의 높이가 약 800피트이다.

그림 7 캐롤라인 제도에 있는 푸이니패트(Pouynipète) 또는 세니아빈(Seniavine). 루트케(Lutké) 제독의 조사를 인용했다. 1/4인치가 1마일이다.

그림 8 로 제도의 남쪽에 있는 갬비어(Gambier) 군도. 비치 함장의 조사를 인용했다. 1/4인치가 1마일이다. 가장 높은 섬의 높이가 1,246피트이다. 섬들은 불규칙한 초로 넓게 둘러싸여 있다. 초의 남쪽이 물에 잠겨 있다.

그림 9 인도양 차고스(Chagos) 그룹에 있는 페로스반호스(Peros Banhos) 환초(또는 초호도). 모레스비(Moresby) 함장과 파월(Powell) 대위가 조사한 것을 인용했다. 1/4인치가 1마일이다. 초호에 있는 작고 물에 잠긴 초들은 거의 표시되지 않았다. 둥근 초에서 남쪽이 물에 잠겨 있다.

그림 10 인도양에 있는 킬링(Keeling) 환초 또는 코코스(Cocos) 환초(또는 초호도). 피츠로이(FitzRoy) 함장의 조사를 인용했다. 1/4인치가 1마일이다. 점선의 남쪽에 있는 초호는 대단히 얕으며 간조 시에 거의 드러난다. 그 선의 북쪽은 불규칙한 초로 가득 차 있다. 둥근 초의 북서쪽은 부서져 있

*** 프랑스 피트는 1m의 1/3이며, 영국 패덤은 1해리(6,080피트)의 1/1,000인 6.08피트로 1.85미터이다. 그러나 실제는 1.8m이다.

으며, 얕은 모래 둑으로 변하는 중이고, 그 위에서 파도가 부서진다.

도판 II

그림 1 인도양에 있는 큰 차고스 뱅크(Great Chagos Bank). 모레스비 함장과 파월 대위가 조사한 것을 인용했다. 1/20인치가 1마일이다(도판 I의 호골루와 같은 축척이다). 어둡게 칠한 부분에서 서쪽과 북쪽에 있는 작은 섬 두세 개를 빼고는 수면에 나타나지 않고 수심 4~10패덤 깊이로 잠겨 있다. 점선으로 둘러싸인 뱅크는 수심 15~20패덤이며 모래로 되어 있다. 가운데 부분은 펄이며 수심은 30~50패덤이다.

그림 2 큰 차고스 뱅크의 구조를 더 분명하게 보여주기 위한 뱅크를 가로지르는 동서방향의 수직단면도이며, 축척은 같다.

그림 3 북태평양 마셜(Marshall) 제도에 있는 멘치코프(Menchicoff) 환초(또는 초호도). 크룬센슈테른(Krunsenstern)의 태평양 지도책에서 인용했다. 최초의 조사는 하게마이스터(Hagemeister) 함장이 했다. 1/20인치가 1마일이다. 초호에 있는 깊은 부분의 수심은 모른다.

그림 4 말디바(Maldiva) 제도*에 있는 마흘로스마흐두(Mahlos Mahdoo) 환초와 호스버르(Horsburgh) 환초. 모레스비 함장과 파월 대위가 조사한

* 말디바 제도는 오늘날 몰디브공화국인 몰디브(Maldive) 제도를 말한다.

것을 인용했다. 1/20인치가 1마일이다. 가장자리와 가운데 따로 떨어진 초의 중앙에 있는 하얀 공간은 작은 초호들이다. 그러나 그 초호들이 그 작은 초에 생긴 작은 섬들과 분명하게 구별되지 않는다. 더 작은 초들이 많은데 그릴 수 없었다. 마흘로스마흐두 환초와 호스버르 환초 사이에 있는 숫자 250과 마흘로스마흐두 환초와 파월섬 사이에 있는 숫자 200 위의 항해 표시(∸)는 그 깊이에서는 수심을 측정하지 못했다는 것을 뜻한다.

그림 5 서태평양에 있는 뉴칼레도니아(New Caledonia). 크룬센슈테른이 여러 조사를 편집한 것을 내가 인용했다. 아스트롤라베호 항해 지도책과 일치시키려고 초의 북쪽 끝을 내가 약간 바꾸었다. 크룬센슈테른의 지도책에서는 초를 십자로 표시했으나, 나는 통일시키려고 안에다 선을 하나 더 그렸다. 1/60인치가 1마일이다.

그림 6 인도양에 있는 말디바 제도. 모레스비 함장과 파월 대위가 조사한 것을 인용했다. 1/60인치가 1마일이다.

도판 III

이 지도를 채색한 원리가 6장 모두에 설명되어 있다. 특정한 지점을 특별하게 채색한 문헌들이 부록에 자세히 설명되어 있다. 색인에서 이탤릭체로 쓴 이름들이 부록에 있다.

차례

서문

이 책의 목적은 나 자신의 관찰과 다른 사람들의 업적에서, 주요한 산호초, 그중에서도 넓은 대양에 있는 산호초의 특이한 형태가 생긴 기원을 자세히 설명하려는 것이다. 나는 이 책에서 거대한 산호초를 만드는 군체 동물의 분포와 성장하기에 좋은 조건 외에는 이 동물에 관한 이야기를 하지 않겠다. 대부분의 항해가들은 산호초를 명확하게 나눌 방법은 생각하지 않고, 산호초를 '초호도'나 '환초', '보초' 또는 '둘러싸는 초', '거초' 또는 '해안초'라고 불렀다. 이 중 초호도가 가장 큰 관심의 대상이었다. 사람들이 산호바위로 된 거대한 반지 같은 산호초를 처음 보았을 때 충격을 받았다는 것은 놀랍지 않은 일이다. 실제 직경이 수 리그*인 산호초와 그 위에는 반짝거리는 하얀 해안이 있는 나지막한 초록색 섬이 여기저기에 있고, 산호초의 바깥은 거품을 머금은 대양의 파도에 두드려 맞고, 내부는 고요한 물이고, 그 물은 태양을 반사해서 밝고 연한 초록색이다. 대양의 파도가 밤낮으로 쉬지 않고 들이치는 바깥쪽 가장자리에서만 단단하게 성장하는 초가 부드럽고 거의 젤라틴 같은 하등 동물로 만들어진다는 사실을 박물학자들이 알게 되었을 때에는 더욱 크게 놀랄 것이다. 프랑수아 피라르 드 라발은 1605년 "인간이 만든 것 하나 없이, 꼭대기가

---

* 리그는 거리의 단위로, 1리그가 영어권 나라에서는 3마일(4.8km)이며 스페인어를 쓰는 나라에서는 2.63마일(4.23km)이다.

전부 돌멩이인 큰 뱅크로 된, 환초 하나하나를 본다는 것은 정말이지 굉장한 놀랍다"고 탄성을 질렀다. 항해기로는 아주 뛰어난 비치 함장의 자랑할 만한 그 항해기에서 인용한, 여기에 있는 남태평양의 위드신데이(Whitsunday)섬의 스케치가 이 초호도들의 특이한 점을 조금밖에 보여주지 않는다.*

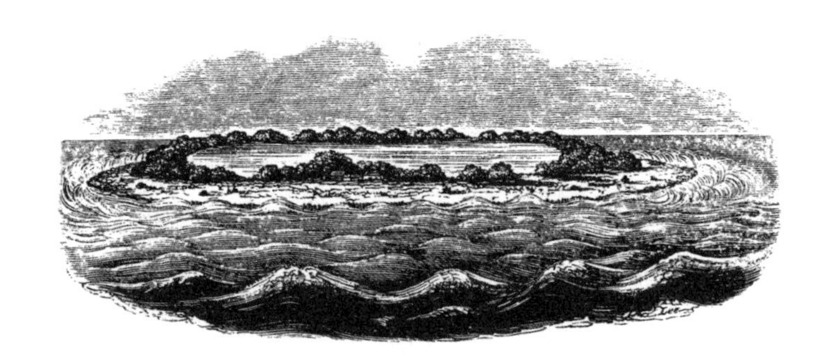

위트선데이섬이 작고, 둥그런 둘레 전체가 육지로 바뀐 경우는 꽤 드물다. 초호도의 초에는 보통 작은 섬들이 많아, 전체를 나타내는 '섬'이라는 단어가 자주 혼란을 초래한다. 따라서 나는 이 책에서는 '환초'라는 용어를 언제나 사용했는데, 이 용어는 인도양에 있는 작고 둥근 산호섬에서 사는 사람들이 그 둥근 산호섬들을 부르는 이름이며, '초호도'와 같은 이름이다.

작은 섬들을 둘러싸는 보초는 항해자들의 눈에 덜 띄었지만, 관심을 가질 필요는 충분하다. 보초의 형성과정은 환초에 못지않게 놀라우며, 보초

---

* 위트선데이섬은 서부 투아모투 군도에 있으며 길이가 1.5마일이다. 1767년 새뮤얼 월리스(1728~1795) 함장이 발견했으며, 프레더릭 윌리엄 비치(1796~1856) 함장이 1826년에 가서, 최초 기록된 위치보다 40마일 서쪽에 있다는 것을 발견했다.

가 둘러싸는 섬들은 독특하고 가장 그림 같은 경관을 만든다. 여기에 실린 스케치는 코키유호의 항해기에서 인용한 것인데, 초를 초의 안, 곧 볼라볼라섬의 가장 높은 곳 가운데의 한 곳에서 바라본 스케치이다.[1)*] 여기에서도 위트선데이섬처럼, 초에서 보이는 부분 전부가 땅으로 바뀌었다. 이는 드문 경우이며, 보통 큰 쇄파가 부서질 때 생기는 눈처럼 하얀 선이, 여기저기에 야자나무가 있는 작은 섬과 함께, 대양의 파도와 초호 같은 수로의 고요한 물 사이를 갈라놓는다. 오스트레일리아의 보초와 뉴칼레도니아의 보초는 규모가 워낙 커서 많은 관심을 받아왔다. 그래도 그 보초들의 구조와 모양은 더 작은 섬들을 둘러싸는 태평양에 있는 많은 보초와 같다.

거초 또는 해안초를 보면, 이 초의 구조는 설명할 필요가 거의 없다. 초의 이름이 초가 상당히 작다는 것을 가리킨다. 거초는 초가 해안에서 그렇게 멀지 않고, 깊은 물로 된 넓은 초호가 해안과 초 사이에 없다는 점이 다르다. 초가 물에 잠겨 있는 퇴적물로 이루어진 뱅크나 가라앉은 바위를 따라 나타난다. 또 매우 얕은 바다에 불규칙하게 흩어져 있는 초들도 있다. 이런 점에서 이런 초들은 거초 계통의 초와 같으며 그렇게 흥미로운 것은 아니다.

나는 위에서 말한 산호초 각각의 부류들을 독립된 장에서 설명했으며, 가장 잘 아는 산호초 한 곳을 대표적인 산호초로 설명했다. 나아가 그 산호초를 같은 부류의 다른 산호초들과 비교했다. 이 분류가 명확하고 대양에 있는 거의 모든 산호초를 포함한다는 점에서는 유용하지만, 한편으로

1) 나는 앞 경치를 간단히 처리했고, 멀리에 산이 있는 섬을 남겨두었다.

* 볼라볼라섬(Bolabola Island)은 타히티(Tahiti) 북서쪽에 있는 무레아(Moorea)섬의 북서쪽으로 70km 정도 떨어져 있다.

는 산호초들이 성장하는 기초를 설명하는 데 큰 어려움이 있는 보초와 환초 모양의 초로 나눈 것이 더 근본적인 분류라는 점을 인정한다. 반면 거초는 인근 지형의 경사 때문에 그런 어려움이 없다. 지도(도판 III)의 파란색 두 가지와 붉은색은 마지막 장의 모두에서 설명한 것처럼 산호초의 큰 분류를 나타낸다. 부록에서는 브라질 해안의 몇 곳을 빼고는 내가 정보를 가지고 있는 한, 지리적 순서로 간단히 설명했으며, 특별한 곳은 어디든 색인에서 찾을 수 있을 것이다.

환초, 곧 초호도의 기원을 설명하는 이론은 몇 가지가 있지만, 보초를 설명하는 이론은 거의 없다. 여러 가지 사항을 고려해도 초를 만드는 군체동물*들이 서식할 수 있는 수심이 얕아서, 앞으로 보게 되겠지만, 환초와 보초에서는 산호가 처음 자리를 잡은 기초가 침강했으며, 또 이렇게 가라앉는 동안 초가 위로 성장했다고 결론을 내려야만 한다. 이 결론이 환초와 보초의 윤곽과 일반 형태를 대단히 만족하게 설명하며, 그 산호초 구조의 특별한 점들도 만족스레 설명하는 것을 앞으로 보게 될 것이다. 실제 산호초

* 군체동물(群體動物)이란 산호나 해면처럼 같은 종의 동물들이 모여서 덩어리를 만들어 살아가는 동물들을 말한다.

각각 부류들의 분포와 최근에 융기한 지역에 있는 산호초들의 위치와 화산이 폭발한 지점들이 산호초 형성에 관한 이 이론과 꼭 들어맞는다.[2]

2) 나의 항해기*에도 나온, 산호체에 관한 간단한 내용이 1837년 5월 31일 지질학회에서 구두로 발표되었으며 초록이 지질학회논문집에 나왔다.

* 다윈의 "비글호 항해기(The Voyage of the Beagle)"를 말한다. 이 항해기 초판이 1839년에 발간되었다. 1845년에 2판이 발간되었으며, 1860년에 3판이 발간되었다. 가장 많이 읽히는 판이 3판이다.

제1장

환초 또는 초호도

1절

킬링 환초

바깥 가장자리의 산호—석회조(石灰藻) 지대—바깥 초—작은 섬들—산호역암—초호(礁湖)—석회질 퇴적물—산호를 먹고 사는 앵무새 물고기와 해삼—초들과 작은 섬들의 상태 변화—환초의 침강 가능성—초호의 미래 상태

킬링 환초 또는 코코스 환초는 인도양, 남위 12도5분, 동경 90도55분에 있다. 영국해군 비글호의 피츠로이 함장과 사관들이 조사한 해도를 축소한 것이 도판 I의 그림 10이다. 이 환초의 최대 폭은 9.5마일이다. 초호가 얕다는 것 말고는 이 환초 구조의 대부분에서 환초의 모든 특징이 나타난다. 여기에 있는 목판화는 썰물일 때, 바깥 해안부터 (평균크기라고 생각한) 작은 섬 하나를 가로질러 초호까지 그린 수직단면도이다.

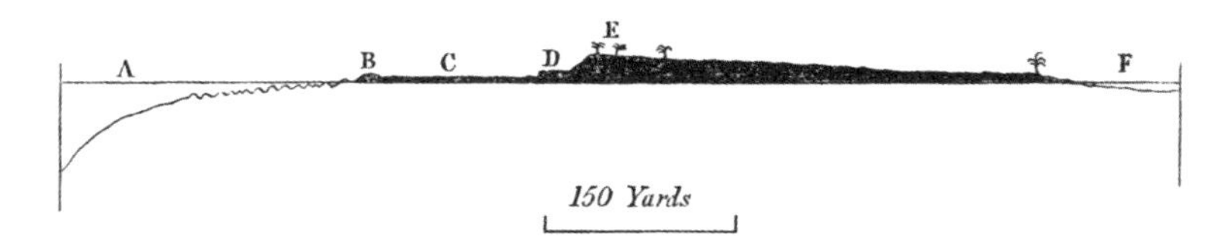

A—썰물 시 해수면. A의 수심은 25패덤이며, 초 변두리에서 거리는 150야드를 좀 넘는다.
B—초에서 평탄한 지역의 바깥 변두리이며 썰물 때 드러난다. 변두리는 그림처럼 불룩한 둔덕이거나 바다 쪽으로 약간 떨어진 곳에서는 해저처럼 울퉁불퉁하다.
C—밀물 때에 물로 덮이는 평탄한 산호바위.
D—밀물 때에 파도로 씻기는 부서진 산호바위로 이루어진 낮게 돌출된 선반 모양의 바위.
E—폭풍 때에만 바닷물이 들이치는 떨어진 조각들로 된 경사지역. 작은 섬의 지면은 초호 쪽으로 완만하게 기울어져 있다.
F—썰물 때의 초호 수면.

단면도의 수평방향 축척은 맞지만, 수직으로는 맞지 않는다. 그 이유는 땅에서 가장 높은 곳이 고조선 위 겨우 평균 6피트에서 12피트 사이이기 때문이다. 단면도에 대한 바깥 가장자리부터 설명하겠다. 먼저 초를 만드는 군체동물들은 조간대에서 서식하는 동물이 아니라 언제나 물에 잠겨 있거나 파도에 씻겨야 한다는 것을 말해두겠다. 이 군도에 사는 리스크 씨와 타히티(오타헤이테Otaheite) 추장들의 말을 들으면, 그 동물은 햇볕에 아주 잠시만 노출되어도 어김없이 죽는다. 그러므로 산호가 살아 있는 바깥 가장자리까지 가려면 저조에 물이 아주 고요해야만 가능하다. 나는 단 두 번 바깥 가장자리까지 갔는데, 대부분 직경이 4~8피트에 두께는 그보다 약간 작으며, (아스트래아*Astraea*속*과 비슷하지만 좀 더 큰) 매우 불규칙하게 둥근, 살아 있는 포리테스(*Porites*)속**의 산호둔덕으로 되어 있었다. 이 둔덕들 사이에는 깊이 약 6피트의 좁고 휘어진 수로가 있으며, 수로 대부분은 초의 방향과 직각으로 만난다. 매우 고요한 간조의 상태였지만, 바닥을 짚는 막대기***를 쓰면서 가장 멀리 나간 둔덕 위에서는 바다가 상당히 거칠게 부서지고 있었다. 가장 꼭대기에 있는 군체동물들은 죽었지만 그 아래 3~4인치에서는 살아 있었고, 위쪽과 산호가 죽은 표면을 따라 불쑥 튀어나와 있었다. 따라서 산호는 위로는 성장하지 못해도 옆으로 퍼지며 성장하였다. 한편 산호둔덕의 대부분, 그중에서도 약간 더 안쪽에는 죽은 산호로 된 널찍하고 평탄한 꼭대기가 있었다. 반면 파도가 물러나는 동안

---

* 아스트래아는 별 모양의 석질(石質)산호의 속(屬)이다.

** 포리테스는 석질산호의 속(屬)으로 손가락처럼 생긴 것이 특징이며 좌우가 대칭이다.

*** "바닥을 짚는 막대기(leaping-pole)"는 물 같은 것을 건너뛸 때, 바닥을 짚으려고 쓰는 막대기를 말한다. 그런 막대기를 산호초에서 썼다는 것이 낯설게 보이지만, 원전으로 보아 다윈은 썼다.

바다 쪽으로 몇 야드 나간 곳에는 살아 있는 산호로 이루어진 둥글고 불룩한 면이 보였다. 따라서 우리가 서 있던 바로 그 지점이 정확하게 초의 바깥쪽 가장자리를 만드는 바다 쪽 한계라고 생각되었다. 우리는 공기와 태양에 좀 더 오래 노출되는 것을 견디는 생물체들이 있다는 것을 곧 알게 될 것이다.

다음은 포리테스속보다는 아주 덜 중요한 산호, 바로 밀레포라 콤플라나타(*Millepora complanata*)이다.[1] 이 산호는 수직의 두꺼운 판으로 성장하며 이 판들이 여러 각도로 교차되어, 대단히 강한 벌집형 덩어리를 이루고, 보통 둥근 형태로 되어 가장자리의 판들만 살아 있다. 이 판들의 사이와 초에서 보호되는 틈에서는 가지를 치는 많은 종의 식충류와 기타 생물종이 번성하지만, 위쪽과 바깥쪽의 변두리에서는 포리테스속과 밀레포라(*Millepora*)속만 파도를 이기는 것으로 보인다. 수심이 수 패덤만 되어도 다른 종류*의 석질산호가 살아간다. 이 환초와 북부 킬링 환초의 구석구석을 아는 리스크 씨는 이 산호가 어김없이 바깥 가장자리를 이룬다고 나에게 확언했다. 초호에는 보통 부스러지고 가는 가지를 내는 다른 산호들이 서식하지만, 바깥에 있는 종과 같은 종인 포리테스가 거기에도 있다. 그러나 번성하는 것처럼 보이지는 않으며, 부피로 보아 쇄파에 견디는 덩어리의 1/1,000도 안 된다.

목판화는 초의 바깥쪽 바닥을 보여준다. 물은 100~200야드만 나가도 깊어지는데, 수심 25패덤까지는 아주 천천히 깊어지며(단면도에서 A), 그

---

1) 이 밀레포라(블랭빌이 말하는 팔미포라*Palmipora*)와 밀레포라 알키코르니스(*Millepora alcicornis*)는 사람 얼굴이나 팔처럼 민감한 피부를 쏘는 특이한 성질이 있다.

* 원전의 "kind"는 "종류"나 "가지"로, "species"는 "종"으로 옮겼다. 내용으로 보면, 저자가 후자를 전자로 쓰는 수가 있지만, 원전에 충실했다.

거리를 지나면서는 깊이를 알 수 없는 대양으로 45도 각도로 깊어진다.[2)]수심 10~12패덤까지는 바닥이 아주 울퉁불퉁하며 가장자리에서처럼 살아 있는 커다란 산호 덩어리들로 되어 있는 것으로 보인다. 여기에서 납으로 만든 측심연*의 아밍은 어김없이 아주 깨끗하지만 깊게 깔쭉깔쭉하게 파인 채로 올라왔으며, 산호를 뜯으려는 목적으로 내린 닻을 단 사슬은 끊어졌다. 그러나 밀레포라 알키코르니스(*Millepora alcicornis*)의 작은 조각들은 아주 많이 올라왔다. 깊이 8패덤에서 올라온 측심연의 아밍에는 확실히 살아 있는 산호 아스트래아속의 완전한 흔적이 있었다. 나는 초 바깥에서는 어떤 산호가 자라는지를 확인하려고, 폭풍이 부는 동안 해안에서 굴러다니는 조각들을 살펴보았다. 많은 종류로 된 그 조각들은 이미 말한 포리테스속과 마드레포라(*Madrepora*)속** 한 종, 곧 마드레포라 코림보사(*Madrepora corymbosa*)가 가장 많았다. 내가 초에 있는 빈 곳들과 초호에서는 살아 있는 마드레포라속을 하나도 찾아내지 못해서, 그 산호는 바깥 지대에만 아주 많다고 결론지었다. 밀레포라 알키코르니스와 아스트래아속의 조각들도 마찬가지로 많았다. 전자는 초에 있는 빈틈에서 발견되었지만, 그렇게 많이 발견되지는 않았다. 그러나 살아 있는 아스트래아속은

2) 이 단면도를 그린 수심은 피츠로이 함장 자신이 아주 조심스레 측정했다. 그는 지름이 4인치인 종 모양의 측심연을 사용했으며, 매번 측심연의 아밍(arming)을 잘라서 보라고 나에게 가져왔다. 아밍은 짐승 기름을 측심연 바닥의 오목한 부분에 붙여놓은 것이다. 모래와 작은 돌멩이 조각들이 아밍에 붙을 것이다. 만약 바닥이 바위이면 그 표면이 정확하게 찍힌다.

* 측심연(測深鉛)은 수심을 재는 로프의 끝에 매달아 가라앉혀 깊지 않은 물의 깊이와 바닥의 물질을 알아내는 해양조사 도구이다. 납으로 만들었으며 무게는 3~5킬로그램 정도 나간다. 해저에 닿는 아래쪽에는 역청이나 짐승 기름 같은 끈적끈적한 물질을 발라 해저의 물질을 채집할 수 있게 만들어졌다. 측연이라고도 한다.

** 마드레포라는 열대바다에서 초를 만드는 석질 산호계통의 속으로, 가지가 있거나 표면을 덮는 껍데기를 만드는 종과 덩어리 모양을 포함해 여러 종이 있다.

보지 못했다. 따라서 이 산호들이 바깥 가장자리 부근과 그 아래의 (그림에서는 울퉁불퉁하게 그려진) 경사면을 만든다고 결론을 내릴 수 있다. 수심 12~20피트에서는 아밍의 수지가 모래로 매끈한 적과 산호로 깔쭉깔쭉한 적이 같았다. 수심 13패덤에서는 닻을 잃어버렸고 16패덤에서는 측심연을 잃어버렸다. 20패덤보다 깊은 곳을 25회 측심했는데, 바닥은 모두 모래였다. 반면 12패덤보다 얕은 곳은 모두 바닥이 대단히 울퉁불퉁하고 외부의 물체는 없었다. 360패덤 깊이에서 두 번 측심했고, 200~300패덤에서 몇 번 측심했다. 이 깊이에서 올라온 모래들은 곱게 부스러진 석질(石質) 식충류*들의 조각이었으며, 내가 구별하기로는 얇은 판 모양의 속(屬)은 한 조각도 없었으며, 부스러진 조개껍데기들도 드물었다.

쇄파 지역으로부터 2,200야드 되는 곳에서 피츠로이 함장은 길이 7,200피트 로프로도 바닥에 닿지 못했다. 따라서 이 산호체의 해저경사는 어떤 화산체보다도 더 컸다. 초호 입구에서 떨어진 곳과 해류가 심한 환초 북쪽 끝으로부터 떨어진 곳에는 퇴적물이 쌓여 있어서 경사가 덜 심했다. 이보다 더 깊은 곳에서는 측심연의 아밍으로 보아 모두 모래바닥이어서, 나는 처음에는 석회질 모래가 광대한 원추형 모양으로 퇴적되었다고 결론을 내렸으나, 몇몇 곳에서는 수심이 갑자기 깊어지고, 수심 500~600패덤 사이에서는 로프가 마치 비벼진 것처럼 끊어진 것으로 보아, 해저절벽이 있는 것으로 보인다.

포리테스속과 밀레포라속의 위쪽 표면이 죽은 곳에서 가까운 초의 가장자리에서 세 종의 석회조**가 번성한다. 한 종은 고목을 덮은 지의류처럼

---

* 식충류(植蟲類 zoophyte)란 말미잘이나 산호나 해면처럼 무척추동물이지만 모양이 어느 정도 식물처럼 보이는 동물을 말한다. 요사이는 쓰지 않는 용어이다.

얇은 판으로 자란다. 두 번째 종은 중심에서 양 사방으로 사람 손가락 굵기로 석질 매듭처럼 자라며, 세 번째 종은 덜 흔하며 가늘지만 완전히 빳빳한 가지가 나는 이끼처럼 얇은 망상(網狀)조직으로 자란다.[3] 이 석회조 세 종은 혼자 또는 섞여서 나타난다. 이들이 연달아 자라나 두께 2~3피트의 층을 만들며, 단단한 경우도 있으나, 지의류 같은 종류로 된 층은 망치로 누르면 쉽게 눌렸다. 눌린 그 표면은 불그스름했다. 이 석회조들이 산호가 자라는 한계보다 위에서 자랄 수 있어도, 파도 치는 물에 반드시 잠겨 있어야 잘 자란다고 생각되는데, 초의 뒤쪽 파도가 없는 곳에는 이 석회조가 많지 않기 때문이다. 초의 뒤쪽은 바닷물이 드나드는 시간 전부나 그 시간의 상당 시간 동안 물에 잠길 수도 있는 곳이다. 석회조는 의심할 바 없이 식물계에서 가장 단순한 부류에 속하는데, 그토록 단순한 생물체가 그렇게 특이한 환경에만 국한되는 것이 정말이지 놀랍다. 따라서 그들이 성장해서 생긴 층은 폭 약 20야드의 좁은 술을 이루는바, 이 가장자리에서는 여자가슴 모양의 분리된 돌출물의 형태이거나 바깥 가장자리에서는 산호 덩어리로 나뉜다. 더 흔하게는 산호들이 사람이 만든 방파제처럼 미끈하고 연속적으로 불룩한 둔덕(목판화에서 *B*)처럼 단단한 가장자리가 된다. 둔덕과 여자가슴 같은 돌출물들은 초의 어느 부분보다 약 3피트나 높게 솟아나 있다. 내가 이 책에서 말하는 초에 작은 섬들을 포함시키지 않은 이유는 굴러온 조각들이 쌓여서 작은 섬들이 만들어졌기 때문이다. 우리는 앞으로

** 석회조(石灰藻)는 매우 단순한 해조류(海藻類)의 한 부류로, 딱딱한 편이며 주성분은 탄산칼슘이다.

3) 이 마지막 종이 아름답고 붉은 복숭아꽃 색깔이다. 가지는 까마귀 깃 정도의 굵기이며 약간 평평하고 끝에서는 옹이를 만든다. 끝부분만 살아 있고 색깔이 아름답다. 다른 두 종은 더러운 자주색이 감도는 백색이다. 두 번째 종은 대단히 딴딴하다. 짧은 손잡이 같은 가지는 실린더 모양으로 끝에서는 굵어지지 않는다.

큰 파도에 가장 잘 노출되는 바깥 가장자리 위에서는 비슷한 두께로 성장하는 석회조로 보호되는 산호초를 보게 될 것이며, 이 방식이 바깥 가장자리가 침식되어 없어지지 않도록 보호하는 데 효과적이다.

목판화는 초에 있는 작은 섬 하나의 횡단면도인데, 만약 *C* 수준보다 높은 곳을 없앴다면, 작은 섬이 없는 곳에 나타나는 단순한 산호초의 단면도가 될 것이다. 실제로 환초를 만드는 부분은 바로 그 초이다. 이 초는 초호에서 북쪽 끝을 뺀 모든 부분을 둘러싸는 반지 형태를 이룬다. 북쪽 끝에는 통로가 두 곳 있는데, 한 곳으로는 배가 들어갈 수 있다. 초의 폭은 250~500야드이며, 표면은 평탄하거나 초호 쪽으로 아주 약간 경사지며, 만조 시에는 바다가 초를 완전히 덮는다. 간조 시에는 초 위로 흩어지는 물은 초에 있는 수많은 좁고 얕은 골이나 수로를 통해서 초호로 들어온다. 초호에서는 주 통로로 물이 빠져나간다. 산호초 빈틈에 가장 많은 산호인 **포킬로포라 웨루코사**(*Pocillopora verrucosa*)는 짧고 구불구불한 판이나 가지로 성장하는데, 살아 있을 때는 아름다운 연한 홍색이다. **마드레포라 포킬리페라**(*Madrepora pocillifera*)와 아주 비슷하거나 같은 종인 마드레포라(*Madrepora*)속의 한 종도 흔한 산호종이다. 작은 섬이 금방 생기자마자 또 파도가 초를 완전히 덮지 못하기 때문에, 수로와 빈틈들은 엉켜 붙은 조각들로 메워지며, 표면은 결이 없는 돌로 만든 바닥처럼 단단하고 미끈한 바닥(목판화의 *C*)으로 변한다. 이 평탄한 바닥의 폭은 100야드에서 200야드이며 300야드에 이르기도 한다. 바닥 위에는 폭풍에 부서진 큰 산호조각들이 흩어져 있는 경우도 있으며, 썰물에만 물로 덮이지 않는다. 나는 그 표면에서 끌로 힘겹게 바위 몇 조각을 겨우 떼어내었기 때문에 그 바위가 얼마나 많은 쇄설물들로 되었는지 확인할 수 없었고 현재 가장자리에 살고 있는 산호들과 비슷한 산호들로 된 둔덕들이 얼마나 많이 바깥으로 계속되는지는 확인할 수 없었다. 거품이 일면서 쉬지 않고 얇게 덮이는 파도를 막으려고 지어진 방파제처럼 보이는 미끈하고 불룩한 산호조 둔덕으로 막힌, 맨돌로 된 이 "평지"의 저조일 때 모습보다 더 기이한 것은 없다. 이 '평지'의 특징이 되는 광경은 앞에 있는 위트선데이 환초의 목판화에서 볼 수 있다.

킬링 초에 있는 작은 섬들은 먼저 바깥 가장자리에서 200~300야드 사이가 아주 예외적으로 강한 강풍에 옮겨진 조각들이 쌓여서 만들어졌다. 그 섬들의 폭은 보통 1/4마일이 되지 않으며, 길이는 수 야드에서 수 마일이나 된다. 그 환초의 남동쪽과 바람 불어오는 쪽에 있는 작은 섬들은 바깥쪽에 조각들이 쌓여야만 커진다. 그러므로 그 표면을 만든 큰 산호 덩어리들과 그 덩어리들과 섞여 있는 조개껍데기들은 바깥 해안에서 사는 조개들의 껍데기로만 이루어졌다. 작은 섬들 가운데 (불려온 모래로 된 30피트 정도나 되는 둔덕들을 빼고) 가장 높은 곳은 (목판화에서 *E*인) 바깥쪽 해변과 비슷하고 보통 밀물보다 평균 6~10피트 더 높다. 바깥쪽 해변에서는 표면이 초호 해안까지 얌전히 기울어지며, 그 해안은 분명히 쇄파로 생겼고, 쇄파가 초 위로 멀리 밀려가면 밀려갈수록 조각들을 쌓는 힘은 약해진다. 초호의 작은 파도는 환초에서 바람이 불어가는 쪽에 있는 작은 섬의 안쪽에다 가는 가지가 난 산호의 모래와 조각들을 쌓아놓는다. 이 섬들이 바람 불어오는 쪽에 있는 작은 섬들보다 더 넓어서 폭이 800야드가 되는 섬도 있지만 이 섬들의 높이는 대단히 낮다. 표면 아래의 조각들은 엉켜 붙어 단단하게 되었고, 바깥쪽 해안의 앞쪽에서는 높이 2~4피트에 폭은 수 야드이며 (목판화의 *D* 같은) 선반처럼 노출된다. 불쑥 튀어나온 이 바위는 보통 밀물에만 파도에 닿는다. 이 선반은 작은 섬 전부의 앞에서 뻗어 나오며, 어디에서나 물로 침식되었고 파인 흔적이 있다. '평지' 위에 흔적을 남긴 큰 산호조각들은 때로 매우 강력한 폭풍으로 해변으로 휩쓸려 오며, 고조 시 해변은 파도로 매일 침식되고 점차 낮아진다. 그러나 석회질 물질이 침투해서 밑에 있는 조각들과 굳게 엉켜 붙어, 매일 오르내리는 조석에 더 오래 견디며 선반처럼 솟아 있다. 교결(交結)된 물질은 보통 백색이지만, 가끔 철분이 섞여 불그스름하다. 이 물질은 대단히 단단해서 망치로 치면 땅땅 울린다. 이 물질은 바다 쪽으로 기울어지는 얇은 층들로 불분명하게 나뉜다. 이 물질은 바깥쪽 가장자리에서 성장하는 산호의 조각들로 되어 있으며, 잘 마모되었거나 일부가 마모되어 있으며, 작은 것부터 직경이 2~3피트인 것까지 나타난다. 이와 함께 이전에 형성된 역암이 깨어지고 마모되고 재교결된 조각들도 관찰된다.* 또는 이 물질이 조개껍데기, 석회조각, 극피동물의 가시, 그리고 각종 생물체의 유해들이 마모된 입자들로만 이루어진 석회질 사암인 경우도 있다—각종 생물체의 유해로 된 이 바위는 산호초가 없는 많은 해안에서 나타난다. 역암 속에 있는 산호의 구조는 보통 철망간 석회질 물질이 침투하여 많이 사라졌다. 나는 변질되지 않은 산호조각부터 육안으로는 생물구조의 어떤 흔적도 발견할 수 없는 여러 단계의 대단히 흥미로운 산호조각들을 수집했다. 몇몇 표본에 물을 묻혀서 렌즈로 들여다보아도 변질된 산호와 철망간 석회암의 경계를 구분할 수 없었다. 해변에 흩어져 있는 많은 산호 덩어리들의 가운데 부분은 스며든 외부 물질로 변질되었다.

이제 초호를 설명하자. 킬링 환초의 초호는 상당한 크기의 환초에 있는 초호보다 아주 얕다. 남쪽 부분은 펄로 된 뱅크와 죽거나 살아 있는 산호로

* 재교결(再交結)은 교결된, 곧 굳어진 물체가 깨어지거나 부분적으로 녹았다가 다시 굳어진 것을 말한다. 여기에서는 자갈들로 이루어진 역암이 깨어졌다가 다시 교결되었으므로, 다윈이 재교결되었다고 말했다. 역암(礫岩)은 자갈들이 굳어져 생긴 바위를 말한다. 퇴적암의 일종이다.

거의 메워진다. 그래도 상당한 크기에 수심이 3~4패덤인 초호도 있고, 수심이 8~10패덤이 되지 않는 작은 초호도 있다. 이 초호 면적의 반 정도는 아마 퇴적물이며 반 정도는 산호초일 것이다. 이 조를 만드는 산호는 바깥쪽을 만드는 산호와는 크게 다르다. 산호의 종류가 많으며 대부분은 가지가 가늘다. 메안드리나(*Meandrina*)속의 산호*는 초호에서 산다. 이 산호의 크고 둥근 덩어리는 수가 많으며, 초호의 바닥에서 완전히 떨어져 있거나 거의 떨어져 있다. 다음으로 흔한 산호가 가는 가지가 나는 마드레포라속에 아주 가까운 3종이다. 곧 세리아타포라 수불라타(*Seriatapora subulata*)와 실린더 가지를 한 포리테스속의 2종인데,[4] 이 중 한 종은 둥근 덤불을 이루면서 바깥 가지만 살아 있다. 마지막 종은 엑스플라나리아(*Explanaria*)속의 종과 비슷한 종으로, 특히 초호 깊은 곳에서 사는 경우 양쪽 표면에 얇고 부스러지기 쉽고 석질에 잎사귀처럼 퍼지는 별 같은 것들이 있다. 이 산호들이 자라는 초는 모양이 아주 불규칙하며 공동(空洞)이 많고, 초호를 둘러싸는 바위처럼, 죽은 바위로 되어 있어 굳고 판판한 표면이 없다. 또 그렇게 딴딴하지도 않아서 주민들은 이 초에서 쇠 지렛대로 상당한 길이의 수로를 만들었으며, 남동쪽에 있는 작은 섬에 만든 수로에서는 돛단배를 띄웠다. 우리가 그 환초로 갔을 때, 이 수로를 만든 지 10년이 되지 않았는데도 살아 있는 산호로 거의 막혀서, 배를 통과시키려면 수로를 반드시 다시 파야 한다고 리스크 씨가 말했는데, 아주 흥미로운 일이다.

---

* 메안드리나는 석질(石質) 산호의 한 속으로 괴상(塊狀)에 반구형(半球形)이며 큰 판(板)처럼 성장한다. 크기가 1m 가까이 되며 주로 카리브해와 멕시코만에 있는 산호초의 바깥 부분에서 서식하며 인도양에 국한된 종도 있다.

4) 이 포리테스는 포리테스 클라바리아(*Porites clavaria*)와 비슷하지만, 가지 끝에서 옹이가 생기지 않는다. 살아 있을 때는 노란색이지만, 민물로 씻어서 말리면 표면 전체에서 새까만 물질이 배어나와, 마치 잉크에 담가놓은 것처럼 보인다.

초호에서 가장 깊은 곳의 퇴적물은 젖었을 때는 백악*처럼 보였지만, 마르면 대단히 고운 모래 같았다. 비슷하지만 더 고운 펄로 된 크고 부드러운 뱅크가 초호의 남동쪽 해안에 나타나는데, 그곳에서는 모자반**의 일종이 많이 생장해서 거북들이 이를 뜯어먹고 산다. 이곳의 펄은 식물 성분 때문에 변색이 되었지만, 산에 완전히 녹는 것으로 보아 순수한 석회질로 보인다. 나는 지질학회 박물관에서 넬슨(Nelson) 대위가 버뮤다 산호초에서 가져온, 비슷하지만 더 분명한 물질을 보았는데, 유능한 지질학자들에게 보여주었을 때, 분명히 백악이라고 모두 착각했다. 초 바깥에서는 산호가 큰 파도에 굴러다니면서 퇴적물을 많이 만들지만, 초호의 고요한 물에서는 이런 일이 그렇게 흔치 않다. 그러나 여기에서는 생각하지 못했던 다른 요소가 개입한다. 곧 파도가 치는 초의 바깥쪽에서만 사는 앵무새 물고기와 초호에서만 사는 앵무새 물고기의 거대한 무리들이 살아 있는 군체동물만 갉아먹고 산다고, 앞에서도 이야기한 이 섬에서 오래 산 리스크 씨가 단언했기 때문이다. 나는 아주 많고 크기도 큰 이 물고기 가운데 몇 마리의 배를 갈라보았는데, 내장이 작은 석회조각들과 잘게 갈린 석회질 물질로 늘어나 있음을 발견했다. 이 물질들은 매일 고운 퇴적물이 될 것이다. 또 거의 모든 산호 덩어리에 구멍을 뚫는 연충(蠕蟲)처럼 생긴 무수한 벌레들과 연체동물들이 고운 석회질 퇴적물을 많이 만들어낼 것이다. 많은 것을 관찰한 포레스의 J. 앨런(Allan) 박사가 (방사대칭동물***의 한 과인)

---

* 백악(白堊)은 먼 바다에서 사는 석회질 미생물(예: 코코리스coccolithophores)이 수심이 깊은 해저에 많이 쌓여 굳어진 백색의 탄산염암석을 말한다. 주성분은 탄산칼슘으로 일종의 생물기원 석회암이다. 영국과 프랑스 사이의 절벽해안이 백악으로 이루어져 있다.

** 모자반(*Fucus*)은 가지가 나는 편평한 엽상체(葉狀體)에 간혹 둥근 덩어리가 있는 녹갈색 해조류속이다. 남반구에도 있지만 북반구 온대지방에 대단히 많은 이 해조류는 주로 조간대에서 생장한다.

해삼이 살아 있는 산호를 먹고 산다고 나에게 편지로 알려주었다. 실제 해삼 몸 끝에 있는 뼈로 된 기이한 구조는 그 목적에 아주 잘 적응한 것처럼 보인다. 이 산호초 구석구석에서 떼를 지어 사는 해삼 속(屬)에는 아주 많은 종이 있고, 그중 한 종이 매년 배로 중국으로 많이 실려 간다는 것은 잘 알려진 사실이다. 매년 이 몇 가지 동물들과 많은 다른 동물들에게 먹히고 고운 펄로 부스러지는 산호의 양은 틀림없이 굉장할 것이다. 그러나 이런 사실들이 산호초가 커지는 것을 다른 생물이 억제하고, '먹고 먹히는' 생물계에서 거의 통용되는 법칙이 대양의 힘을 견디며 거대한 공사를 하는 군체동물에서도 통한다는 점에서 의미하는 바가 더욱 크다.

킬링 환초가 다른 산호 형성체처럼 완전히 성장한 생물체와 그 조각들이 쌓여서 만들어졌다는 것을 생각하면, 그 산호초가 얼마나 오래되었으며 앞으로 얼마나 오래갈 것인가에 궁금증을 가지는 것은 자연스러운 일이다. 현재 남동쪽에 있는 긴 섬이 수로들이 지나가는 작은 섬들로 그려진 오래된 해도가 있음을 리스크 씨가 알려주었다. 그는 나무들이 작아서 지금도 그 수로들을 알 수 있다고 단언한다. 나는 작은 섬 몇 개에서 작은 종려나무들이 끝에서만 자라고, 큰 나무들이 그 뒤에서 규칙적으로 연속해서 자라는 것을 보았다. 이 사실은 이 작은 섬들이 아주 최근에 길어졌다는 것을 보여준다. 나는 초호의 윗부분과 남동쪽에서, 가지가 나는 산호들이 서 있지만 완전히 죽은, 적어도 1제곱마일은 되는 불규칙한 지역을 보고 대단히 놀랐다. 산호들은 앞에서 설명한 종들이었다. 산호들은 갈색이고 썩어서, 내가 그 위에서 서 있으려고 하자, 썩은 관목 사이를 지나가는

*** 방사대칭동물은 방사상 몸에 대칭인 동물을 칭한다. 그러나 여러 부류의 동물이 이 동물에 속해 지금은 이 용어를 쓰지 않는다.

것처럼, 다리가 물에 반쯤 빠졌다. 산호가지의 꼭대기가 가장 낮은 썰물에 간신히 물에 덮였다. 몇 가지 사실 때문에 환초 전체가 융기했다는 것을 믿지 못해서, 처음에는 무슨 이유로 그 넓은 곳의 산호들이 죽었는지 상상하지 못했다. 그러나 생각해보니 위에서 말한 수로들이 닫힌 것이 이유라고 여겨졌다. 왜냐하면 그전에는 바람이 강하게 불면 물이 수로를 통해서 초호 끝까지 유입되어 수면이 높아졌기 때문이다. 그러나 지금은 그런 일이 일어날 수 없으며, 주민들도 남동풍이 강하면 초호 입구보다 초호 끝에서는 조석이 덜 높다는 것을 알고 있다. 그렇게 되면서 과거에는 성장할 수 있는 최고의 높이까지 도달했던 산호가 가끔 햇볕에 짧지만 노출되어 죽었다.

위에서 말한 사실들로 보다시피, 마른 땅이 늘어나는 것 외에도 외부의 단단한 산호초가 바깥으로 성장하는 것으로 보인다. 킬링 환초의 서쪽에서는 초의 가장자리와 해변 사이의 '평지'가 대단히 넓다. 바닥이 역암으로 이루어져 있는 해변의 앞에는 대부분의 경우, 이곳에서 자라는 나무의 조각들이 섞인 모래층이 있는데, 이곳은 밀물에서도 바람에 날린 바닷물이 닿지 않는 것처럼 보인다. 따라서 파도 때문에 안쪽 해변이 생긴 다음, 변화가 있었음이 분명하다. 먼저 역암이 매우 두껍고 물에 침식된 지점의 경우, 과거에는 파도가 이 해변을 강력하게 때렸다는 것이 분명하지만, 지금 그 지점은 식물과 모래 뱅크로 보호되어 있다. 또 바람이 불어오는 쪽의 너울이 초 가장자리를 돌아 비스듬하게 둥글게 되면서, 매우 특이한 방법으로 해변을 때린다는 것은 역암이 해변에서 그 방향으로 돌출되도록 침식된 것으로 미루어보아 분명하다. 쇄파가 때리는 선이 이렇게 후퇴한 것은 작은 섬 앞에 있는 초의 표면이 한때 물에 잠겼다가 그 후에 위로 커졌기 때문이거나, 가장자리에 있는 산호둔덕이 바깥으로 계속 성장했기 때문일 것이다. 이 부분이 바깥으로 성장한다는 것은, 위에서 말한 산호의 꼭대기가 확실히 최근에 죽었으며, 옆으로 4~5인치를 내려가야 살아 있는 산호로 된 새 층이 생겨서 두꺼워지는 포리테스속 문닉이 나다니는 것으로 보아 의심할 여지가 거의 없다. 그러나 이 가정에도 내가 소홀해서는 안 될 어려운 점이 있다. 만약 '평지'의 전체나 대부분이 가장자리 바깥으로 성장해서 생겼다면, 가장자리가 계속 커질 때마다 당연히 석회조로 덮여야 하고, 표면도 살아 있는 석회조가 있는 지대와 같은 높이가 되어야 하기 때문이다. 그런데 목판화를 보면 그렇지 않다. 즉 원래 높이가 다른 곳들이 메워져 생긴 '평지'가 벗겨진 상태로 보아, 그 표면이 많이 변형된 것이 분명하다. 또 초가 바깥으로 커지면서, 석회조로 된 지역의 뒷부분이 죽어서, 큰 파도로 침식되어 낮아지는 것도 가능하다. 만약 이런 일이 생기지 않는다면, 초가 생긴 다음, 또는 적어도 석회조가 초 가장자리에서 불룩한 둔덕이 된 다음, 초의 어느 부분도 폭이 바깥으로 커질 수 없을 것이다. 왜냐하면 그렇게 생기고 초의 다른 부분보다 2~3피트 높은 지대는 어디에서도 폭이 20야드를 크게 넘지 않기 때문이다.

지금까지 킬링환초의 여러 부분이 성장하는 것을 지시하는, 어느 정도 가능성이 있는 사실들을 검토했다. 그 반대를 가리키는 사실들도 있다. 남동쪽에서 설리번(Sulivan) 대위가 고맙게도 나를 위하여 여러 가지를 관찰했는데, 해변 앞에서 초 위로 거의 50야드를 돌출한 역암을 발견했다. 환초의 여러 곳에서 관찰한 바로는 그 역암은 원래 그렇게 많이 노출되지 않는 섬의 기반암*이며, 앞부분과 윗부분이 바닷물에 침식되어 없어진 것으로 유추된다. 거의 환초 전체에 걸쳐 역암이 우묵하게 파이고 부서지

* 기반암(基盤岩)은 어느 지역의 밑바탕이 되는 바위를 말한다.

고 그 조각들이 해변 위로 밀려 올라오는 것은 대단히 놀라운 일이며, 가끔 부는 폭풍에 조각들이 쌓이고 매일 조석으로 침식된다고 생각해도 대단히 놀랍다. 앞에서 이야기한, 오래된 해변 앞에 있는 나무가 자라는 모래와 나뭇조각들로 된 이 환초의 서쪽에서, 나무들이 씻겨 내려간 것을 보고, 설리번 대위와 나는 큰 파도가 최근 이 해안선을 다시 때리기 시작했다는 사실에 크게 놀랐다. 겉으로 보기에는 물이 땅을 약간 잠식하기 시작했는데, 초호 안에서는 더욱 분명했다. 나는 바람이 불어오는 쪽이나 불어가는 쪽 해안 여러 곳에서 뿌리가 뽑혀 쓰러진 오래된 야자나무들과 해변에서 썩은 야자나무 그루터기들을 발견했는데, 주민들이 그런 곳에서는 이제는 야자나무들이 자랄 수 없다고 우리에게 단언했다. 피츠로이 함장은 주거지 부근에서 나에게 창고의 기둥뿌리를 가리켰는데, 지금은 매일 조석에 잠기지만, 주민들은 7년 전에는 밀물선 위에 있었다고 말했다. 넓고 평온한 대양과 직접 연결되는 초호의 고요한 물에서는, 육지로 파고 들어올 정도로 강한 해류가 짧은 기간 내에는 전혀 변하지 않았을 것이다. 이런 사항들을 고려해서 나는 그 환초가 어쩌면 최근에 약간 침강했을 것이라고 유추했다. 나아가 이런 유추는 우리가 오기 2년 전인 1834년 섬이 심한 지진으로 흔들렸고, 지난 10년 동안에는 그보다 약한 지진이 두 번 있었다는 것으로 미루어보아 옳은 듯하다. 지하의 이런 요동들 때문에 만약 킬링 환초가 침강했다면, 그 운동량이 아주 미미한 것이 틀림없는데, 먼저 아직도 초호 표면에 닿는 죽은 산호의 밭이 있고, 또 서쪽 해안의 쇄파는 아직도 옛날에 닿던 곳에 닿지 못했기 때문이다. 또한 킬링 환초가 침강되기 전 오랜 동안 정지했던 것이 분명한데, 그동안 작은 섬들은 현재 크기로 늘어났고, 살아 있는 산호초의 가장자리가 위로, 또는 내가 믿기로는 해변에서 현재 거리까지 바깥으로 성장했다.

이런 의견이 옳은지 그른지는 위의 사실들을 주목할 필요가 있는데, 땅과 물이라는 균형을 잘 이루는 두 힘 사이에서, 이 낮은 산호체가 얼마나 힘겨운 투쟁을 하는지를 잘 보여주기 때문이다. 킬링 환초의 미래 상태를 말할 것 같으면, 만약 교란되지 않는다면 작은 섬들이 길어질 수 있다. 그러나 넓은 지역에 들이치는 너울에 맞설 길이 없으므로 그 섬들의 폭이 커지는 것은 반드시 초의 폭이 커지는 것에 달려 있다. 또 초의 폭이 커지는 것은 해저측면들의 기울기에 달려 있는바, 이 측면들은 산호가 부서지고 침식되어 생기는 퇴적물로만 커질 수 있기 때문이다. 돛단배를 다니게 하려고 파낸 수로에 있는 산호들이 빨리 크고, 고운 퇴적물을 만드는 몇 가지 요인이 있는 것으로 보아, 초호는 반드시 빨리 메워질 것이다. 그러나 초호 입구의 수심조사에서 나타나듯이, 퇴적물의 일부는 초호에 퇴적하지 않고 대양으로 빠져나간다. 더욱이 퇴적작용이 산호의 성장을 막으므로, 이 두 가지 인자가 한꺼번에 초호를 메우지는 못한다. 우리가 초호를 만드는 산호 여러 종의 생태를 모르므로, 이탄-이끼가 생장하는 표면 전체가 이탄을 잘라낸 구멍 속을 채울 정도로 빨리 자란다고 가정하지 못하는 것처럼, 초호가 있는 초의 표면 전체의 산호들이 돛단배 수로의 산호만큼 빨리 자란다고 가정할 이유가 없다. 그렇지만 이런 요소들이 초호를 메우는 경향이 있다. 초호가 얕아지면 그만큼 빨리 메워지고, 군체동물들은 깨끗하지 않은 물이나 먹이가 없는 것 같은 여러 유해한 인자들에 좌우된다. 예컨대, 리스크 씨가 말하기로는 우리가 오기 몇 년 전에 예년과 달리 비가 아주 심하게 와서, 초호에 있는 거의 모든 물고기가 죽었는데, 그때 산호들도 그만큼 피해를 입었을 것이다. 이 초들 역시 가장 낮은 밀물보다 더 높아질 수 없어서, 초호가 마지막에 땅이 되는 것은 퇴적물이 쌓여서 모이는 정도에 달려 있다는 것을 기억해야 한다. 나아가 대양의 맑은 물 한가운데도 그렇지만, 주위를 둘러싸는 높은 땅이 없으므로, 퇴적물이 집적되는 과정은 반드시 굉장히 느릴 것이 분명하다.

2절*

환초의 일반 형태와 크기, 환초의 초들과 작은 섬들—외부의 경사—석회조 지대—역암—초호의 수심—퇴적물—전부 또는 일부가 물에 잠긴 초—초에서 터진 곳들—초호를 두르는 선반 모양의 해안—초호가 땅으로 바뀌어

나는 여기에서 태평양과 인도양에 있는 수많은 환초들의 일반 형태와 구조를 간단히 설명하면서, 그 환초들과 킬링 환초를 비교하겠다. 말디바 환초와 큰 차고스 뱅크는 많은 점이 달라서, 나는 가끔 언급하는 것 말고도 이 장의 3절을 거기에 할애하겠다. 킬링 환초는 중간 크기에 규칙적인 형태의 환초로 볼 수 있다. 비치 함장이 로 제도에서 조사한 32개의 섬 가운데, 가장 긴 섬이 30마일이고 가장 짧은 섬은 1마일이 안 된다. 그러나 이 그룹의 옆에 있는 블리겐 환초**는 길이 60마일에 폭 20마일 정도는 되는 것으로 보인다. 이 그룹에 있는 대부분의 환초는 길게 늘어난 형태이다.

---

* 차례에는 2절 뒤에 "환초 개관"이라는 제목이 있는데, 여기에는 없다.

** 블리겐 환초(Vliegen atoll)는 프랑스령 폴리네시아 투아모투(Tuamotu) 군도에서 가장 큰 환초로 오늘날 이름은 랑기로아(Rangiroa)이다.

따라서 보(Bow)섬은(도판 I 그림 4를 보라) 길이가 30마일이고 폭이 평균 6마일이며, 클레르몽 토네르도 거의 같은 비율이다.* 마셜 제도(코체부에 Kotzebue의 랄릭Ralick 그룹과 라닥Radack 군도)에서 환초 몇 개는 길이가 30마일이 넘고, 림스키 코르사코프**는 길이 54마일에 불규칙한 형태이며 가장 넓은 곳의 폭이 20마일이다. 말디바 제도에 있는 대부분의 환초는 크기가 크고, (이름이 두 개 있는) 환초 한 개는 가운데가 약간 휘어졌고 길이가 최소 88지리마일이고, 가장 넓은 폭은 20마일이 안 되지만 가장 좁은 폭은 겨우 9.5마일이다. 돌출된 환초들도 있고, 마셜 군도에는 줄처럼 연결된 환초들도 있어, 예컨대 길이가 60마일인 멘치코프섬은 세 개의 고리로 연결되어 있다(도판 II 그림 3을 보라). 그럼에도 단순히 길게 늘어난 반지 모양에 외곽이 그런대로 규칙적인 환초의 수가 훨씬 더 많다.

고리 모양을 이루는 초의 평균 폭은 1/4마일이다. 비치 함장은 로 제도의 환초에서는 그 폭이 아무리 넓어도 반 마일을 넘지 않는다고 말한다.[5] 킬링 환초에 있는 초와 작은 섬들이 가지는 구조와 크기는 태평양과 인도양에 있는 대부분의 환초에도 적용될 수 있을 듯하다. 만약 초가 모가 났다면, 작은 섬들은 초의 돌출된 부분이나 초호로 들어가는 양쪽에 먼저 만들어질 것이다—두 경우 모두, 폭풍이 약간 다른 방향들에서 불 때, 한쪽에서 날아오른 물질들이 다른 쪽에서 날아오른 물질들이 쌓이기 전에 그 자리에 쌓이도록 쇄파가 칠 수 있는 곳이다. 전자의 예는 루트캐(Lutkè)가

* 클레르몽 토네르(Clermont Tonnere)는 동부 투아모투에 있는 환초이다. 길이는 24.5km에 폭은 5km이다. 오늘날 이름은 레아오(Reao)이다.

** 림스키 코르사코프(Rimsky Korsacoff)는 마셜 군도에 있는 환초로 론겔랍(Rongelap)이라고도 한다.

5) 비치의 태평양과 베링 해협 항해기 8장.

그린 캐롤라인(Caroline) 환초 해도에서 많이 볼 수 있는 반면, 초의 입구나 초가 터진 곳에 작은 섬들이 등대처럼 있다는 것을 여러 저자들이 목격했다. 해수면까지 솟아오르고 간조에 일부가 노출되는 환초들도 있는데, 어떤 이유로 그 초에서는 작은 섬이 형성되지 않는다. 반면 작은 섬들이 위에 생겼다가 훗날 침식되어 없어지는 초들도 있다. 작은 환초에서는 작은 섬들이 흔히 결합되어 말굽이나 반지 모양이 된다. 그러나 길이 13.5마일의 상당한 크기의 환초인 디에고가르시아(Diego Garcia)는 초호가 북쪽을 제외하고는, 폭이 평균 1/3마일인 땅으로 완전히 둘러싸여 있다. 이런 부류의 군도에서 둥근 환초와 땅이 얼마나 작은가를 보여주기 위해, 루트캐 항해기에 있는 구절, 즉 캐롤라인 제도의 환초 43개를 러시아의 상트페테르부르크 중심에 있는 첨탑 주변에 모아놓아도, 환초 전체가 그 도시와 교외를 다 덮지 못한다는 말을 나는 인용하겠다.

킬링 환초의 바닥이 초의 가장자리에서 100~200야드 나가면 약 20패덤까지 점점 깊어지다가, 45도 각도로 수심을 알 수 없는 깊은 곳으로 급하게 깊어지는 양상은 비치 함장이 그린 로 제도의 환초 단면과 아주 똑같다.[6] 비치 함장[7]이 가장 깊은 곳이라도 수심을 잰 곳은 모두 바닥이 산호라고 알려주었지만, 그 산호가 살아 있는지 죽었는지는 몰랐기 때문에 바닥의 본질이 다르게 보인다. 쿡[8]이 기술한 크리스마스(Christmas) 환초(북위 1도4분, 서경 157도45분) 주위의 경사는 상당히 완만하다고 여겨진다.

---

6) 북태평양 마셜 환초 주위의 바닥은 모양이 아마 비슷할 것이다. 코체부에는 (1차 항해기 2권 16쪽) "초에서 조금 나가자 수심이 40패덤이었는데, 조금 더 나가자 너무 깊어져 깊이를 알 수 없었다"고 말한다.

7) 나는 비치 함장이 여러 지점의 정보들을 주어서 아주 감사하며, 고맙게도 그의 훌륭한 저술에서도 큰 도움을 받았다.

8) 쿡의 3차 항해기 2권 10장.

초의 변두리에서 약 반 마일 나가면, 평균깊이 약 14패덤의 미세한 모래바닥이고, 1마일 되는 곳에서도 겨우 20~40패덤이기 때문이다. 의심할 여지없이 경사가 이렇게 완만하기 때문에, 초호를 둘러싸는 땅의 일부가 예외적으로 폭 3마일로 증가했다. 이 땅에는 해변 위처럼 조개껍데기와 산호의 조각들이 쌓인 능들이 겹쳐져 있다. 나는 폭이 이렇게 두꺼운 환초를 모른다. 그러나 F. D. 베넷(Bennett) 씨가 알려주기로는 태평양 캐롤라인 환초 주위의 바닥 경사가, 크리스마스섬 주위처럼, 아주 완만하다.* 말디바 환초와 차고스 환초의 바깥에서는 경사가 아주 심해서, 헤완두 폴로에서 파월 대위[9]가 초의 가장자리 아주 가까운 곳의 수심이 50~60패덤이라는 것을 발견했지만, 거리 300야드 되는 곳에서는 300야드 되는 로프가 바닥에 닿지 않았다. 모레스비 함장이 나에게 알려주기로는 디에고가르시아 초호 입구에서 100패덤 되는 곳**에서는 150패덤 로프가 바닥에 닿지 않았다고 한다. 이는 아주 특별한데, 초를 지나가는 수로 앞에서는 퇴적물이 집적되어 경사가 덜 급하기 때문이다. 또한 에그몽섬에서는 초에서 150패덤 되는 곳의 수심이 150패덤이었다. 마지막으로 카르두 환초***

---

* 다윈은 크리스마스 환초의 폭이 3마일에 이를 정도로 아주 넓다고 하면서, 폭이 더 두꺼운 환초를 모른다고 말했다. 그러나 그가 이어서 캐롤라인 환초를 이야기하는 이유는, 그 환초의 주위 바닥의 경사가 완만하다는 말에, 그 환초의 폭도 그렇게 두꺼울 수가 있다고 생각한 것으로 보인다. 다윈은 그다음 문장부터 경사가 급한 환초 이야기를 한다.

9) 이 사실은 모레스비 함장이 나에게 빌려준 원고에서 인용했다. 지리학 학술지 5권 401쪽에 있는 말디바 환초에 관한 모레스비 함장의 논문을 보라.

** 다윈이 여기에서 수심을 표시하는 단위로 거리를 말한다.

*** 디에고가르시아(Diego Garcia)는 인도 남쪽 2,000km 정도, 탄자니아해안에서 동쪽으로 3,500km 정도 떨어진 인도양, 적도 바로 남쪽에 있는 차고스 제도의 환초이다. 프랑스지배에서 영국지배로 넘어갔으며, 지금은 영국과 미국의 군사기지가 들어서 있다. 에그몽섬(Egmont Island)은 디에고가르시아 북서쪽으로 130km 정도 떨어져 있다. 헤완두 폴로(Heawandoo Pholo)는 말디브 환초의 북쪽에 있는 환초들이다. 카르두 환초(Cardoo

에서는 초에서 겨우 60야드만 나가도 200패덤 로프가 바닥에 닿지 않았다고 모레스비 함장이 알려준다! 이 환초들의 주위를 해류가 강하게 흐르며, 해류가 가장 강한 곳에서는 기울기가 가장 심한 것으로 보인다. 모레스비 함장이 이 섬 부근에서 수심을 측정한 장소마다 바닥은 항상 모래였다고 알려주었다. 킬링섬에 해저절벽이 있다고 해서,[10] 여기에도 해저절벽이 있을 것이라고 생각할 이유는 전혀 없다. 그러자 어려움이 생긴다—모래가 때로는 기울기 55도를 넘는 것으로 보이는 경사진 비탈에 쌓일 수 있는가? 내가 수심을 측정한 비탈을 이야기하는 것이지, 카르두처럼 해저의 본질을 모르면서 경사가 거의 수직인 곳을 이야기하는 게 아니라는 것을 반드시 말해야겠다. 엘리 드 보몽(Élie de Beaumont) 씨[11]는 눈사태로 흘러내리는 눈의 기울기를 보아, 모래층이나 진흙은 30도보다 큰 경사를 유지할 수 없다고 주장하는데, 이 문제에는 그보다 더 높은 권위자도 없다. 각도가 아주 큰 것처럼 보이는 말디바 환초와 차고스 환초 부근의 모래바닥 위에서 수심을 측정한 횟수와 부록에서 말할 서인도제도의 모래 뱅크가 극도로 가파른 것을 고려하면, 물에 젖은 모래가 중력을 이기는 응집력이 엘리 드 보몽 씨가 말하는 것보다 훨씬 더 크다고 결론을 내려야만 한다. 석회질 모래가 쉽게 엉켜 붙는 것으로 보아, 낱알로 된 모래층이 두껍다고 가정할 필요는 없다.

---

atoll)는 내셔널 지오그래픽에서 발간한 지도책과 위키피디아에서도 찾을 수 없으나, 문맥으로 보아 차고스 제도 부근으로 생각된다.

10) 로 제도의 섬 몇 개에서는 해안에서 좀 멀어지면, 바닥은 선반들이 차례로 내려가는 것처럼 보인다. 비치 함장이 (4판 45쪽에서) 융기된 산호로 된 엘리자베스(Elizabeth)섬 부근에서 선반 세 개를 설명한다. 처음 선반이 해변에서 약 50야드까지 완만한 비탈이고, 두 번째 선반이 수심 25패덤에 200야드 나간 다음, 처음 선반처럼 가파르게 끝난다. 여기를 지나자마자 길이 200패덤 로프가 바닥에 닿지 않는다.

11) 프랑스 지질 해설기 4권 216쪽.

비치 함장이 로 제도의 아주 길게 늘어난 환초 맨 끝의 해저 비탈경사가 환초의 옆 사면 경사보다 훨씬 덜하다고 말했다. 그는 두시섬[12)*]에서는, 말하자면 "상대하여야 할 가장 강력한 석(남서방향 너울)이 있는 버팀벽이 다른 버팀벽보다 훨씬 멀리 옮겨지고 덜 가파르다"고 말한다. 외부 비탈의 일부가 덜 급한 몇 가지 경우, 예컨대 남킬링 환초와 북킬링 환초의 북쪽 끝이 덜 가파른 것은 그곳에 모래층을 퇴적시키는 강력한 해류가 있기 때문이다. 초호 안처럼 물이 완전히 고요한 경우, 초는 보통 수직으로 커지며, 때로는 초의 기초보다 앞으로 쑥 나오는 수도 있다. 반면 물이 언제나 고요하지는 않지만 대개는 고요한 모리셔스(Mauritius)섬의 바람이 불어가는 쪽에 있는 초는 아주 얌전하게 기울어져 있다. 따라서 바깥 각도가 크게 변하는 것처럼 보인다. 그런데도 킬링 환초와 로 제도 환초들의 단면 모양이 아주 비슷하고, 말디바 환초와 차고스 환초가 대체로 가파르고, 언제나 고요한 물에서 솟아나는 초들이 수직이라는 점에서, 우리는 일정한 법칙들의 효과를 구분할 수 있을 것이다. 그러나 산호의 성장과 퇴적물의 퇴적에 영향을 미치는 큰 파도와 해류의 복합작용 때문에 모든 결과를 다 알 수는 없다.

내가 때로는 '평지'라 부르는 썰물에서 일부가 나타난 부분에 만들어진 작은 섬들은 모든 환초에서 비슷한 것처럼 보인다. 차미소(Chamisso)의 설명을 보면, 북태평양 마셜 그룹에서는 작은 섬이 생기지 않는 초는 바깥 가장자리에서 초호 해안까지 완만하게 기울어지는 초라고 추정된다. 플린더스(Flinders)는 오스트레일리아 보초는 안쪽으로 비슷하게 기울어졌다고

12) 비치의 항해기 4판 44쪽.

* 두시(Ducie)섬은 남태평양 남위 24도40분, 서경 124도71분에 있으며, 핏케언(Pitcairn)섬의 동쪽 535km에 있는 환초이다. 초호를 포함한 면적이 4.0km²이며 최고 높이는 4.6m이다.

말하며, 나는 그런 것이 보통 일어난다고 믿지만, 에렌베르크(Ehrenberg)에 따르면 홍해의 초는 예외이다. 차미소는 "쇄파에 얻어맞는 (마셜 환초에 있는) 초의 붉은 색깔은 파도가 때리는 모든 곳에 있는 돌들을 덮는 석회조의 일종 때문이다. 조건이 좋으면 종유석 같은 모양이 된다"고 말한다—이 설명은 킬링 환초의 가장자리에 그대로 적용할 수 있는 완전한 설명이다.[13] 비록 차미소는 석회조 덩어리가 평지보다 높은 돌출 지형이나 둔덕을 이룬다고 말하지는 않았을지라도, 내가 믿기로는, 이 경우가 바로 그런 것을 만든 경우이다. 왜냐하면 코체부에[14]는 다른 데서 초의 변두리에 있는 바위들이 "간조에서 약 2피트나 보일 정도"라고 이야기했고, 이 바위들이 진정한 산호로 만들어지지 않았다는 느낌이 아주 확실히 들기 때문이다.[15] 마치 킬링섬의 가장자리를 보호하려고 사람이 만든 것처럼 보이는, 석회조로 된 미끈하고 불룩한 둔덕이 환초 둘레에서 자주 나오는지 나는 모른다. 그러나 소사이어티 군도를 둘러싼 '보초'의 바깥 가장자리에서 아주 똑같은 모양의 석회조 둔덕을 곧 설명할 것이다.

---

13) 코체부에의 1차 항해기 3권 142쪽. 케이프데베르드(Cape de Verd) 군도의 포르토프라야(Porto Praya) 부근에는, 적지 않은 큰 파도를 맞는 현무암 덩어리 가운데, 석회조 층으로 완전히 덮인 덩어리들이 있다. 표면의 수 제곱인치 전체가 만발한 복숭아꽃 빛깔로 덮인 덩어리도 있다. 그러나 그 석회조는 종이보다 얇다. 같은 조건에서 솟아난 손잡이처럼 자라는 종류도 있다. 이 석회조들이 산호초에서 설명한 석회조들과 아주 비슷하지만, 내가 믿기로는 다른 종이다.

14) 코체부에의 1차 항해기 2권 16쪽. 넬슨 대위가 지질학회 회보(2권 105쪽)에 있는 좋은 논문에서 코체부에가 언급한 바위 돌출부를 이야기하면서, 돌출부들은 버뮤다 초의 표면을 덮는 환형동물들로 되어 있다고 추정한다. 이 동물은 브라질 해안의 사암으로 된 사주를 덮는다(나는 이 사실을 1841년 10월에 발간된 런던철학학술지에서 설명했다). 이 환형동물이 바다에서 하는 구실은 석회조가 인도양과 태평양에 있는 산호초에서 하는 구실과 같다.

15) 모레스비 함장이 자신의 귀중한 논문 "말디바의 북쪽 환초에 관한"(지리학 학술지 5권)에서, 밀물이 낮으면 초의 가장자리가 수면 위에 나타난다고 말한다.

비록 모든 환초에 일반적으로 있는 특징은 아니지만, 그러한 특징이 킬링 초의 구조에는 거의 없는 것처럼 보인다. 따라서 차미소는 마셜 환초 둘레에 있는 작은 섬들의 바깥에서 "평탄하지 않고 침식된 윗면에 나타나는"[16] 굵은 자갈로 된 역암층을 설명한다.* 모레스비 함장이 나에게 보여준,[17] 차고스 그룹에 있는 디에고가르시아와 말디바 환초의 초 몇 곳에 대한 부연 설명이 있는 그림들을 보면, 그 초들의 바깥 해안이 킬링 환초처럼 침식되고 변형되는 것이 확실하다. 비치의 항해기에서 로 제도에 있는 환초들의 설명을 보면, 역암을 만든 산호 자갈이 그 제도에서 관찰되었는지는 확실하지 않다.

킬링 환초의 초호는 얕다. 로 제도의 환초에서는 수심이 20~38패덤이며, 마셜 그룹에서는 차미소에 따르면 30~35패덤이고, 캐롤라인 환초에서는 그보다 약간 더 얕다. 말디바 환초에는 45패덤이나 되는 넓은 곳들이 있으며, 측심 로프가 49패덤이나 내려가는 곳도 있다. 거의 모든 초호의 바닥 대부분이 퇴적물로 되어 있다. 넓은 공간의 수심이 아주 똑같거나 알아볼 수 없을 정도로 변해서, 물에서 퇴적되는 것 말고는 바닥을 그렇게 똑같게 만드는 것은 없는 것이 분명하다. 말디바 환초에서는 이런 현상이 아주

16) 코체부에의 1차 항해기 3권 144쪽.

* "평탄하지 않고 침식된 윗면에 나타나는 굵은 자갈"은 자갈이 있는 지층과 그 아래 지층 사이에 "긴 시간의 차이"가 있다는 것을 지시한다. 곧 아래 지층이 쌓인 다음에 지각변동이 일어나 융기해서 침식되고 침강한 다음, 자갈이 쌓였고 다시 융기해서 노출되었다는 뜻이다. 그러면서 침식된 면이 평탄하지 않을 수 있다. 그러므로 아래 지층과 위 지층의 자갈은 비록 닿아 있지만, 그 사이에는 긴 시간의 차이가 있다. 아래 지층과 위 지층의 이런 관계를 지질학에서는 부정합(不整合)이라고 한다. 부정합을 나타내는 면을 부정합면이라고 하며, 부정합면 위의 역암을 "위 지층의 바탕이 되는 역암"이라는 의미로 "기저역암(基底礫岩)"이라고 한다. 여기에서는 "굵은 자갈들로 된 역암층"이 기저역암들로 된 층으로 생각된다.

17) 지리학 학술지 5권 400쪽에 있는 말디바의 북쪽 환초에 관한 모레스비의 논문을 보라.

뚜렷하며, 캐롤라인 군도와 마셜 군도 일부에서도 마찬가지이다. 전자에서는 넓은 공간이 모래와 보드라운 점토로 되어 있다. 코체부에에 따르면 점토가 마셜 환초의 한 곳에서도 발견되었다. 이 점토가 분명히 킬링 군도와 이미 말한 버뮤다(Bermuda)의 점토와 비슷한 석회질이며 부스러진 백악과 구별할 수 없고, 넬슨 대위의 말로는 버뮤다에서는 파이프 점토로 불린다.[18)*]

세기가 다른 파도들이 환초의 양쪽에 부딪치면 먼저 작은 섬들이 만들어지는 것으로 보이며, 더 노출된 해안에서는 작은 섬들이 보통 더 오래간다. 태평양 대부분의 지역에서 바람이 불어가는 쪽에 있는 작은 섬들이 허리케인만큼 강하지만 풍향이 무역풍에 반대가 되는 폭풍에 때로는 자칫하면 완전히 휩쓸려갈 섯 같다. 환초에서 바람이 불어가는 쪽에 작은 섬

---

18) 나는 여기에서 브라질 수로 안내서를 볼 때, 산호가 많은 브라질 해안 육지 가까운 곳에서 수심을 잰 곳들이, 루생(Roussin) 제독의 기록으로는, 조개껍데기와 산호가 부스러진 아주 고운 입자들과 섞인 규산질 모래로 되어 있다고 말해야겠다. 나아가 아브롤호스(Abrolhos) 군도에서 마란함(Maranham)까지 해안을 따라 1,300마일이나 되는 바다에서, 많은 곳의 바닥이 "부스러진 산호 마드레포라속과 섞이거나 그 산호로 된 하얀 응회암"**으로 되어 있다. 이 하얀 물질이 아마 위에서 말한 초호에서 나오는 물질과 비슷할 것이다. 루생의 말을 빌리면 이 하얀 물질이 때로는 단단해서, 그는 그것을 회반죽에 비유한다.

* 파이프 점토(pipe-clay)란 가소성(可塑性)이 아주 높은 회색이 감도는 하얀 점토로, 특별히 담뱃대를 만들거나 가죽을 희게 만드는 데 쓰였다. 2003년에 미국에서 발간된 미리엄-웹스터 대학생사전 11판에 따르면 이 단어는 1766년부터 쓰이기 시작했다. 이런 것을 보아 사람들이 그때부터 그 물질을 파이프 점토라고 불렀다고 생각된다. 점토는 크기가 1/256mm보다 작은 쇄설물(瑣屑物)을 말한다. 참고로 지질학에서는 크기에 따라 쇄설물을 왕자갈(256mm 이상), 자갈(64~256mm), 잔자갈(4~64mm), 그래뉼(2~4mm), 모래(1/16~2mm), 실트(1/256~1/16mm), 점토(1/256mm 이하)로 정의한다.

** 지질학에서 말하는 응회암(凝灰岩)은 화산재가 굳어진 바위이다. 그러나 여기에서 말하는 응회암은 화산재가 굳어진 게 아니라, 부스러진 산호조각들이 굳어진 바위를 말한다고 보아야 한다. 그 바위나 응회암이나 색깔과 암상(岩相)이 비슷하게 보여 응회암이라는 단어를 썼다고 생각된다.

이 없거나, 있어도 바람이 불어오는 쪽에 비하여 작은 것은 그렇게 중요하지 않다. 그러나 바람이 불어가는 쪽에 있는 초 자체가 윤곽을 유지하면서도 수면에서 수 패덤까지 솟아오르지 않는 경우가 몇 번 있다. 이런 경우가 바로 (도판 I 그림 9) 차고스 그룹의 페로스반호스(Peros Banhos)의 남쪽과 캐롤라인 제도에도 있는 무리유(Mourileu) 환초,[19] 보초인 갬비어(Gambier) 군도(도판 I 그림 8)이다. 후자가 비록 다른 부류에 속하지만, 비치 함장이 처음 그 옆을 지나가면서 문제가 되는 특이함을 관찰했기 때문에 나는 이를 말하겠다. 페로스반호스에서는 물에 잠긴 부분이 9마일이며 평균수심은 5패덤이다. 그 표면이 거의 평탄하고 돌로 되어 있으며 모래가 얇게 덮여 있다. 모레스비 함장이 특별히 단언하다시피, 그 위와 바깥 가장자리에 살아 있는 산호는 거의 없다. 그 부분이 사실은 죽은 산호바위 벽으로 이루어져 있으며, 폭과 횡단면이 일반적인 상태의 초와 같고, 죽은 산호바위 벽이 계속된 부분이다. 살아 있고 완전한 부분은 갑자기 끝나며, 그 부분이 초를 지나가는 일반적인 통로의 양옆에 닿는 것처럼, 물에 잠긴 부분에 닿는다. 다른 초의 경우, 바람이 불어가는 쪽에서는 초가 거의 또는 완전히 사라졌으며, 초호의 한쪽이 열려 있다. 예컨대, (캐롤라인 제도) 울레애(Oulleay)에서는 초승달 모양의 초 앞에 불규칙한 뱅크가 있고, 한때 그 뱅크 위에 둥근 초의 나머지 반이 있었을 것이다. 같은 제도에 있는 나모누이토(Namonouïto)에서는 변형된 이 두 가지 모양이 모두 나타난다. 곧 이 초가 수심 20~25패덤의 평탄하고 큰 뱅크로, 남쪽은 40마일 이상이 아무 초도 없이 열려 있으며, 북쪽은 일부가 수면 위로 노출되는 초로 되어 있고,

19) 프레더릭 루트캐의 세계일주 항해기 2권 291쪽. 또 그의 항해기 97쪽과 105쪽에 있는 나모누이토 이야기와 지도책에서 울레애 해도를 보라.

일부는 수 패덤의 물에 잠겨 아주 특징적이다. 차고스 그룹에는 물에 완전히 잠긴 둥근 초들이 있는데, 그 초들의 구조가 방금 이야기한 물에 잠긴 구조와 같다. 이런 구조를 가진 훌륭한 예로는 스피커 뱅크가 있다. 수심이 약 22패덤에 초호를 가로지르는 거리는 24마일 정도이고, 외곽은 둥근 초의 외곽과 똑같으며 아주 뚜렷하다. 그 외곽은 수심 6~8패덤이며 초호 안에는 그 깊이에 둔덕들이 흩어져 있다. 모레스비 함장은 초의 외곽이 모래로 얇게 덮인 죽은 바위로 되었다고 믿으며, 기본적으로 물에 잠긴 환초인 큰 차고스 뱅크의 외곽도 이와 같다고 확신한다. 모레스비 함장이 믿기로는, 살아 있는 산호가 이 두 경우에도 페로스반호스 초의 물에 잠긴 부분처럼, 깊은 곳 위에 불쑥 솟아난 변두리에는 아주 적다. 마지막으로 태평양과 인도양 여러 곳에도 방금 이야기한 곳보다 더 깊은 곳에도 주변 환초와 모양과 크기는 같지만 구조가 완전히 없어진 뱅크들이 있다. 프레시네(Freycinet)의 조사를 보면, 캐롤라인 제도에도 같은 종류의 뱅크들이 있는 것으로 보이며, 로 제도에서도 보고되었다. 산호로 된 여러 가지 지형들의 기원을 논의할 때, 환초가 된 초에는 물에 완전히 잠긴 초가 있고, 보통은 바람 불어가는 방향이지만 반드시 그런 것은 아닌 일부만 물에 잠긴 초가 있으며, 산호로 된 원래의 구조가 조금밖에 남지 않은 상태에서 물에 아주 깊이 잠긴 뱅크들이 있는바, 이들은 아마 같은 이유—곧 환초나 뱅크가 있는 지역이 침강하는 동안 산호가 죽었기 때문이라는 것을 알게 될 것이다.

말디바 환초는 예외로 하고, 배가 들어가기에 충분히 깊은 수로가 두세 개를 넘는 초호는 거의 없으며, 보통 단 한 개의 수로가 있다. 작은 환초에는 수로가 한 개도 없다. 초호 가운데가 물이 깊어, 예컨대 20패덤이 넘는다면, 초를 지나가는 수로는 보통 가운데만큼 깊지 않다—초호를 만드는 받침접시 모양의 빈 곳의 외곽에만 수로가 형성되었다고 말할 수 있다. 라이엘(Lyell) 씨[20]의 말로는 산호가 크면서 초를 통과하는 모든 수로를 막는 경향이 있으며, 예외가 물이 계속해서 빠지는 수로이고, 그런 수로도 밀물이 높을 때와 그 밀물이 빠질 때 대부분은 물이 수로 주변을 덮는다. 몇 가지 사실로 보아, 상당한 양의 퇴적물이 수로로 빠져나가는 것을 알 수 있다. 곧 모레스비 함장이, 계절풍이 바뀔 때 말디바 환초와 차고스 환초의 수로 입구에서 상당히 멀리까지 바닷물의 색깔이 변한 것을 보았다고 나에게 알려주었기 때문이다. 단순한 해류보다 아마 이런 사실 때문에 그 부분에 있는 산호들이 훨씬 덜 자랄 것이다. 수로가 없는 많은 작은 환초에서 이런 이유들 때문에 둥근 환초의 전체가 수면에 닿지 않는 것은 아닐 것이다. 물에 잠기고 없어진 초의 부분처럼, 반드시 그런 것은 아니지만, 수로들이 대개는 환초의 바람 불어가는 쪽에 생기거나, 비치 함장[21]의 말로는 주로 바람이 부는 방향과 같은 방향으로 흘러, 바람에 충분히 노출되지 않는 쪽에 만들어진다. 초에 있는 작은 섬들 사이를 밀물에 보트가 지나갈 수 있는 통로와 배가 다닐 수 있는 수로를 혼동해서는 안 되는데, 후자는 둥근 모양의 초 자체가 터진 곳이기 때문이다. 물론 작은 섬들 사이의 통로는 바람이 불어오는 쪽이나 불어가는 쪽에 생긴다. 그러나 바람 불어가는 쪽에 더 많이 또 더 넓게 생기는데, 그쪽에 있는 섬들이 더 작기 때문이다.

킬링 환초에서 초호의 연안은 초호 바닥이 퇴적물인 곳에서는 천천히 완만히 경사지며, 바닥이 산호초인 곳에서는 불규칙하거나 가파르게 경사

---

20) 지질학의 원리들 3권 289쪽.

21) 비치의 항해기 4판, 1권 189쪽.

진다. 그러나 다른 산호초에서도 이와 똑같다는 뜻은 아니다. 차미소[22]는 마셜 환초에 있는 초호들의 일반사항들을 이야기하면서, 측심용 납 덩어리가 보통 "수심 2~3패덤 되는 곳에서 20~24패덤으로 가라앉고, 보트의 한쪽에서는 끈을 따라 바닥이 보이고 다른 쪽에서는 시퍼렇게 깊다"고 말한다. 바니코로 보초에 있는 초호와 유사한 수로의 연안도 비슷한 구조이다. 비치 함장이 로 제도의 환초 두 개의 연안에서, (그는 이 현상이 흔치 않은 현상은 아닌 것으로 믿는다) 이 구조의 변형 특성을 설명했는데, 초호의 연안이 넓고 약간 경사진 선반들이나 계단 모양을 이루며 내려갔다고 하였다. 따라서 마틸다(Matilda) 환초[23]에서는 바깥에 있는 넓은 초의 표면이 초호의 수면 아래에서 초호 쪽으로 낮게 기울어지다가 3~4패덤 깊이에서 작은 절벽으로 가파르게 끝난다. 그 발치에서는 폭 40야드의 선반이 뻗어나가며 표면의 초처럼 안쪽으로 부드럽게 기울어지다가 5패덤 깊이에서 작은 두 번째 절벽으로 끝난다. 이 절벽을 지나서는 초호 바닥이 20패덤 깊이로 기울어지며, 이 깊이가 초호 가운데의 평균깊이이다. 이 선반들은 산호바위로 된 것으로 보인다. 비치 함장은 납 덩어리가 선반에 있는 구멍들을 통하여 수 패덤을 여러 번 내려갔다고 하였다. 썰물 때 초호에 있는 산호초 전부나 둔덕의 표면이 드러나는 환초들도 있다. 아주 드물게는 모든 환초가 수면 아래 거의 같은 깊이에 있는 경우도 있지만, 대개는 아주 불규칙해서—수직인 것도 있고 기울어진 것도 있어—표면까지 솟아오르는 것도 있고, 중간 깊이에 있는 것들도 있다. 그러므로 나는 그런 초가

22) 코체부에의 1차 항해기 3권 142쪽.

23) 비치의 항해기 4판 1권 160쪽. 위트선데이섬에서는 초호의 바닥이 가운데를 향하여 점차 기울어지다가 갑자기 깊어져, 뱅크의 가장자리가 거의 수직이다. 이 뱅크는 산호와 죽은 조개의 껍데기들로 되어 있다.

모두 일정한 기울기의 선반 한 개라도 만든다고 상상하지 못하겠으며, 가파른 절벽으로 끝나는 차례로 있는 암반 두세 개는 더 말할 것도 없다. 비치 함장의 말로는, 계단 같은 구조를 보여주는 가장 좋은 예인 바델나심에서도 초호에 있는 산호둔덕들의 높이가 아주 불규칙하다. 환초의 평범한 형태를 설명하는 이론이 앞으로 가끔 이렇게 환초의 특이한 구조를 설명할 것이다.

환초 그룹의 한가운데에서 때로는 산호로 된 작고 평탄하고 대단히 낮은 섬들이 나타나는데, 그 섬들에는 한때 초호가 있었으나 퇴적물과 산호초로 메워졌다. 비치 함장은 그가 조사한 로 제도의 31개 섬에서 초호가 없는 섬 2개의 경우가 이 때문이라는 것을 의심하지 않는다. 차미소[24]는 바람 불어가는 쪽에서 파도가 가끔 들이쳤던, 나무가 적은 평지를 둘러싸는 산호 마드레포라 속의 바위로 된 댐 때문에 로만조프(Romanzoff)섬(남위 15도)이 생겼다고 말했다. 북킬링 환초는 땅으로 많이 바뀌지 않은 것으로 보이는데, 이 환초가 밀물 때에만 바다로 덮이는 펄 밭(최장축이 1마일)을 둘러싸는 편자 모양의 땅으로 되었기 때문이다. 나는 남킬링 환초를 설명할 때, 초호가 메워지는 마지막 과정이 아주 느리다는 것을 보여주려고 노력했다. 모든 조건이 초호를 메울 것 같아도, 내가 믿기로는, 중간 크기의 초호 한 개도 땅으로 되기는커녕, 사리에 물에 잠기는 저조선까지도 한 번도 채워진 적조차 없었다는 것은 매우 놀랄 일이다. 작은 환초들을 제외하고는, 작은 섬들이 이어진 선 같은 땅으로 둘러싸인 환초들마저도 거의 없다는 사실 또한 굉장히 놀랄 일이다. 태평양과 인도양에 있는 많은 환초들이 최근에 생겼으며, 과거 제3기 이후 지나간 많은 시간 동안 바다의 작용

24) 코체부에의 1차 항해기 3권 221쪽.

과 산호의 성장력에만 의존하여 현재의 높이로 계속 있다고 가정할 수는 없는데, 내 생각으로는 환초의 초호들과 작은 섬들이 지금과 완전히 다른 모양이었다고 의심할 수는 없기 때문이다. 이렇게 생각하면 어떤 변혁요인(곧 침강작용)이 간간이 작용해서, 환초들의 원래 구조가 생긴 것으로 의심된다.

3절*

말디바 제도—반지처럼 생긴 초의 가장자리와 가운데—남쪽 환초에 있는 초호의 아주 깊은 곳—초호의 수면까지 솟아오르는 모든 초—바람의 주방향과 파도의 영향에 따른 초에 있는 작은 섬들과 터진 곳들의 위치—작은 섬들의 파괴—독특한 환초들의 위치와 해저기초의 연결—큰 환초들의 분명한 분할—큰 차고스 뱅크—이 뱅크의 물에 잠긴 상태와 특이한 구조

말디바 환초와 차고스 그룹의 뱅크들을 간간이 이야기했지만, 그들의 구조에서 몇 가지를 더 생각해야 한다. 나는 모레스비 함장과 파월 대위가 조사해서 최근에 발간된 훌륭한 해도를 보고, 더 특별하게는 모레스비 함장

* 차례에는 3절 뒤에 "말디바 제도의 환초들—큰 차고스 뱅크"라는 제목이 있는데, 여기에는 없다.

이 아주 친절하게 나에게 알려준 내용을 바탕으로 지금 이 이야기를 한다.

말디바 제도는 길이가 470마일이고 평균 폭이 약 50마일이다. 크게 축소한 도판 II의 해도(그림 6)에서는 환초들의 형태와 크기, 이중으로 놓여 있는 특이한 모양이 보이겠지만, 뚜렷하지는 않다. 이 제도에서 (밀라-도우-마도우Mila-dou-Madou와 틸라-도우-마테Tilla-dou-Matte라고 이름이 두 개인) 가장 긴 환초의 크기는 이미 말했다. 곧 가운데 약간 휘어진 선이 88마일이고 가장 넓은 곳이 20마일이 되지 않는다.* 수아디바(Suadiva) 역시 잘생긴 환초인데, 한 방향으로 거리가 44마일이고 다른 방향으로 34마일이며, 안쪽 넓은 곳은 수심이 250~300피트이다. 이 제도의 작은 환초들도 큰 환초들과 다르지 않다. 그러나 큰 환초는 초호로 들어가는 깊은 수로들로 된 터진 곳이 많다. 예컨대, 수아디바에서는 배가 초호로 들어갈 수 있는 수로가 42개나 된다. 남쪽에 있는 큰 환초 세 개에서는, 수로들 사이에 있는 분리된 부분은 평범한 구조이며 선(線) 모양이다. 그러나 다른 환초들, 그 중에서도 북쪽에 있는 환초들에서는 이 부분이 작은 환초들처럼 반지 모양이다. 보통 나타나는 불규칙한 초 대신, 초호에서 반지처럼 생긴 초들이 솟아나 있다. 축소된 마흘로스마흐두(Mahlos Mahdoo) 해도(도판 II 그림 4)에서는 반지처럼 생긴 구조가 대단히 불완전하게 나타나, 작은 섬들과 초 안에 있는 작은 초호를 알아보기 힘들다. 크게 인쇄된 틸라-도우-마테 해도에서는 이 둥근 초들이 서로 멀리 떨어져 있는 게 아주 잘 보인다. 가장자리에 있는 둥근 초들이 보통 길어졌고, 그 가운데 직경이 3마일인 초가 많지만 5마일인 것도 몇 개 있다. 초호 안에 있는 둥근 초들은 보통 더

* 다윈이 말하는 "가운데 약간 휘어진 선"은 틸라-도우-마테 환초의 동해안을 말한다고 생각된다. 곧 그 해안의 길이가 88마일이다.

작아서 2마일 되는 것이 몇 개 있지만, 대부분은 1마일이 안 된다. 이 작고 둥근 초에 있는 초호는 수심이 보통 5~7패덤이지만, 때로는 더 깊은 초호도 있다. 아리(Ari) 환초에서는 가운데 있는 많은 초호의 수심이 12패덤이며, 그보다 깊은 초호도 있다. 이 둥근 지형은 그들이 올라앉아 있는 기초나 뱅크에서 갑자기 솟아올라 있다. 그 초의 바깥 가장자리는 언제나 살아 있는 산호들로 경계를 이루며,[25] 그 안은 산호바위로 된 평지이다. 이 평지 위에서는 많은 경우 산호모래와 산호조각들이 집적되어 작은 섬으로 바뀌었고 식물들로 덮여 있다. 사실 나는 (대양에 있는 많은 진정한 환초들보다 더 크고 더 깊은 초호들이 있는) 작은 반지처럼 생긴 이 초들과 환초의 특징들이 아주 완전하게 나타난 환초 사이에서, 첫째, 반지처럼 생긴 초들의 기초가 대양의 바닥이 아니라 얕은 바닥이고, 둘째, 불규칙하게 흩어지는 대신 초들이 하나의 큰 토대 위에 가까이 모여 있어, 반지 같은 초들이 가장자리에 대략 둥글게 배열되었다는 것 말고는, 이 둘의 기본적인 차이를 모르겠다.

단순한 선(線)처럼 생긴 초의 일부부터 선처럼 생긴 긴 초호들이 있는 초까지, 또 선처럼 보이는 초부터 달걀꼴이나 거의 둥근 모양까지 완전히 연속된 초들을 보면, 후자가 선처럼 생긴 초나 정상상태의 초가 단순히 변형되어 형성된 초라는 생각을 하게 한다. 가장자리에 있는 반지처럼 생긴 초들이 아주 완전하고 서로 멀리 떨어져 있어도, 만약 그 환초의 경계가 평범한 벽으로 되었다면, 반지처럼 생긴 그 초들의 가장 긴 축의 방향이 보통 초의 방향과 같다는 것이 위의 생각과 부합된다. 또 중앙에 있는 반지

---

25) 모레스비 함장이 여기에서도 킬링 환초처럼 밀레포라 콤플라나타(*Millepora complanata*)가 바깥 가장자리에서 가장 흔한 종류라고 나에게 알려준다.

처럼 생긴 초들은 보통 환초에 있는 불규칙한 초호에서 볼 수 있는 초들이 변형된 것이라고 추정할 수 있다. 대축척 해도를 보면, 반지처럼 생긴 구조는 가장자리 수로나 터진 곳이 넓으면 생기는 것으로 보이며, 결과적으로 외해로 충분히 노출된 환초에서는 내부 전체가 넓으면 생기는 것으로 보인다. 수로들이 좁거나 적으면, 초호가 (수아디바에 있는 초호처럼) 크고 깊어도 반지처럼 생긴 초는 없다. 수로가 꽤 넓은 곳에서는 초의 가장자리 부분과 큰 수로에 가까운 초들이 반지처럼 생겼지만, 중앙에 있는 초들은 반지처럼 생기지 않았다. 수로가 아주 넓은 곳에서는 환초에 있는 거의 모든 초들이 다소 완전한 반지 모양을 이룬다. 따라서 반지처럼 생긴 초들의 존재는 가장자리 수로들이 열리면 생길지라도, 이들의 형성이론은 앞으로 보게 되듯이, 부모환초의 형성이론에 포함되며, 그들은 부모환초에서 생긴 다른 별개의 환초이다.

말디바 제도에서는 남쪽 환초들의 초호가 북쪽 환초들의 초호보다 10~20패덤 더 깊다. 이런 사실은 이 그룹의 가장 남쪽에 있는 아두(Addoo)의 경우에 아주 잘 나타나는데, 가장 긴 직경이 비록 9마일밖에 안 되어도 깊이가 39패덤이며, 그 외의 작은 환초 모두는 그보다 얕다. 나는 수심이 이렇게 다른 이유를 타당하게 설명하지 못하겠다. 초호의 중앙부와 가장 깊은 곳은 바닥이, 모레스비 함장한테서 듣기로는, (아마 석회질 펄로 보이는) 빽빽한 점토로 되어 있다. 경계 가까이에서는 모래로 되어 있고, 초를 지나가는 수로는 단단한 모래 뱅크와 사암, 역암 덩어리들과 약간의 살아 있는 산호로 되어 있다. 초 바로 바깥 가까운 곳과 (많은 수로들이 교차하는) 초에서 떨어져 나간 부분들이 만나는 선에서는 바닥에 모래가 섞여 있으며, 깊이를 알 수 없게 갑자기 깊어진다. 대부분의 초호에서는 가운데가 수로보다 현저히 더 깊지만, 가장자리의 반지처럼 생긴 초들이 멀찍이 떨어져 있는 틸라-도우-마테에서는 환초 전체가 같은 깊이로, 이쪽에서 저쪽까지 같은 깊이이다. 이 환초들이 특이하다는 것을 다시 말하지 않을 수 없는데—모래가 섞인 거대하고 전체로 오목한 원반이 깊이를 알 수 없는 대양에서 갑자기 가파르게 솟아올라 와 있는바, 가운데에는 산호바위로 된 달걀꼴 분지(盆地)들이 흩어져 있으며, 가장자리에도 같은 분지들이 대칭을 이루고, 수면에 겨우 닿거나 때로는 식물들로 덮여 있으며, 분지마다 맑은 물이 있는 작은 호수들이 있다!

아홉 개의 큰 환초들로 된 남부 말디바 환초에서는, 초호에 있는 작은 초들이 모두 수면까지 와 있고, 밀물 수위가 낮을 때에는 노출된다. 그러므로 보트를 타고 초 사이를 돌아다닐 때에 해저뱅크에 부딪칠 위험은 없다. 이런 상태는 다른 몇몇 환초에서도 그렇듯이 아주 놀랄 만한 것으로, 예컨대 부근의 차고스 그룹의 초들은 한 개도 수면까지 닿아 있지 않으며, 대부분의 경우 초 몇 개만 수면까지 와 있고, 나머지는 바닥에서 위까지 사이의 중간 깊이에 있기 때문이다. 산호의 성장을 이야기할 때, 이 문제를 다시 거론하겠다.

말디바 제도 부근에서는 계절풍이 불 때, 바람이 정반대 방향으로 거의 같은 기간 불고, 모레스비 함장의 말로는 서풍이 아주 강력하게 불어도, 작은 섬들이 북쪽 환초에서는 환초의 거의 동쪽에 있으며, 남쪽 환초에서는 남동쪽에 있다. 상세히 설명할 필요가 없는 몇 가지를 고려하면, 내 생각으로는 작은 섬들이 보통 경우처럼 바깥에서 와서 쌓인 쇄설물로 만들어지는 것이지 초호 안에서 생긴 쇄설물로는 형성되지 않는다고 추정하는 것이 맞다. 동풍이 아주 강력하지는 않으므로, 환초 주위의 주 너울이나 해류가 그 바람에 가세할 것이다.

무역풍에 노출된 환초 그룹에서는 초호로 들어가는 배의 수로들이 거의 어김없이 모두 바람 불어가는 쪽이나 초에서도 덜 노출된 부분에 있으며, 초 자체가 때로는 없거나 물에 잠겨 있다. 말디바 환초에서는 아주 비슷하지만 다른 사실,—곧 환초 두 개가 마주 보는 곳에서는, 터진 부분들이 초에서 가까운 쪽, 따라서 덜 노출되는 곳에 아주 많다는 사실을 관찰할 수 있다. 그러므로 남말레(S. Mäle) 환초와 팔리두(Phaleedoo) 환초, 몰로크(Moloque) 환초를 마주 보는 아리 환초와 2개의 닐란두(Nillandoo) 환초에는, 환초에서 가까운 쪽에 73개의 깊은 수로가 있으며, 먼 쪽에는 25개의 수로가 있을 뿐이다. 먼저 이야기한 3개 환초의 가까운 쪽에는 56개의 열린 곳이 있으며 바깥쪽에는 37개만 있을 뿐이다. 이런 차이는 두 줄의 환초로 보호되어서, 바다가 양쪽에 미치는 영향이 어느 정도 다른 것 말고는, 달리 다른 이유를 찾기 어렵다. 대부분의 경우, 조각들이 초의 한쪽에 다른 쪽보다 많이 쌓이고 또 끊임없이 쌓이는 유리한 조건들 때문이라고 말할 수 있으나, 말디바의 경우는 이와 다르다. 왜냐하면 작은 섬들이 동쪽이나 남동쪽에 있고, 초의 터진 부분들이 건너 쪽 환초에서 보호되는 곳 아무 데나 있기 때문이다. 가까이 있는 두 환초에서도 바깥의 더 노출된 곳에서 초가 더 연속된다는 사실이 남쪽 환초의 초들이 북쪽 환초의 초들보다 더 연속된다는 사실과도 부합된다. 왜냐하면 내가 모레스비 함장한테서 듣기로는 전자가 북쪽 환초보다 높은 파도에 항상 더 노출되기 때문이다.

이 제도에 있는 작은 섬 몇 개는 생겨난 일자를 주민들이 알고 있다. 반면 작은 섬 몇 개와 아주 오래되었다고 생각되는 섬 몇 개는 지금 빠르게 침식되어 없어지고 있다. 그런 섬 몇 개는 10년이면 완전히 없어질 것이다. 모레스비 함장이 물에 씻기는 초에서, 그 초가 작은 섬이었을 때 만들어진 우물들과 무덤들의 흔적을 발견했다. 원주민들의 말에 따르면 남닐란두 환초에 있는 작은 섬 세 개는 지금보다 과거에 더 컸다. 북닐란두에도 지금 바닷물에 씻겨 없어지는 섬이 하나 있다. 또 북닐란두 환초에서 프렌티스(Prentice) 대위가 직경이 약 600야드인 초 하나를 발견했는데, 원주민들은 그 초가 최근까지도 야자나무로 확실히 덮여 있던 섬이라고 말한다. 지금은 그 초가 대조(大潮)에서 수위가 낮을 때에 일부만 노출되며, (프렌티스 대위의 말로는) "살아 있는 마드레포라 산호로 완전히 덮여 있다." 말디바 제도의 북쪽과 차고스 제도에서도 작은 섬들이 사라지는 것으로 알려져 있다. 원주민들은 해류가 바뀌기 때문이라고 말한다. 나로서는 크고 열려 있는 대양의 해류가 더 잘 움직이기 때문일 것이라는 의심을 하지 않을 수 없다.

이 제도에 있는 환초 몇 개는 모양과 위치가 너무 관계가 있어, 언뜻 보아서도 환초 한 개가 분할되었다는 생각이 든다. 말레는 완전히 특징이 있는 세 개의 환초들로 되었는데, 이 섬 세 개 모두를 가까이 둘러싸는 선을 그리면 섬의 모양과 위치가 좌우대칭이 된다. 이를 분명히 보려면 도판 II보다 더 큰 해도가 필요하다. 북쪽에 있는 말레 환초 두 개를 나누는 수로는 폭이 겨우 1마일을 조금 넘고 수심이 100패덤을 넘는다. 파월섬은 마흘로스마호두의 북쪽 끝에서 2.5마일 떨어져, 정확하게 후자의 양쪽 가장자리를 연장하여 만나는 점에 있으며(도판 II 그림 4를 보라), 수로의 깊이가 200패덤이 넘는다. 호스버르 환초와 마흘로스마호두 남쪽 끝 사이의 넓은 수로의 깊이는 250패덤이 넘는다. 이런 경우와 이와 비슷한 경우에는 다만 환초의 모양과 위치가 관계가 있을 뿐이다. 그러나 닐란두 환초 두 개 사이에 있는 수로는 폭이 3과 1/4마일이어도 수심은 200패덤이다. 로스(Ross) 환초와 아리 환초 사이의 수로는 폭 4마일에 깊이는 겨우 150패덤이다. 그러므로 여기에서는 환초의 형태도 관계가 있을뿐더러 해저가 연결되는 특성도 관계된다는 것을 알 수 있다. 특징이 뚜렷한 두 개의 환초 사이에서 수심을 측정했다는 사실 자체가 흥미로운 것이, 내가 믿기로는, 태평양과 인도양에 있는 많은 환초 사이에서 수심을 측정한 일이 절대로 없었기 때문이다. 서로 인접해 있는 환초들의 연결부를 계속해서 따라가고, 마흘로스마흐두의 해도(도판 II 그림 4)를 얼핏 본 상태에서 수심을 알 수 없는 물길을 따르다 보면, 마흘로스마흐두가 모두 환초 한 개라고 생각하지 않을 수 없다. 그러나 다시 잘 보면 그 환초는 두 개의 수로로 나뉘며, 북쪽 수로는 폭이 1과 3/4마일에 평균깊이는 125패덤이고, 남쪽 수로는 폭이 3/4마일에 북쪽 수로보다 덜 깊다. 이 수로들은 수로 양쪽 사면의 경사와 전체 모양이 아주 닮았는데, 경사와 모양 때문에 이 환초들이 아주 달라진다. 북쪽 수로는 말레 환초를 둘로 나누는 수로보다 더 넓다. 둘로 갈라지는 이 수로의 양쪽에는 반지처럼 생긴 초들이 길게 늘어나서, 마흘로스마흐두의 북쪽 부분과 남쪽 부분이 윤곽만 보아서는 별개의 환초라고도 볼 수 있다. 그러나 북쪽 부분과 남쪽 부분을 나누는 수로가 갈라지는 사이에 있는 초는, 그 환초에서 크기가 그 부분과 비슷한 환초들의 초보다, 덜 완전하다.* 그러므로 마흘로스마흐두는 모든 점에서 중간 상태여서, 환초 한 개가 세 개로 거의 나뉘었거나 완전하게 밀접히 결합된 세 개의 환초라고 볼 수 있다. 이는 환초가 분할되는 초기단계의 예이지만, 틸라-도우-마테는 여러 면에서 더 초기의 단계이다.** 이 환초의 한 부분에는 반지처럼 생긴 초들이 아주 멀리 뚜렷하게 떨어져 있어, 주민들이 남쪽 반과 북쪽 반을 부르는

---

* 도판 II 그림 4를 잘 보면 마흘로스마흐두의 북쪽 부분과 남쪽 부분 사이에 있는 작은 초가 북쪽 부분이나 남쪽 부분의 큰 초보다 부실하다. 다윈은 이 사실을 말한다.

** 틸라-도우-마테는 잘록한 부분에서 분할될 수 있다고 보면, 3개로 분할될 수 있다는 다윈의 이야기가 이해된다.

이름이 다르다. 게다가 반지처럼 생긴 초들이 거의 모두 각각 아주 완전히 떨어져 있으며, 이들이 솟아오른 공간이 아주 평탄하고 진정한 초호 같지 않아서, 거대한 환초 한 개가 두세 부분으로 바뀐 게 아니라, 작은 환초들로 된 그룹 한 개로 바뀐 것으로 우리들은 쉽게 상상할 수 있다. 우리들이 여기에서 보았던 것처럼 하나도 빠지지 않고 시리즈로 완전히 연속되는 초들을 보면, 실제 바뀐다는 생각이 마음속 깊이 생긴다. 나아가 실질적으로 발생할 수 있는 현상들에 따라 수정된 침강이론이, 산호가 위로 성장하는 현상과 함께, 큰 환초들이 때로는 분할되는 현상에 대한 설명이 될 수 있다는 것을 앞으로 알게 될 것이다.

이제 큰 차고스 뱅크(Great Chagos Bank)만 설명하면 된다. 차고스 그룹* 에는 평범한 환초들도 있고, 수면까지 솟아오르지만 작은 섬들이 없는 둥근 환초들도 있으며, 물에 아주 잠겼거나 거의 잠겨서 환초가 된 뱅크들도 있다. 후자 가운데 큰 차고스 뱅크가 가장 거대하며, 그 구조는 다른 뱅크들과 차이가 있다. 그 평면도가 도판 II 그림 1에 있는데, 분명하게 보이게 하려고 나는 수심이 10패덤이 되지 않는 부분에는 가는 빗금을 그었다. 그림 2는 동쪽-서쪽 수직단면도인데, 어쩔 수 없이 과장했다. 가장 긴 축이 90해리이며, 그 축에 수직으로 그은 섬은 가장 넓은 곳을 지나가며 70해리이다. 중앙 부분은 수심 40~50패덤의 평탄한 펄 밭이고, 몇 군데 터진 곳을 빼고는 모두, 대략 둥글게 놓인 뱅크들의 급격한 벼랑들로 둘러싸여 있다. 이 뱅크들은 살아 있는 산호가 아주 조금 있는 모래로 되어 있다. 뱅크들의 폭은 5~12마일이며 수면 아래 평균 약 16패덤에 있다. 이 뱅크들은

* 원전의 "Archipelago"는 "제도"로, "Islands"는 "군도"로, "bank"는 "뱅크"로, "group"은 "그룹"으로, "atoll"은 "환초"로 옮겼다. 저자는 같은 곳이라도 생각하는 바에 따라 "Archipelago"나 "Islands"나 "group"이나 "atoll"을 썼다. 원전에 충실하게 옮겼다.

세 번째의 좁고 위에 있는 뱅크의 급격한 벼랑들로 둘러싸여 있으며, 이 벼랑이 전체의 테두리이다. 이 테두리는 폭이 약 1마일이며, 작은 섬들이 있는 두세 곳을 빼고는 수심 5~10패덤 깊이로 물에 잠겨 있다. 매끈하고 단단한 바위로 된 이 테두리는 얇은 모래로 덮여 있는데, 살아 있는 산호라고는 거의 없다. 양쪽 측벽의 경사는 급하며 바깥쪽으로는 수심을 알 수 없는 깊은 곳으로 급하게 깊어진다. 거리가 반 마일이 되지 않는 곳에서 수심이 190패덤이 넘는 곳도 있다. 조금 더 먼 거리에서는 210패덤이 넘는 곳도 있다. 산호가 무성하게 성장하는, 작지만 측벽의 경사가 급한 뱅크들이나 둔덕들이 내부에서 바깥쪽 테두리 높이까지 솟아 있으며, 이 테두리들은 우리가 보았던 것처럼 죽은 바위로만 되어 있다. 축척이 아주 작을지라도, 평면도(도판 II 그림 1)를 보면, 큰 차고스 뱅크는 모레스비 함장[26)]의 말대로 "물에 반쯤 빠져죽은 환초에 지나지 않는다"는 생각을 하지 않을 수 없다. 그러나 그 뱅크는 얼마나 크며 내부구조는 얼마나 기이한가! 앞으로는 그 뱅크가 물에 잠긴 이유, 곧 그 그룹에 있는 다른 뱅크들처럼 된 이유와 가운데 넓은 부분을 차지하는 특이한 해저 테라스의 기원을 생각하려고 한다. 내 생각으로는 이들이 마홀로스마흐두를 가로지르는 둘로 나뉜 수로가 생긴 이유와 비슷한 이유로 만들어졌다.

---

26) 모레스비 함장이 친절하게도 차고스 군도에 관한 미발표 원고를 나에게 빌려주었다. 내가 이 원고와 발간된 해도와 모레스비 함장이 나에게 해준 말에 바탕을 두고, 위에서 큰 차고스 뱅크 이야기를 했다.

제2장

보초

전체의 모양과 구조가 환초와 아주 닮았어—초호수로의 폭과 깊이—골짜기 앞과 보통 바람이 불어가는 쪽에 있는 초에서 터진 곳—초호수로가 메워지는 것을 막아—둘러싸인 섬들의 크기와 구조—같은 초에 있는 섬들의 숫자—뉴칼레도니아의 보초와 오스트레일리아의 보초—주변 육지의 경사에 대한 초의 위치—보초는 굉장히 두꺼울 듯

"보초"라는 용어는 보통 오스트레일리아의 북동쪽 해안을 마주하는 광대한 산호초에 적용되며, 대부분의 항해자들이 뉴칼레도니아(New Caledonia)의 서쪽 해안에 있는 산호초도 그렇게 부른다. 그러므로 내가 한때 그 용어를 오스트레일리아 산호초에만 한정하는 것이 편리하다고 생각했으나, 오스트레일리아와 뉴칼레도니아의 초들은 구조가 비슷하고, 안에 벽처럼 깊은 해자가 있으며, 많은 작은 섬들을 둘러싸고 육지에 대한 위치도 비슷해서, 그들을 같다고 분류했다. 섬의 양쪽 끝을 둘러싸는 뉴칼레도니아 서쪽 해안의 초가 섬을 둘러싸는 작은 초와 직선으로 거의 1,000마일이나 뻗는 오스트레일리아 보초 사이의 중간 형태이다.

지리학자 발비(Balbi)는 상당히 큰 섬들을 둘러싸는 그 보초들을 가운데 지역에서 높은 육지가 솟아 있는 환초라고 부르며, 그 보초들을 잘 설명했다. 보초의 초와 환초의 초가 대개 비슷하다는 점을 도판 I[1]에 있는 작지만 정확하게 축소된 해도에서도 알 수 있으며, 그들 구조의 모든 점이 비슷하다는 것을 알 수 있다. 초의 바깥쪽부터 시작해보자. 갬비어와 우알란*과

1) 축소된 이 해도들을 만든 사람들은 해도에 관한 설명들과 함께 도판들을 설명하는 별도의 부록에 있다.

초로 둘러싸인 섬들 부근에 흩어져 있는 많은 수심 자료들을 보면, 파도가 부서지는 암초 가까이에 좁은 선반 같은 가장자리가 있고, 그것을 넘어서면 바다가 깊이를 알 수 없을 정도로 갑자기 깊어진다는 것을 알 수 있다. 뉴칼레도니아 서쪽 해안 근해에서 켄트 함장[2)]이 초에서 배 두 척의 거리 되는 곳에서는 150패덤으로도 바닥에 닿지 못했다. 그러므로 경사는 거의 말디바 환초의 바깥만큼이나 가파르다.

나는 먼 바깥 가장자리에서 서식하는 산호는 거의 모른다. 타히티에서 초를 찾아갔을 때, 썰물인데도 파도가 너무 높아서 살아 있는 산호 덩어리를 볼 수 없었다. 그러나 내가 현명한 원주민 추장들한테서 듣기로는, 그곳의 산호들은 킬링 환초의 가장자리에 있는, 둥글고 가지가 없는 산호들과 비슷하다. 썰물에 부서지는 파도 사이로 보이는 초의 아주 바깥 가장자리가 둥글고 불룩해서 인조 방파제처럼 보이는데, 이 초는 석회조로 완전히 뒤덮였으며, 내가 킬링 환초에서 설명한 것과 아주 비슷하다. 내가 타히티에 있었을 때 들었던 것과 W. 엘리스(Ellis) 목사와 J. 윌리엄스(Williams) 목사의 기록을 함께 생각할 때, 이 특이한 구조가 소사이어티(Society) 제도의 초로 둘러싸인 대부분의 섬에서는 같다는 것이 내 결론이다. 이 둔덕이나 암초의 안에 있는 초들은 표면이 대단히 불규칙하고, 킬링 환초의 작은 섬들 사이에 있는 초보다 더 불규칙하지만, (타히티 초에는 작은 섬들이 없어서) 킬링 환초하고만 비교해야 한다. 타히티에서는 초들의 폭이 대단히 들쭉날쭉하다. 그러나 초로 둘러싸인 많은 섬들, 예를 들면 (도판 I 그림 1과 8의)

---

* 갬비어(Gambier)는 도판 1의 8에 그림이 있다. 우알란(Oualan)은 초로 둘러싸여 있다는 상태와 위치(북위 5도19분, 동경 162도59분)로 보아, 미크로네시아 연방주(Micronesia 聯邦州)에서 가장 동쪽에 있는 코스래(Kosrae)섬이다.

2) 달림플(Dalrymple)의 수로조사기 3권.

바니코로(Vanikoro)섬이나 갬비어 군도에서는 초가 아주 규칙적이며, 진정한 환초들처럼 평균 폭이 동일하다. 안쪽에 있는 대부분의 보초들이(초 안에 있는 육지와 초를 나누는 수심이 깊은 곳인) 초호수로 속으로 불규칙하게 기울어지지만, 바니코로에서는 초들이 단거리에서만 기울어지며, 이후 40피트 높이의 해저 벽으로 급하게 끝나는바, ―차미소가 마셜 환초에서 설명한 것과 절대 같은 구조이다.

엘리스의 말[3]로는 소사이어티 제도에서 초들이 해안에서 보통 1~1.5마일 떨어지며, 때로는 3마일이 넘는다. 가운데에 있는 산들은 보통 폭이 1~4마일에 평탄하고 가끔 늪지인 충적층(沖積層)이 가장자리를 이룬다. 이 가장자리는 초호수로에서 밀려 올라온 산호모래와 쇄설물과 언덕에서 흘러내린 흙으로 되어 있다. 가장자리는 수로가 잠식(蠶食)되는 곳으로, 많은 환초에서 초호의 물질들이 쌓여서 생기는 작은 섬들의 안쪽 낮은 곳과 비슷하다. 캐롤라인 제도의 호골루(도판 I 그림 2)[4]에서는 남쪽의 초가 그 초로 둘러싸인 높은 섬들에서 20마일이 되지 않는다. 동쪽에서는 5마일이 되지 않으며, 북쪽에서는 14마일이 되지 않는다.

초호수로들은 모든 점에서 진정한 초호들과 비교된다. 열려 있고 바닥이 가는 모래에 평탄한 초호수로도 있고, 가는 가지가 난 산호들로 막힌 초호수로도 있는바, 이런 초호수로의 일반적인 특성은 킬링 환초 안에 있는 초호수로의 특징과 같다. 초들이 초호에 따로 있거나, 안에 갇힌 높은 섬의 해안을 에워싸는 경우가 더 흔하다. 소사이어티 군도 둘레의 초호수로는 깊이가 2~3패덤에서 30패덤이 된다. 그러나 쿡(Cook)[5]이 그린 울리에테아

3) 이 점들과 다른 점들은 신기한 내용으로 가득 찬 W. 엘리스 목사의 훌륭한 업적인 폴리네시아(Polynesia) 연구를 보라.

4) 뒤몽 뒤르빌 함장의 수로조사기와 아스트롤라베호 항해기의 지도책 428쪽을 보라.

(Ulietea) 해도에는 깊이가 48패덤인 곳이 한 군데 있다. 바니코로에는 54패덤인 곳이 여럿 있고 56.5(영국)패덤인 곳도 한 곳이 있어, 광대한 말디바 환초들의 내부보다 약간 더 깊다. 작은 섬들이 아주 드물게 있는 보초도 몇 있으며, 작은 섬들이 많은 보초도 있고, 볼라볼라(Bolabola) 보초에서는 그 보초의 일부를 감싸는 작은 섬들이 선을 하나 만든다(도판 I 그림 5). 작은 섬들이 처음에는 초의 귀퉁이 한쪽이나 초를 가로지르는 터진 곳에 나타나며, 보통 바람이 불어오는 쪽에 아주 많다. 바람이 불어가는 쪽으로 있는 초들은 일반적인 폭을 유지하지만, 때로는 수면 아래 몇 피트 깊이로 잠긴다. 갬비어섬이 이런 구조의 예라고 나는 벌써 말했다. 윤곽이 덜 분명하며 산호들이 죽었고 모래로 덮여 있는 물에 잠긴 초들이 우아앤섬*과 타히티섬 일부 근해에서 관찰된다(부록을 보라). 초에서는 바람이 불어오는 쪽보다는 바람이 불어가는 쪽에서 더 잘 터진다. 그러므로 크룬센슈테른의 태평양 연구논문집을 보면, 소사이어티 군도의 포구가 있는 일곱 개 섬에서, 바람이 불어가는 쪽에는 초를 지나는 통로가 섬마다 있으나, 바람이 불어오는 쪽에 있는 섬에서는 초를 지나는 통로가 있는 섬은 단 세 개뿐이다. 터진 곳들은 초 안쪽에 있는 초호와 비슷한 수로들처럼 깊지 않다. 보통 큰 골짜기 맞은편이 터지는데, 이는 4장에서 보게 되다시피, 어렵지 않게 설명된다. 아무 방향으로나 내려가는 골짜기 앞에 터진 곳들이 있다는 사실이, 환초보다는 보초에서 바람이 불어오는 쪽에 터진 곳들이 더 자주 나타난다는 사실을 설명하는데**—환초에는 터진 곳들의 위치에 영향을

---

5) 쿡의 1차 항해기 호크스워스(Hawkesworth) 4판 1권에 있는 해도를 보라.

* 우아앤(Huaheine)섬은 소사이어티 군도 가운데에 있다. 지리 위치는 남위 16도45분, 서경 151도00분이다.

** 다윈이 위에서 말하기를 초에는 바람이 불어가는 쪽에 터진 곳이 더 많다고 했다. 그러나 여기

줄 육지가 안에 없기 때문이다.

험한 산이 있는 섬들을 감싸는 초호수로들이 산호와 퇴적물로 오래전에 메워지지 않았다는 사실은 주목할 만하다. 그러나 이는 처음 생각보다는 아주 쉽게 설명된다. 큰 초호에서 작은 봉우리가 솟아오른 호골루섬과 갬비어섬 같은 경우, 조건은 환초와 크게 다르지 않다. 이와 함께 나는 참된 초호가 메워지는 과정이 지극히 느리다는 것을 앞에서 꽤 길게 설명했다. 수로가 좁은 곳에서는 넓은 해안에서 퇴적물 생산에 가장 효과적인 요소, 곧 쇄파의 힘이 하나도 없고, 초 자체가 큰 골짜기들 앞에서 터져 있어, 강에서 나오는 많은 펄이 넓은 대양으로 나가는 것이 분명하다. 환초가 된 초의 가장자리를 덮는 물들로 생긴 수류가 깊은 곳에 있는 터진 곳들을 통해 퇴적물을 옮기고, 같은 현상이 아마 보초에서도 일어나므로, 이는 초호수로가 메워지지 않는 데 큰 도움이 될 것이다. 그러나 초들로 둘러싸인 산들의 발치에 있는 지형이 낮은 충적지의 가장자리는 메워지고 있다. 따라서 소사이어티 그룹의 마우루아(도판 I 그림 6)가 거의 다 메워져, 현재는 작은 배가 정박할 포구 하나만 남아 있을 뿐이다.

보초의 해도에서 초로 둘러싸인 땅을 없앴다고 상상하면, 이미 알고 있는 환초와 비슷한 점들이 많으며, 구조가 같다는 점 말고도, 초의 모양, 평균크기, 모여 있는 양상이 환초와 아주 같다. 보초가 환초처럼 불규칙하게 둥글고 때로는 각이 졌어도 보통 길게 늘어나 있다. 환초는 직경이 2마일이 안 되는 것부터 (거의 독자적으로 환초가 된 초들로 이루어진 틸라-도우-마테를 빼더라도) 60마일에 이르기까지 크기가 천차만별이다. 보초들의 직경

에서는 보초의 경우, 환초보다는 바람이 불어오는 쪽에 터진 곳들이 더 자주 생긴다고 말하며 그 이유도 설명한다.

도 3.5마일부터 46마일에 이른다—거북(Turtle)섬이 전자이며 호골루섬이 후자이다. 타히티에서 둘러싸인 섬의 가장 긴 축은 36마일이며, 마우루아(Maurua)에서는 2마일 약간 넘는다. 환초들과 보통 섬들을 그룹으로 나눈 것이 아주 닮았고, 그 결과 환초들과 보초들을 그룹으로 나눈 것도 마찬가지라는 것을 이 책의 마지막 장에서 알게 될 것이다.

이렇게 나눈 초 안에 있는 섬들의 높이가 가지각색이다. 타히티[6]는 7,000피트이고,* 마우루아는 800피트, 아이투아키**는 360피트, 마노우아이(Manouai)는 단 50피트이다. 초호에 갇힌 섬들의 지질은 각각이다. 대부분이 대양에서 가장 흔한 오래된 화산 기원이거나, 마드레포라질 석회암이며, 제1기 암석***도 있는바, 뉴칼레도니아가 그 예이다. 중앙의 육지는 한 개나 몇 개의 섬들로 되어 있으며, 소사이어티 그룹의 에이메오(Eimeo)섬은 고립되어 있으며, 상당히 크고 거의 같은 크기인 타하(Taha)섬과 라이아테아(Raiatea)섬(도판 I 그림 3)은 초 하나에 갇혀 있다. 갬비어 그룹의 초에는 큰 섬 네 개와 몇 개의 작은 섬들이 있으며(도판 I 그림 8), 호골루에는

6) 타히티 높이는 비치 함장이 재었고, 마우루아는 F. D. 베넷 씨에 있고(지리학 학술지 8권 220쪽), 아이투타키는 비글호에서 측정했다. 마노우아이섬, 곧 하비(Harvey)섬은 J. 윌리엄스 목사가 측정했다. 후자 섬 두 개는 어떤 점에서는 보초의 좋은 특징이 없다.

* 현재 알려지기로는 타히티 최고봉이 7,352피트(2,241m)이다.

** 원전에는 아이투아키(Aituaki)로 나온다. 그러나 원전의 저자 주석에서는 아이투타키(Aitutaki)로 나오며, 내셔널 지오그래픽 지도와 위키피디아에도 후자로 나온다. 원전에 충실했다. 쿡 군도에 속하며 지리 위치가 남위 18도55분, 서경 159도45분이며 뉴질랜드영토이다. 현재 알려지기로는 최고봉이 123m(약 403피트) 정도이다. 비글호는 1차 항해에서 이 섬에 왔다(다윈은 비글호 2차 항해에 승선했다). 현재 이 섬은 주민이 2,000명 정도이며, 쿡 군도에서 사람들이 두 번째로 많이 방문하는 섬이다.

*** 다윈이 이 책을 쓸 때에는 지질학자들이 지질시대를 지금처럼 선(先)캄브리아-고생대-중생대-신생대로 나누지 않았다. 제1기는 대단히 오래된 지질시대를 말하며, 지금의 고생대와 그 이전의 지질시대를 말한다.

거의 열두 개의 작은 섬들이 넓은 초호에 흩어져 있다(도판 I 그림 2).

여기에서 이야기한 것을 자세히 보면, 이제 보초들과 환초들 사이에는 중요한 차이가 없다고 주장할 수 있다—환초는 물을 둘러싸고, 보초에서는 한 개나 그 이상의 섬들이 물에서 솟아나 있다. 나는 이 사실에 큰 충격을 받았는데, 타히티 높은 곳에서 볼 때, 멀리 떨어진 에이메오섬이 물에서 솟아나 눈처럼 새하얗게 부서지는 파도로 둘러싸여 있었기 때문이다.* 가운데 땅을 없애면 형성 초기에 있는 환초처럼 둥근 초만 남는다. 볼라볼라섬에서 섬을 제거하면, 태평양과 인도양에 흩어져 있는 많은 환초들처럼, 큰 야자나무들로 덮인 작은 산호섬들이 둥글게 남는다.

오스트레일리아의 보초와 뉴칼레도니아의 보초는 워낙 커서 따로 생각해야 한다. 뉴칼레도니아 서쪽 해안의 초(도판 II 그림 5)는 길이가 400마일이며, 상당한 거리를 가도 해안에서 초까지 거리가 8마일은 넘는다. 섬의 남쪽 끝 가까이에서 초와 육지 사이의 폭이 16마일이다. 오스트레일리아 보초는 몇 번 끊어지지만 길이가 거의 1,000마일이고, 육지에서 평균거리는 20~30마일이며 50~70마일이 되는 곳도 있다. 그렇게 갇힌 바다의 깊이가 10~25패덤이며 바닥에는 모래가 섞여 있다. 그러나 해안에서 먼 남쪽

---

* 다윈이 1835년 11월 17일 화요일 오전에 타히티섬의 높은 곳에 올라가서 에이메오섬을 보았다. 그가 그때의 광경을 "내가 올라온 가장 높은 곳에서는 멀리 떨어진 에이메오섬이 잘 보였다 … 높고 험한 봉우리에는 흰 뭉게구름이 높게 쌓여, 파란 하늘에서 섬을 만들고 있었다. 그 모습이 마치 에이메오섬이 파란 대양에서 섬을 만드는 것과 같았다. 그 섬은 작은 입구를 빼고는 완전히 산호초로 둥글게 싸여 있다. 이 거리에서는 좁지만 분명하게 반짝이는 하얀 선만이 보였는데, 바로 파도가 산호로 된 벽을 처음 만나는 곳이다. 산들이 이 하얀 좁은 선 안에 있는 유리 같은 초호(礁湖)의 물에서 갑자기 솟아올라 있으며, 하얀 선 바깥의 물 빛깔이 아주 진했다. 그 경치가 대단한 것이, 마치 그림액자와 비교되어, 액자 틀이 파도를 나타내고 안쪽의 하얀 종이가 조용한 초호이며, 그림을 섬 자체로 볼 수 있기 때문이다"라고 1860년에 발간된 "비글호 항해기" 3판의 제18장 "타히티섬과 뉴질랜드"에서 표현했다.

끝으로 가면서 초가 해안에서 멀어지면 깊이는 40패덤으로 점점 깊어지며, 60패덤이 넘는 곳도 있다. 플린더스[7]는 이 초의 표면을 종류가 다른 산호들이 뭉툭한 돌기가 있는 단단하고 하얀 집합체를 이루었다고 설명했다. 바깥쪽 모서리는 가장 높은 곳이며, 좁은 골들이 가로지르고 배가 지나갈 수 있도록 부분적으로 터져 있다. 바깥쪽 가까운 바다는 아주 깊다. 그래도 크게 터진 곳들 앞에서는 수심을 이따금 측정했다. 초위에는 낮고 작은 섬들이 생겼다.

보초의 구조에 중요한 점이 한 가지 있다. 여기에 있는 그림은 바니코로섬, 갬비어섬, 마우루아섬의 가장 높은 곳과 그 섬들을 둘러싸는 초를 지나가는 남북방향의 수직단면도이다. 수직방향과 수평방향의 축척은 같아서, 곧 1/4인치가 1해리이다. 이 섬들의 높이와 폭은 알려져 있다. 큰 해도에 있는 언덕들을 빗금으로 그려 땅의 모양을 나타내었다. 오래전부터, 심지어 댐피어 시절*부터 수면 아래와 위의 육지 경사 사이에는 상당한 관계가 있다는 말이 있었다. 그러므로 세 단면도에 있는 점선은 땅이 바다 아래로 계속된 실제 경사와 크게 다르지 않을 것이다. 초의 바깥 변두리(AA)를 보면서, 오른쪽 다림줄이 깊이 1,200피트를 나타낸다는 것을 생각하면, 이 보초의 수직두께가 굉장하다고 결론지어야 한다.

이 섬들이나 다른 섬들을 다른 방향으로 가로지르거나 초로 둘러싸인 다른 섬들[8]을 가로질러도, 결과는 같다는 것을 꼭 말해야겠다. 다음 장에

---

7) 플린더스의 남쪽대륙 항해기 2권 88쪽.

* 영국의 항해가이자 해적인 윌리엄 댐피어(William Dampier)는 1652년에 태어나 1715년에 죽었다.

8) 5장에서 볼라볼라섬과 보초들을 가로지르는 동서 단면도가 다른 점을 보여준다. 그 그림(목판화 5번)에 있는 실선이 바로 그 단면도이다. 축척은 0.57인치가 1마일이다. 이들은 뒤페리의 코키유호 항해기 지도책에서 인용했다. 초호수로의 깊이는 실제보다 과장되었다.

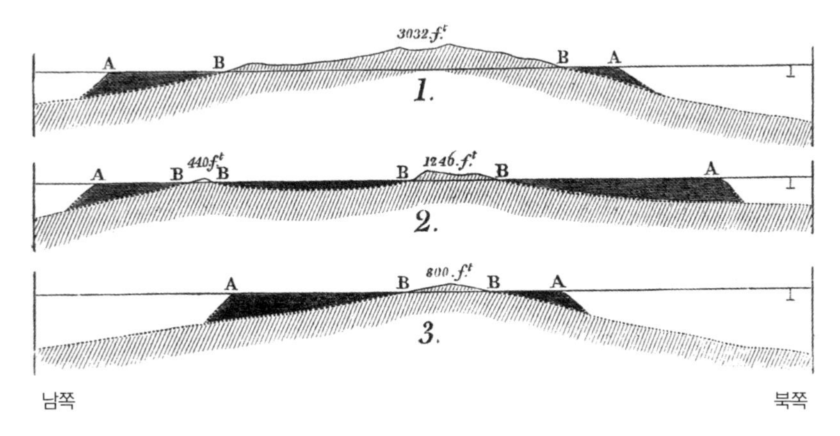

1—D. 뒤르빌의 **아스트롤라베**호 항해기 지도책에서 인용한 바니코로.
2—비치에서 인용한 갬비어섬.
3—뒤페리의 **코키유**호 항해기 지도책에서 인용한 마우루아.
수평선은 해수면이며, 오른쪽에 있는 다림줄은 200패덤, 곧 1,200피트를 나타낸다. 거의 수직인 빗금은 육지의 단면이며, 수평 빗금은 섬을 둘러싸는 보초를 나타낸다. 축척이 너무 작아서 초호수로는 표시하지 못했다.
A A—바닷물이 부서지는 산호초의 바깥 테두리.
B B—초로 둘러싸인 섬들의 해안.

서 초를 만드는 군체동물들이 깊은 바다에서는 살 수 없다는 것을 알게 될 것이다—예컨대, 그 동물들은 그림의 오른쪽에 있는 다림줄의 1/4 깊이에서도 거의 살 수 없다. 그렇게 되면 여기에서 아주 어렵게 보이는 문제가 하나 생긴다—이 보초들의 기초는 어떻게 형성되었을까. 산호로 된 실제 초들이 그렇게 두껍지 않지만, 산호들이 처음 자라기 전에는 초로 둘러싸인 이 섬들의 해안이 깊이 침식되어, 넓지만 얕은 해저암반들이 생기고, 그 가장자리 위에서 산호들이 자랐다고 생각하는 사람들도 있을 것이다. 그러나 만약 그렇다면, 초의 해안은 어김없이 높은 절벽들로 되어서, 초호수로로 기울어지지 않아야 할 터인데, 현재 많은 해안이 초호수로로 기울어진다. 게다가 이 견해[9]로는 육지로부터 그렇게 먼 곳에서 솟아올라서 깊고 넓은 해자(垓字)를 초 안에 만드는 원인이 전혀 설명이 되지 않는다. 이 견해와 본질이 같고 처음에는 더 그럴듯하게 보이는 가정이, 산호가 자라기 전에 해안을 따라 퇴적된 퇴적물 뱅크에서, 초들이 솟아오른다는 가정이다. 그러나 둘러싸인 섬들의 거의 한가운데까지 파고 들어온 깊은 수로 앞에서(라이아테아섬처럼, 도판 II* 그림 3을 보라), 지형이 보존된 해안을 둘러쌀 거리만큼 뱅크가 연장된다는 것은 도저히 있을 법하지 않다. 나아가 왜 다시 초들이 때로는 해안에서 2~3마일 또는 그 이상 떨어진 데다가 수심 200~300피트의 수로를 만들어, 산호의 성장에는 좋지 않다고 믿는 깊이에서, 어떤 경우에는 벽처럼 양쪽이 가파르게 솟아올라야만 하는가? 이런 내용은 쉽사리 받아들이지 못할 것이다. 또한 깊은 수로가 있는 것으로 보아, 퇴적물과 산호쇄설물이 쌓여서 바깥쪽에 천천히 형성되는 기초 위에서 초가 바깥쪽으로 자란다는 생각은 전혀 할 수 없다. 나아가 초를 만드는 산호들이 육지에서 먼 곳을 빼고는 자라지 않는다고 말할 수 없다. 왜냐하면 곧 알게 되듯이 (특별히 바다가 깊은 곳에서는) 해안에 바짝 붙어서 크는 산호에서 이름을 딴 완전한 산호초가 있기 때문이다. 뉴칼레도니아에서는 (도판 II 그림 5를 보라) 서해안 앞의 초가 섬의 북쪽 끝을 지나 같은 방향으로 150마일이나 계속되며, 이 사실로 보아 방금 이야기한 설명과는 아주 다르게 설명해야만 한다. 뉴칼레도니아에서 양쪽의 초들이 해저로 계속

9) D. 티어먼(Tyerman) 목사와 베넷 씨가 소사이어티 군도의 섬들을 둘러싸는 산호초의 기원을 설명하면서 이런 내용을 간단히 이야기했다(항해와 여행 전문지 1권 215쪽).

* 라이아테아(Raiatea)섬은 도판 II가 아니고 도판 I 그림 3이다. 도판 II 그림 3은 멘치코프(Menchicoff) 환초이다. 그러므로 내용과 그림으로 보아, 원전의 도판 II는 도판 I의 편집상 오류로 보인다. 그러나 원전 그대로 옮겼다.

된다는 것은 대단히 흥미로운 사실이다. 만약 이 부분이 섬의 북쪽 끝으로 과거에도 있었고, 산호가 붙기 전에 파도 때문에 침식되어 사라졌거나, 양 끝에 퇴적층의 발달 유무에 관계없이 원래부터 현재 높이로 존재했다면, 고도가 높은 섬의 해안을 따라 발달한 초들과 같은 선을 이루며, 해저마루에서는 자라지 않으면서 이 마루의 가장자리에 존재하는 초들을 어떻게 설명할 수 있을까? 우리는 앞으로 이 어려움을 해결하는, 내가 단 한 가지 해결책이라고 믿는, 설명을 보게 될 것이다.

섬들을 둘러싸는 보초들의 위치를 설명하는 가설이 하나 더 있는데, 이 가설은 상식에 너무 어긋나서 언급할 가치가 없다—곧 그 초들이 안에 들어 있는 섬들을 둘러싸는 거대한 해저분화구 위에 있다는 가설이다. 소사이어티 그룹에 있는 섬들의 크기와 높이와 모양, 그렇게 둘러싸였다는 사실을 함께 생각하면, 거의 모든 사람이 그런 생각을 무시할 것이다. 나아가 뉴칼레도니아가 크지만 코모로 군도[10]의 일부처럼 제1기 암층들로 되어 있다. 아이투타키는 석회질 암석으로 되어 있다. 그러므로 우리는 이 설명들을 무시해야 하며, 보초는 바깥 변두리에서 보초가 서 있는 기초까지 (단면도에서 *AA*부터 점선까지) 두께가 정말 두껍다고 결론지어야 한다. 그러나 이 결론에는 어려움이 없는데, 왜냐하면 산호초의 기초가 천천히 침강하는 동안 산호초가 위로 성장한다는 이론으로 설명하면, 산호가 굉장히 깊은 곳에서 솟아올랐다고 가정할 필요가 없기 때문이다.

10) 나는 이 사실을 이 그룹을 찾아간 포레스의 앨런 박사한테서 알았다.

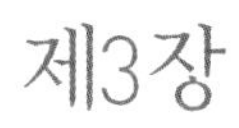

거초 또는 해안초

모리셔스 초—초 안에 있는 얕은 수로—그 수로가 천천히 메워져—초 안에서 생기는 수류—융기된 초—깊은 바다에 있는 좁은 거초—동아프리카 해안과 브라질 해안에 있는 초—퇴적물 뱅크 둘레와 침식되어 낮아진 섬 주변의 아주 얕은 바다에 있는 거초—해류에 영향을 받는 거초—해저를 덮지만 초를 만들지 않는 산호

거초 또는 일부 항해가들이 해안초라고 부르는 이 산호초는 섬을 감싸든, 대륙의 일부를 감싸든, 폭이 좁다는 것 말고는, 언뜻 보기에는 보초와 크게 다르지 않다고 생각할 수 있다. 실제 초의 면적만을 따지면 이 말이 맞다. 그러나 초 안에 깊은 수로가 없고, 초를 수평으로 연장한 부분과 주변 육지의 해저 부분 사면 사이의 긴밀한 관계를 보면, 중요한 차이점들이 드러난다.

모리셔스섬*을 감싸는 초가 이런 계통 초의 좋은 예가 된다. 이 초는 섬 주위 전체를 감싸는데, 예외적인 두세 부분[1]은 해안이 거의 절벽이며, 바다의 바닥마저 아마 비슷한 경사인지라, 산호가 붙을 기초가 없다. 이와 비슷한 사실이 때로는 보초 계통 산호초에서도 관찰되는데, 이 초가 육지의 외곽을 그렇게 잘 따라가지는 않는다. 예컨대, 타히티 남동쪽과 해안이 절벽인 곳에서는 섬을 둘러싸는 산호초가 끊어진다. 내가 찾아간 모리셔스섬의 서쪽에서는 초가 해안에서 보통 반 마일 정도 떨어져 있다. 어떤 곳

* 모리셔스(Mauritius)섬은 마다가스카르섬 동쪽 900km 정도에 있으며 화산섬이다.

1) 이 사실은 1768년에 대단히 흥미로운 "프랑스 섬 항해기"를 발간한 근위장교를 믿고 말하는 것이다. 카르마이클(Carmichael) 함장에 따르면 해안에는 16마일이나 초가 없는 부분이 있다(후커Hooker의 식물학종합 2권 316쪽).

은 1~2마일 떨어져 있으며, 3마일 넘게 떨어진 곳도 있다. 그러나 이 마지막 경우에는 해안의 육지가 산록에서 해변까지 완만하게 기울어지고, 초 바깥쪽에서 측정한 수심을 보아 물 아래에서도 완만하게 기울어져, 섬의 지층이 연장되어 생긴 초의 기초가 군체동물들이 초를 만들기 시작하는 깊이보다 더 깊은 곳에 있다고 가정할 이유가 없다. 그러나 산호 자체가 부스러져서 생긴 모래와 쇄설물 기초 위에서 산호가 바깥으로 확장되었다는 사실을 어느 정도 받아들여야 하는데, 그 때문에 초가 확장되지 않았을 때보다 옆으로 좀 더 두꺼워지는 것이 가능하기 때문이다.

섬의 서쪽 또는 바람이 불어가는 쪽의 더 바깥쪽 가장자리는 그런대로 분명하게 나타나며, 다른 부분보다 약간 더 높다. 이 부분은 주로 마드레포라(*Madrepora*)속(屬)의 튼튼한 가지가 나는 큰 산호로 되어 있는데, 바다 쪽으로 약간 깊어지는 바닥도 마찬가지이다. 이 부분에서 자라는 산호의 종류들은 다음 장에서 이야기하겠다. 더 바깥 가장자리와 해변 사이의 모래질 바닥에는 산호 몇 덩어리가 있는 평지가 있다. 그 평지에서 어떤 곳은 아주 얕아서, 썰물일 때 사람들이 바지를 걷고 깊은 구멍들이나 작은 골들을 피해서 건너갈 수 있다. 더 깊은 곳도 10피트나 12피트를 넘지 않아 보트가 다니기에 안전한 수로이다. 섬의 동쪽, 곧 바람이 불어오는 쪽은 아주 큰 파도에 노출되어, 초의 표면이 단단하고 미끈하며, 안쪽으로 약간 경사져 있어 썰물에도 잠기며, 골들이 가로로 나 있다. 구조는 보초와 환초 계통의 산호초에 있는 초들의 것과 아주 비슷하게 보인다.

모리셔스 초에서는 모든 강과 개천 앞이 곧은 통로로 터져 있다. 그런데 그랜드 포트(Grand Port)에는 보초 안에 있는 이와 같은 수로가 하나 있다. 이 수로는 해안에 평행하게 4마일 정도 이어져 있으며, 깊이는 평균 10~12패덤이다. 수로의 양쪽 끝으로 들어와서 마주 보며 휘어지는 강 두 개 때문에 이 수로가 만들어졌다고 설명할 수 있을 것이다. 거초 계통의 초에서는 냇물 앞이 언제나 터져 있는데, 그 냇물이 연중 대부분 말라 있더라도, 산호의 성장에 불리한 조건들을 생각해보면, 설명될 것이다. 보초와 환초에 있는 산호로 된 낮고 작은 섬들이 이런 종류의 초에서는 거의 형성되지 않는데, 초들이 너무 좁거나 바깥쪽 초의 경사가 아주 완만해서 쇄파에 석회조각들이 많이 생기지 않기 때문이다. 그래도 모리셔스섬에서는 바람이 불어오는 쪽에서 두세 개의 작은 섬들이 생겨났다.

다음 장에서 보듯이, 산호가 활발하게 성장하는 데에 큰 파도는 도움이 되며, 파도에 교란되어 일어나는 모래나 퇴적물은 산호의 성장에 해로워 보인다. 따라서 모리셔스처럼 완만하게 경사진 해안의 위에 있는 초는 처음에는 실제 해변에 붙지 않고 약간 떨어져서 자랐을 것이다. 또한 바깥쪽 가장자리에 있는 산호들이 가장 왕성하게 자랐을 것이다. 그렇게 해서 얕은 수로가 초 안에서 만들어졌을 것이다. 나아가 쇄파가 섬의 해안에 들이치지 못했으며, 평소처럼 바깥쪽에서 조각들도 많이 생성되지 않았고, 작은 냇물 모두 초를 지나가는 직선으로 연장되었기 때문에, 이 수로가 퇴적물로 아주 천천히 메워질 수 있을 것이다. 그러나 모래와 더 작은 산호의 조각들로 된 해변이, 모리셔스의 경우, 얕은 수로를 천천히 잠식하는 것으로 보인다. 완만하게 기울어진 모래로 된 많은 해안에서는 쇄파를 막는 암초 때문에 해변에서 조금 떨어져 안이 약간 깊어진 사주가 생기는 것으로 보인다. 예컨대, 그레이 함장[2)]은 위도 24도의 오스트레일리아 서해안에는 폭이 약 200야드인 사주가 있는데, 사주 위의 물 깊이는 단 2피트이지만, 그 안에서는 2패덤으로 깊어진다고 말한다. 어느 정도 완전하면서도 비슷

2) 그레이 함장의 2회 탐험기 1권 369쪽.

한 사주들이 다른 해안에서도 나타난다. 이런 경우 파도들이 강하게 부서지는 선 위를 지나서 뿌려지는 물이 흘러나감에 따라 (간혹 부는 폭풍에는 분명히 사라지는) 얕은 수로들이 파인다는 의심이 나에게 든다. 페르남부코(Pernambuco)*에서는 산호초와 같은 모양에 높이도 같은 단단한 사암 사주[3]가 해안에 거의 평행하게 뻗어나가 있다. 이 사주 안에서는 분명히 밀물 때 사주를 넘은 물로 생긴 수류가 빠르게 흐르면서 안쪽 벽을 침식한다. 이런 사실들로 볼 때, 대부분 거초의 안쪽, 그중에서도 땅에서 좀 떨어진 거초의 안쪽에서는 바깥쪽 가장자리를 넘은 물들이 빠르게 돌아간다는 것을 거의 의심할 수 없다. 또한 그렇게 생긴 흐름이 수로가 퇴적물로 메워지는 것을 막으며, 경우에 따라서는 수로를 더 깊게 할 수도 있을 것이다. 최근에 융기된 섬들에 있는 거초에는 거의 빠짐없이 수로들이 있어서, 내가 후자를 믿게 되었다. 나아가 만약 아주 얕은 수로가 어느 정도 땅으로 천천히 바뀌지 않았다면, 그런 일은 거의 일어나지 않았을 것이다.

만약 거초가 완전한 상태에서 해수면보다 높아진다면, 낮은 둔덕 안에 넓고 마른 해자가 있는 특이한 모양이 될 것이다. 모리셔스섬을 걸어서 일주한 흥미로운 저자[4]에 따르면, 그런 종류의 구조물을 만난 듯하다. 그는 "내가 말할 것이, 바다가 넓은 곳에서는, 대양의 초에 관계없이 **일종의 지워진 공간**, 곧 자연스럽게 덮인 길이 있었다. 그곳에 대포와 다른 것을 놓을 수도 있었다"고 말한다. 그가 다른 곳에서는 "그곳을 지나가기 전에 15피트 이상을 융기한 커다란 산호 뱅크가 눈에 띄었다. 바다가 버린 산호초였다. 그곳이 물로 넓게 덮여 있어 작은 배들을 위한 도크를 만들 수 있었다"

---

* 오늘날 브라질의 항구 레시페를 말한다. 다윈이 1836년 8월 찾아간다.

3) 나는 이 기이한 구조를 1841년 10월에 발간된 런던과 에든버러 철학학술지에다 발표했다.

4) 근위장교의 프랑스 섬 항해기 1부 192쪽과 200쪽.

고 말한다. 그러나 초의 가장자리가 대단히 높고 완전해도, 큰 파도에 많이 노출되면 땅이 조금만 올라와도 그 가장자리 높이까지 일부나 전부가 침식당할 것이며, 그 가장자리 위에서 산호들이 다시 자랄 수도 있을 것이다. 모리셔스 해안 육지 일부에는 산호로 된 작은 둔덕들이 있는데, 그 둔덕들이 이어진 초에서 마지막으로 남은 부분이거나 그 위에 생긴 낮고 작은 섬일 가능성이 있다. 나는 타마린(Tamarin)만과 큰 검은 강(Great Black River) 사이에서 그런 둔덕 두 개를 보았는데, 높이가 거의 20피트이고 현재 해변에서 약 200피트 떨어져 있으며 해변보다 약 30피트 높았다. 그 둔덕들은 마모된 석회조각들이 흩어져 있는 평지에서 갑자기 솟아나 있다. 둔덕들의 아랫부분은 단단한 석회질 사암으로 되어 있으며, 윗부분은 산호 아스트래아(*Astraea*)와 마드레포라속 몇 종으로 된 큰 덩어리들로 되어 있는데, 이 덩어리들은 느슨하게 엉켜 있었다. 이 둔덕들은 불규칙한 층들로 나뉘어 바다 쪽으로 기울어져 있는데, 둔덕 하나의 경사각은 8도이며 다른 둔덕의 경사각은 18도였다. 초로 둘러싸인 섬들과 함께 융기한 초의 표면이 모리셔스 초의 표면보다 바다의 침식작용으로 훨씬 더 많이 변형되었다는 의심이 든다.

많은 섬들[5)]이 모리셔스섬을 둘러싸는 초들과 아주 비슷하게 초들로 둘러싸여 있다. 그러나 바다가 갑자기 깊어지는 해안에서는, 초들이 아주 좁고 약간만 이어지는 이유는 분명히 해저가 급하게 기울어지기 때문인 것

---

5) 나는 쿠바를 또 다른 예로 들겠다. 테일러(Taylor) 씨는 (루동Loudon의 박물학 잡지 9권 449쪽에서) 기바라(Gibara)와 브야로(Vjaro) 사이에 있는 길이가 수 마일 되는 초 하나를 설명했는데, 그 초는 해안에서 반 마일에서 1/3마일 사이로 떨어져 해안과 평행하며, 모래질 바닥과 산호 뭉치들로 된 얕은 물로 된 곳을 감싼다. 초의 가장자리 바깥은 가지가 나는 큰 산호들로 이루어져 있으며, 수심은 6~7패덤이다. 이 해안은 그렇게 오래지 않은 옛날에 융기되었다.

으로 보인다—우리가 보았듯이 이런 관계는 보초 계통의 초에는 없는 관계이다. 경사가 급한 해안을 둘러싸는 거초는 그 폭이 대부분 50~100야드를 넘지 않는다. 이 초들의 표면은 거의 평탄하며 단단하고 썰물에도 거의 나타나지 않으며, 내부에는 육지에서 먼 거리에 있는 거초들의 내부처럼 얕은 내부수로도 없다. 폭풍이 불 때, 바깥쪽 가장자리에서 떨어진 조각들이 섬의 해안에 있는 초 위로 내동댕이쳐진다. 나는 그런 예로 와티오(Wateeo)섬을 들겠는데, 쿡이 설명한 바로는, 초의 폭이 100야드이다. 마우티섬과 엘리자베스섬[6]은 폭이 겨우 50야드이다. 이 섬들을 둘러싸는 바다는 대단히 깊다.*

거초는 보초처럼 섬을 둘러싸고, 두 초는 대륙의 해안을 마주 본다. 오언(Owen) 함장이 만든 아프리카 동해안 해도에는 큰 거초들이 많다—따라서 남위 1도15분부터 1도45분에 이르는 거의 40마일 되는 공간**에서, 초가 평균 1마일 넘는 거리에서 해안을 감싸 안아, 길이가 이 계통의 초들보다는 더 크다. 그러나 해안이 높지 않고 바닥이 (초의 바깥 1.5마일 되는 곳의 수심이 겨우 8~14패덤처럼) 아주 천천히 얕아지기 때문에, 초가 육지에서 아주 멀리 연장되어도 어려움이 없다.*** 이 초의 외부 가장자리가 불쑥 튀어나온 곶들로 되어 있다고 설명하였는데, 곶 안에는 깊이 6~12피트의 물이

---

6) 마우티(Mauti)섬은 바이런(Byron) 경이 왕립해군 블론드호 항해기에서 설명했고, 엘리자베스(Elizabeth)섬은 비치 함장이 설명했다.

* 와티오섬은 남태평양 쿡(Cook) 군도에 있는 아티우(Atiu)섬을 말한다. 엘리자베스섬은 오늘날 미국령인 잴루이트(Jaluit) 환초를 말한다. 마우티섬은 내셔널 지오그래픽 사의 지도와 위키피디아에서 찾을 수 없다.

** 위도 30분의 거리는 30해리이다. 그러므로 "거의 40마일"이 된다는 다윈의 말로 보아, 여기의 마일은 1,609m 1마일로 보아야 한다.

*** 다윈의 어려움이 없다는 말은, 수심이 깊지 않기 때문에, 초가 해안에서 멀어도 다윈이 조사하거나 초까지 가는 데 어려움이 없다는 것으로 여겨진다.

있으며 그곳에서는 산호들이 살고 있다. (북위 2도1분) 묵디샤에서는 "포구가 동쪽으로 4~5마일 계속되는 긴 초 옆에 생겼는데, 초에는 밀물이 낮을 때에도 깊이가 10~12피트인 좁은 수로가 있다"고 한다.[7] 그 수로는 해안에서 1/4마일 거리에 있다. 다시 (남위 4도) 몸바스*에서는 초가 해안으로부터 반 마일에서 1과 1/4마일 떨어져 36마일 계속되는데, 그 안에는 "카누와 작은 보트가" 다닐 수 있는 깊이 6~15피트의 수로가 있다. 초의 바깥에서는 거의 반 마일 떨어져 깊이가 약 30패덤이다. 이 초의 일부는 아주 대칭이고 폭이 200야드로 일정하다.

브라질 해안은 많은 곳이 초로 둘러싸여 있다. 이 가운데 산호로 되어 있지 않은 초도 있어, 예컨대 바이아(Bahia)** 부근의 초가 그런 초이고 페르남부코 앞에도 있다.*** 그러나 후자의 경우는 도시의 남쪽으로 몇 마일

---

7) 오언의 아프리카 1권 357쪽에서 앞의 이야기들을 인용했다.

* 묵디샤(Mukdeesha)는 마가독사(Magadoxa)라고도 쓰며, 위치로 보아 오늘날 소말리아의 수도인 모가디슈(Mogadishu) 항으로 생각된다. 몸바스(Mombas)는 오늘날 케냐의 몸바사(Mombasa)를 말한다.

** 오늘날의 살바도르를 말한다.

*** 다윈이 비글호 항해기 제21장 "모리셔스섬에서 잉글랜드까지"에서 그 사주를 다음처럼 이야기했다. "내가 이 근처에서 본 가장 신기한 물체가 항구를 만드는 초(礁)이다. 이 세상에 자연히 만들어진 것으로, 그보다 더 사람이 만든 것처럼 보이는 것이 있는지 의심스럽다. 해안에서 그렇게 멀지도 않고 완전히 직선으로 해안에 평행하게 수 마일 이어진다. 폭이 30야드에서 60야드로 차이가 나고 표면은 평탄하고 매끈하며 층리가 잘 보이지 않는 단단한 사암으로 되어 있다. 고조에는 파도가 그 위에서 부서지고 저조에는 꼭대기가 공기에 노출되어 마르는데, 이 경우 사이클롭스 인부들이 세운 방파제로 착각할 수 있다. 이 해안에서는 해류가 육지 앞에서 용승(湧乘)하면서 긴 사취(砂嘴)와 사주(砂洲)가 만들어지고 그 위에 페르남부코 동네 일부가 있다. 과거에 이렇게 생긴 긴 사취에 석회질 물질이 스며들어 굳어진 다음 쉬엄쉬엄 솟아오르게 되었다. 솟아오르면서 바깥쪽과 약한 부분은 침식되었으며, 단단한 핵심 부분이 지금 보듯이 남게 되었다. 대서양에서 퇴적물이 떠 있는 뿌연 물이 이 돌 벽의 바깥 부분에 밤낮으로 들이쳐도, 가장 늙은 도선사마저 그 돌 벽의 모양이 조금이라도 바뀐 것을 모를 정도로, 돌 벽이 변하지 않았다. 이 강인함이 그 돌 벽 역사에서 가장

떨어진 곳에 초가 해안을 따라 잘 발달되어 있어[8] 정말 산호로 되었다는 것을 거의 의심할 수 없다. 초는 육지에서 3/4마일 떨어져 있고 그 사이는 수심이 10피트에서 15피트이다. 나는 똑똑한 도선사로부터 포트 프란세스(Port Frances)와 포트 마세이오(Port Maceio)에서는 초의 바깥이 살아 있는 산호로 되어 있으며, 하얀 바위의 안쪽에는 크고 불규칙한 공동(空洞)들이 많아 바다와 통한다는 말을 확실히 들었다. 브라질 해안의 해저는 육지에서 9~10리그를 나가야 30~40패덤으로 천천히 깊어진다.

지금 설명들로 미루어, 거초의 크기와 구조는 해저의 크고 작은 경사에 완전히 달려 있으며, 초를 만드는 군체동물들은 일정한 깊이에서만 살 수 있다는 사실과 복합되어 있는 것으로 결론지어야 한다. 이 사실로 보아, 페르시아만이나 동인도제도 일부 해역처럼 아주 얕은 곳에서는 초가 해안을 두르는 특성이 없어지며, 불규칙하게 흩어진 반점처럼 개개로 나타나는데, 때로는 상당한 지역에 걸친다고 할 수 있다. 바깥쪽에서 산호가 더 왕성하게 성장하며 내부 조건이 몇 가지 점에서 성장에 좋지 않을 경우, 이와 같은 초들은 가운데보다는 외곽에서 보통 더 높고 더 완전하다. 따라서 이런 초들이 때로는 환초처럼 보이는데, (이런 경우를 소홀하게 넘겨서는 안 되며) 그래도 가운데 부분이 훨씬 덜 깊고 모양이 덜 뚜렷하며 얕은 토대 위에

호기심이 가는 부분으로, 수 인치 두께의 석회질 물질로 된 딴딴한 지층 때문인데, 그 지층은 완전히 작은 껍데기를 가진 환형동물(環形動物)과 거북 다리 몇 종류와 석회조들이 계속해서 나고 죽으면서 만들어진 것이다. 석회조는 단단하고 아주 간단한 바다식물로, 산호와 비슷하게 파도가 부서지는 곳의 뒤쪽과 안쪽에서 산호초들의 위 표면을 보호하는 중요한 구실을 하며, 파도가 부서지는 곳에서는 살아 있는 산호가 바깥쪽으로 크면서 태양과 공기에 노출되어 죽는다. 그 작은 바다생물들, 그 가운데서도 특별히 환형동물이 페르남부코 주민에게 좋은 일을 했던 것이, 이들이 사주를 보호하지 않았다면 사암으로 된 사주가 과거에 틀림없이 사라졌고 사주가 없었으면 포구도 없었을 것이기 때문이다."

8) 루생 남작의 브라질 수로안내서와 그 책에 있는 수로 기록을 보라.

있어, 환초와는 다르다. 그러나 깊은 바다에서 초들이 수면 아래에 쌓인 퇴적물 뱅크를 감싸거나 섬이나 물에 잠긴 바위들을 에워쌀 때에는 육지를 감싸는 보초와 구분이 어려우며, 환초와도 구분하기 어렵다. 서인도제도에 있는 초 가운데, 뱅크 위에 초가 하나도 없거나 약간만 있어서, 산호가 붙을 표면보다 약간 아래에 있는 넓고 평탄한 뱅크가 있다는 것이 아주 명백하지 않거나—또 만약 현재 퇴적물이 쌓여서 그런 뱅크가 생긴다는 것이 분명하지 않다면, 이런 초들은 아마 이 두 부류에 포함시켜야 할 것이다. 때로는 거초가 큰 파도에 해수면 수준으로 침식되어 낮아진 섬의 기초를 덮어서 보호한다. 에렌베르크(Ehrenberg)에 따르면 홍해에 있는 섬에서는 이런 경우가 상당히 많으며, 과거에는 육지의 해안에 평행하게 발달하였으며, 그 안에는 깊은 물이 있었다. 따라서 지금은 섬의 기초를 덮는 초들이 보초에 속하지 않을지라도, 육지에 대한 관계는 보초 같았다—그러나 내가 믿기로는, 홍해에 참된 보초가 몇 곳이 있다. 이 바다와 서인도제도의 초들을 부록에서 다루겠다. 거초들의 윤곽이 그 지역의 강한 해류의 유로 때문에 상당히 변형된 것처럼 보이는 경우가 있다. J. 앨런 박사가 알려주기로는 마다가스카르의 동해안에서는 거의 모든 곶과 모래로 된 낮은 지점에는 남서-북동방향으로 발달한 산호초들이 있는데, 이들은 해안의 해류에 평행하다. 내 생각으로는 주로 일정한 방향으로 산호가 부착할 기초가 해류의 영향으로 길어진 것으로 보인다. 열대지방에 있는 많은 섬, 예컨대 브라질 해안에 있는 아브롤호스의 경우 피츠로이 함장이 조사했으며, 큐밍(Cuming) 씨가 나에게 알려주기로는 필리핀을 감싸는 해저는 불규칙한 산호 덩어리들로 완전히 덮여 있는데, 큰 덩어리들도 수면에 닿지 못해서 올바른 초가 못 된다. 이런 사실은 산호가 불완전하게 성장하거나 파도에 부서지지 않을 산호가 없기 때문인 것이 분명하다.

환초와 보초와 거초, 세 가지 형태의 초는 바로 앞에서 이야기한 거초의 변형과 함께, 모든 곳에 있는 산호체(珊瑚體)에서도 가장 눈에 띄는 형태이다. 이 책의 마지막 장 모두에서 지도(도판 III)의 색깔을 칠한 원리를 내가 상세히 설명할 것이며, 예외의 경우들을 일일이 열거할 것이다.

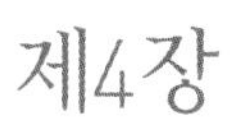

제4장

산호초의 증대*

이 장에서 내가 수집한, 산호초의 분포에 관련된 사실들—산호초가 커지기에 좋은 조건들과—산호초의 증대율과—산호초가 형성되는 수심에 관련된 내용을 모두 설명할 것이다.

이 주제들은 여러 부류의 산호초 기원을 설명하는 이론에서 중요하다.**

1절
산호초의 분포와 산호초가 커지기 좋은 조건

산호초가 분포하는 위도에는 내가 특별히 더 추가할 내용이 없다. 북위 32도 15분의 버뮤다 군도가 산호초가 발달한 지역으로는 적도에서 가장 먼 곳이다. 산호초가 그처럼 북쪽으로 확장된 것은 멕시코 만류 때문이라고 말해왔다. 태평양에서는 북위 27도에 있는 루추(Loo Choo) 군도의 해안에 초가 있으며, 샌드위치(Sandwich) 제도***의 북서쪽인 북위 28도30분에 환초 하나가 있다. 홍해에는 북위 30도에 산호초가 있다. 남반구에서는 산호초가 적도의 바다에서 그렇게 멀리 떨어져 있지 않다. 남태평양의 경우 남회

* 차례에서는 이 장의 제목이 "산호초의 분포와 증대"이지만 본문에서는 제목이 다르다. 원전대로 옮겼다.

** 장을 시작하는 형식이 다르다.

*** 오늘날의 하와이를 말한다. 한편 "샌드위치"라는 이름은 남샌드위치 군도가 남대서양 끝에 있는 섬들을 가리키면서 남아 있다.

귀선 아래에는 산호초가 거의 없지만, 남위 29도인 오스트레일리아 서쪽 해안의 후트만 아브롤호스(Houtmans Abrolhos)에 산호체가 존재한다.

화산지역에서 가까운 곳은 보통 화산섬에서 나오는 석회성분이 산호초가 성장하는 데 좋은 조건으로 생각되었다. 그러나 이런 견해를 지지할 큰 이유가 없다. 그 이유는 제1기 지층으로 된 뉴칼레도니아 해안과 오스트레일리아 북동해안 지역보다 산호초가 더 넓은 곳은 없기 때문이다. 또 가장 큰 환초 그룹인 말디바(Maldiva) 제도, 차고스(Chagos) 제도, 마셜(Marshall) 제도, 길버트(Gilbert) 제도, 로(Low) 제도에는 산호로 된 바위를 빼고는 화산암이나 다른 종류의 암석이 없다.

놀랍게도 열대바다의 일부 넓은 지역에는 산호초가 전혀 없다. 따라서 비글호와 그 부속선*이 남아메리카 서해안의 적도 남쪽이나 갈라파고스(Galapagos) 군도 주위를 탐사하면서 산호초를 조사하지 못했다. 산호초는 적도 북쪽에도 전혀 없는 것으로 보인다.[1] 파나마(Panama) 지협을 조사한 로이드(Lloyd) 씨가 파나마만에서 살아 있는 산호를 보았을지라도 산호로 된 초는 보지 못했다고 나에게 말했다. 나는 페루 해안과 갈라파고스 군도[2]에 초가 없는 이유를 처음에는 남쪽에서 올라오는 차가운 해류 때문

---

* 비글호가 남아메리카 서해안을 조사했을 때, 피츠로이 함장은 조사를 더 많이 하기 위해 작은 범선을 빌렸거나 구입했다. 다윈이 말하는 부속선이 그런 배를 말한다. 본문대로 하면 그 부속선이 갈라파고스 제도를 조사했다고 생각할 수도 있지만, 갈라파고스 제도는 조사하지 않았다. 비글호가 갈라파고스에 왔을 때는 함장이 부속선을 판 다음이다.

1) 나는 이런 내용을 그곳을 관찰할 충분한 기회가 있었던 왕립해군 라이더(Ryder) 대위와 여러 사람을 통해서 알았다.

2) 피츠로이 함장이 1835년 9월 16일과 10월 20일 사이에 갈라파고스 군도 해안에서 직접 측정한 해수면 평균온도는 68°F였다. 최저수온은 알베말르(Albermarle)섬** 남서쪽에서 58.5°F이었으며, 이 섬의 서해안에서 몇 차례는 62°F와 63°F이었다. 비글호에서 측정한 타히티 부근과 환초인 로 제도의 평균 해수온도는 (적도에서 더 멀어도) 77.5°F이었으며, 최저수온은

이라고 생각했으나, 파나마만은 세계에서 가장 더운 바다 중 하나이다.[3)***]
태평양 중부지역에는 초가 전혀 없는 섬들이 있으며, 나는 그 가운에 일부는 최근에 폭발한 화산 때문이라고 생각했다. 그러나 샌드위치 군도의 섬인 하와이 대부분의 해안에 초가 발달되어 있다는 사실은 화산이 최근에 폭발해도 산호가 반드시 자라지 못하는 것은 아니라는 사실을 보여준다.

3장에서 나는 몇몇 섬 둘레의 바닥이 살아 있는 산호로 두껍게 덮여 있음에도 불구하고 초가 형성되어 있지 않은데, 이는 산호의 성장이 불충분하거나 강한 파도에 견디지 못했기 때문이라고 말했다.

몇 사람이 아프리카 서해안[4)]과 기니(Guinea)만의 섬 둘레에는 산호초가 없다고 말하여, 나는 그 말을 믿는다. 그 이유는 아마도 일부는 수많은 강이 해안으로 쏟아내는 퇴적물과 해안 대부분을 따라 발달한 펄로 된 큰 뱅크 때문일 것이다. 그러나 세인트헬레나(St. Helena)섬과 어센션(Ascension)

76.5°F이었다. 그러므로 평균온도는 9.5도, 최저온도는 18도 차이가 난다. 이 차이는 의심할 바 없이 두 지역에서 생물의 분포에 영향을 미치기에 충분하다.

** 알베말르섬은 갈라파고스 제도에서 가장 큰 섬으로 지금 이름은 이사벨라(Isabela)섬이다.

3) 훔볼트(Humboldt)의 나의 이야기 7권 434쪽.

*** 다윈이 말하는 차가운 해류는 남빙양에서 발원하는 훔볼트(Humboldt) 해류를 말한다. 훔볼트 해류는 갈라파고스 제도가 있는 적도까지 올라와서 서쪽으로 흘러간다. 그러므로 북위 8도 정도의 파나마만(Panama灣)은 이 해류의 영향을 받지 않는다. 훔볼트 해류를 지금은 페루(Peru) 해류라고 부른다. 다윈의 생각대로 갈라파고스 제도에는 산호가 몇 종 있으나 초를 만들 만큼 많지는 않다.

4) 오언 함장의 (지리학 학술지 2권 89쪽) 논문에서 그가 케이프산타앤(Cape St. Anne) 근해와 셔르보로 군도(Sherboro' Islands)****의 초들이 순전히 산호 같은 생물로 되어 있다고 말하지는 않았을지라도, 그 초들은 산호로 되어 있다고 결론지을 수도 있을 것이다. 그러나 왕립해군 홀랜드(Holland) 대위가 이 초들이 산호로 되어 있지 않거나, 적어도 서인도 제도에 있는 초들을 전혀 닮지 않았다고 나에게 확신시켜주었다.

**** 셔르보로 군도는 서아프리카 중부 시에라레온(Sierra Leone) 앞에 있는 셔르브로섬(Sherbro Island)으로 생각된다. 케이프산타앤은 내셔널 지오그래픽 지도와 위키피디아에서 찾을 수 없지만, 문맥으로 보아 셔르보로 군도 부근으로 추정된다.

섬, 케이프베르데스(Cape Verdes)섬과 세인트폴섬(St. Paul's Island), 페르난두노로냐(Fernando Noronha)섬*은 거대한 산호바위 벽으로 둘러싸인 태평양의 섬들처럼 육지에서 멀리 떨어져 있고 오래된 화산암으로 되어 있으며,

---

* 세인트폴섬은 북위 0도58분, 서경 29도15분에 있는 세인트폴 암초(Saint Paul's Rocks)를 말한다. 가장 높은 점이 15m 정도이며 둘레가 1.2km 정도이다. 비글호로 대서양을 내려가던 다윈이 1832년 2월 16일 올라갔다. 그는 "남아메리카 해안에서 540마일 떨어져 있고 페르난두지노로냐(Fernando de Noronha)섬에서 350마일 떨어져 있다 … 이 작은 점이 대양의 한가운데 불쑥 솟아 있다. 그 섬의 광물 조성이 간단하지 않아, 처트인 곳도 있고 가는 사문암 암맥이 들어 있는 장석인 곳도 있다.** 대륙에서 멀리 떨어져 대서양, 인도양, 태평양 같은 대양에 있는 많은 작은 섬들이 세이셸 군도와 이 작은 바위를 제외하고는, 내가 믿기로는, 모두가 산호나 화산 분출물로 되었다는 것은 눈여겨볼 사실이다. 대양에 있는 섬들이 화산으로 생긴 것은, 결과를 볼 때 확실히, 현재 활동 중인 대부분의 화산들이 해안 가까이 있거나 대양 가운데 섬으로 있게 만든 그 법칙의 연장이며 화학변화이든 물리변형이든 같은 원인으로 생긴 결과이다"라고 말했다.

페르난두노로냐섬은 페르난두지노로냐 군도에서 가장 큰 섬을 말하며 브라질 해안에서 354km 떨어져 있다. 위치는 남위 3도51분, 서경 32도25분이다. 21개의 크고 작은 섬들로 된 군도의 면적은 26km²이며, 페르난두노로냐섬은 18.4km²이며, 3,000명에 가까운 사람들이 산다. 다윈이 1832년 2월 20일 이 섬에 몇 시간 올라왔다. 그는 "내가 본 바로는, 이 섬이 화산 폭발로 생긴 섬이지만, 최근에 폭발해 생긴 섬은 아닌 것 같다. 가장 뚜렷한 특징이 높이 약 1,000피트의 원추형 언덕으로, 윗부분이 경사가 대단히 급하고 한쪽이 아래쪽보다 불쑥 앞으로 나와 있다는 것이다. 암석이 포놀라이트이며 불규칙한 암괴로 나뉘어졌다*** … 섬 전체가 나무로 덮였으나 기후가 건조해 울창하다는 기분이 들지 않는다. 산을 반쯤 올라가자, 기둥 같은 암괴(岩塊)들이 월계수나무 같은 나무들로 덮여 있고 잎이 하나도 나지 않은 채, 아름다운 분홍색의 꽃이 핀 나무로 덮여 부근에서는 볼 수 없는 아름다운 광경이 되었다"고 그 섬의 풍광과 세인트폴 암초를 비글호 항해기 제1장 "케이프베르데제도의 생자고섬"에서 기록했다. 페르난두지노로냐 군도는 1942년 브라질 영토가 되었고 2001년 유네스코 세계자연유산으로 등록되었다.

** 처트(Chert)는 반투명하거나 연한 회색의 석영으로 된 아주 치밀하고 단단한 바위이다. 사문암(蛇紋岩)은 칼슘 성분이 많고 규소 성분이 적은 광물이 변질된 광물로 형성된 바위로 보통 진한 초록색이다. 암맥(岩脈)이란 광물이나 바위가 선(線)처럼 다른 바위의 속을 파고든 것을 말한다. 장석은 화성암을 만드는 주요한 조암광물(造岩鑛物) 가운데 하나이다.

*** 포놀라이트(Phonolite)는 규소 성분과 색깔이 있는 광물이 그렇게 많지 않은 화산암의 하나로, 두드리면 땅 땅 땅 하는 종소리가 나는 것이 특징이다.

전체의 모양이 같아도 초는 전혀 발달되어 있지 않다. 버뮤다는 예외에 해당하며, 대서양 바다 한가운데에는 산호초가 단 한 개도 없다. 아마 바다 여러 곳의 탄산칼슘 양이 초의 존재를 조절할지 모른다고 생각할 수도 있을 것이다. 그러나 이는 그렇지 않은 것이, 어센션에서는 탄산칼슘으로 과포화된 파도가 조간대에 있는 바위에 석회질 물질을 두껍게 침전시키기 때문이다. 케이프베르데스 군도의 생자고(St. Jago)섬에서는 석회탄산염이 해안에 많을 뿐 아니라, 융기한 제3기 이후 지층의 일부에서도 큰 부분을 차지한다. 그러므로 겉으로 볼 때의 산호초의 미묘한 분포 특성 차이는 눈에 보이는 이런 몇 가지 분명한 이유로는 설명되지 않는다. 그러나 육상을 포함한 지구의 반에서 더 잘 알려진 연구를 보면, 생명체가 살 수 있는 장소가 사라지지 않았다는 것을 확신할 수 있다—그뿐 아니라 각각의 장소에는 자연의 다른 생명체 사이에서 생존경쟁이 있다는 것도 확신할 수 있다—산호초가 없는 열대지방 바다에는 초를 만드는 군체동물의 자리를 차지하는 다른 생명체가 있다고 결론내릴 수 있다. 킬링 환초를 이야기한 장에서 큰 물고기 몇 종과 산호의 연한 부분을 먹고 사는 해삼류가 있다는 말을 했다. 반면 군체동물들도 다른 생물들을 잡아먹고 살 것이다. 어떤 이유로 그들이 줄어들면, 살아 있는 산호들이 그만큼 줄어들 것이다. 그러므로 어느 해안에서든 산호가 왕성하게 자라서 초의 형성을 결정짓는 관계는 대단히 복잡한 것이 틀림없으며, 우리의 불완전한 지식으로는 사실상 설명할 수 없다. 이런 점들을 고려하면, 우리가 바다의 상태 변화를 의식하지 못해도 한 지역의 산호초를 모두 파괴할 수도 있으며, 다른 곳에서 나타나게 할 수도 있다고 추론할 수 있다. 따라서 태평양이나 인도양이 이유를 잘 알지 못한 상태에서, 산호초가 없는 오늘날의 대서양처럼 될 수도 있다.*

산호초의 어느 부분에서 산호가 가장 잘 크는지 의문을 품는 박물학자들이 있다. 킬링 환초의 둘레에서는 살아 있는 산호속인 포리테스(*Porites*)와 밀레포라(*Milepora*)로 된 큰 둔덕들이 초의 아주 끝에서만 나타나는데, 그곳으로는 쇄파가 쉬지 않고 들이친다. 살아 있는 산호는 그곳이 아닌 어디에서도 단단한 덩어리를 이루지 못한다. 마셜 군도에서는 (주로 포리테스에 아주 가까운 속인 아스트래아*Astraea*속의 종들인) 아주 큰 산호들이 "두께가 수 패덤이나 되는 큰 바위를 만들며" 차미소(Chamisso)에 따르면[5] 가장 강하고 큰 파도를 좋아하는 것으로 알려져 있다. 나는 말디바 환초의 바깥 가장자리는 (전부는 아니고 몇 종이 킬링 환초에 있는 종들과 같은) 살아 있는 산호들로 이루어져 있다고 말했다. 여기에서는 큰 파도가 너무 높아서 큰 배들도 단 한 번에 초 위로 밀려 올라가 쓰러졌으며, 사람들은 모두 생명을 구했던 적이 있다.

에렌베르크(Ehrenberg)의 말[6]로는 홍해(紅海)에서는 가장 강한 산호가 바깥쪽 초에서 살며 큰 파도를 좋아하는 것처럼 보인다. 그는 가지가 더 난 산호가 약간 더 안쪽에서 살지만, 막힌 곳에서는 이 산호들이 작다고 덧붙인다. 이와 비슷한 경향이 있는 많은 사실들을 제시할 수 있다.[7] 그러나 쿼(Quoy) 씨와 가이마르(Gaimard) 씨는 어떤 종의 산호라도 넓게 터진 바다의 쇄파 가운데에서 번성하기는커녕 버틸 수조차 있는지를 의심한다.[8] 그들은

---

* 다윈은 이 부분에서 바다에 있는 생물들의 해양 생태계(生態系)를 언급하면서 산호초의 소멸과 이동을 예상하고 있다. 대단한 혜안이고 통찰력이다.

5) 코체부에(Kotzebue)의 1차 항해기(영역본) 3권 142쪽, 143쪽, 331쪽.

6) 에렌베르크의 홍해에 있는 산호 뱅크의 본질과 형성에 관하여, 49쪽.

7) 왕립해군 버드 앨런(Bird Allan) 함장이 알려준 바에 따르면, 서인도에서 산호초를 가장 잘 알고 있는 사람들은 넓게 트인 바다의 넘실거리는 너울에 가장 많이 노출된 곳에서 산호가 가장 번성한다고 흔히 믿고 있다.

바위에서 자라는 식물들이라도 물이 고요하고 더운 곳에서만 잘 자란다고 단언한다. 이 말은 지질학 논문에서 수많이 인용되었다. 그런데도 초 전체가 보호되는 것은 이 박물학자들의 생각으로 산호가 살기에 가장 좋은 환경에서도 살 수 없는 산호 종류들 때문인 것이 분명하다. 왜냐하면 만약 바깥쪽의 살아 있는 산호들이 죽는다면, 언제나 쇄파들의 물보라가 주변에서 일렁이는 수많은 나지막한 산호섬들 전체가 반세기 안에 씻겨 파괴될 것이 거의 확실하기 때문이다. 그러나 산호의 생명력이 파도를 이기고, 무수한 군체동물들이 느리지만 꾸준히 성장하여 폭풍 때마다 뜯겨지는 큰 산호초 조각들을 채우면서 바깥 가장자리에서 살아간다.

이 사실들로 보아 파도에 가장 많이 노출되는 곳에서 가장 강하고 가장 괴상인 산호들이 번성하는 것은 확실하다. 바람이 불어가고 덜 노출되는 쪽에 있는 대부분의 환초들이, 바람이 불어오는 쪽에 있는 환초의 상태에 견주어 상태가 덜 완전하며, 말디바 제도의 환초에서 서로 어느 정도 보호되고 가까이 있는 쪽에 터진 곳이 더 많은 사실이 이 현상으로 설명된다. 산호의 크기나 강한 정도는 생각하지 않고, 어떤 조건에서 가장 많은 종의 산호가 발달하는가 하는 의문에 내가 대답해야 하는데—아마 쿼 씨와 가이마르 씨가 설명한 조건, 곧 물이 고요하고 더운 곳일 것이다. 적도지방의 바다에는 산호 전체 종의 수가 굉장히 많은 것이 틀림없다. 에렌베르크 교수[9]의 말로는 홍해에만 120종류가 있다.

에렌베르크 교수가 관찰한 바로는, 뱅크 위에서 부서지는 파도는 산호에게 그렇게 해롭지는 않은데, 급경사의 해안사면에서 돌아가는 바닷물은

---

8) 프랑스 자연과학연보 4권 276쪽과 278쪽. "파도가 치는 곳에서는 식물들이 바위에서 자랄 수 없는데, 파도가 그 식물들의 연약한 집들을 파괴하기 때문이다." 외.

9) 에렌베르크의 … 본질과 … 에 관하여, 46쪽.

산호의 성장에는 해롭다. 그는 또 물결에 움직이기 쉬운 퇴적물이 많은 곳에는 산호가 적거나 없다고 말한다. 또 그의 말로는 모래가 섞인 해안에 가져다 놓은 살아 있는 산호들이 며칠 만에 다 죽었다고 한다.[10] 그러니 모래 뱅크에 세운 말뚝에 붙잡아 맨 살아 있는 산호 덩어리 몇 개는 빨리 커졌다는 한 가지 실험을 곧 말해야겠다. 먼저 단단하지 않은 퇴적물은 언뜻 보기에 살아 있는 군체동물에게 당연히 해롭게 보일 것이다. 따라서 킬링 환초 바깥과 (앞으로 보게 되겠지만) 모리셔스(Mauritius) 바깥에서 수심을 측정했을 때, 산호가 왕성하게 자라는 곳에서는 측심연의 아밍이 어김없이 깨끗했다. 오언 함장[11]의 말로는, 이 현상이 아마 모리셔스 환초에서 사는 사람들 사이에서는 이상한 믿음을 만들었다. 곧 산호에는 뿌리가 있으므로 만약 산호를 바닥의 표면까지만 부스러뜨리면 다시 자라지만, 만약 뿌리를 뽑아버리면 영원히 살아나지 못한다는 믿음이다. 이런 방식으로 그 주민들이 포구를 깨끗이 한다. 그렇게 해서 마다가스카르 성모 마리아(St. Mary's) 포구에 있는 프랑스 총독이 "그곳을 깨끗이 해서 아름답고 작은 포구로 만들었다." 산호가 뜯겨나가 생긴 빈 곳에는 모래가 모이지만, 부서진 산호에서 솟아 있는 그루터기에는 모래가 모이지 않고, 따라서 전자의 경우에는 산호가 새로이 자라지 못할 것이다.

제3장에서 나는 냇물이 바다로 들어오는 곳에서는 거초가 거의 모두 예외 없이 터져서 틈이 생겼다고 말했다.[12] 대부분의 저자들이 소량이라도 연중

---

10) 같은 책, 49쪽.

11) 지리학 학술지 2권 88쪽에서 볼 수 있는 오언 함장의 말디바 군도의 지리에 관하여.

12) 웰스테드(Wellstead) 대위와 다른 사람들의 말로는 이 경우가 흔해이다. 뤼펠(Rüppell) 박사는 융기된 산호 해안에는 배(梨) 모양의 포구들이 있고, 그 포구들로 냇물에서 일정한 때에만 민물이 들어온다고 말한다(아비시니아Abyssinia 여행기 1권 142쪽). 이런 것으로 보아,

한때 바다로 들어오는 민물이 산호에게 해롭기 때문이라고 이 사실을 해석한다. 기수*라도 산호의 성장을 막거나 늦춘다는 것은 의심할 바 없다. 그러나 내가 믿기로는 홍수가 났을 때, 작은 도랑으로 흘러들어 쌓이는 펄과 모래가 산호의 성장을 훨씬 더 심하게 막는다. 모리셔스섬에서 포트루이스(Port Louis)로 들어가는 수로의 양쪽에 있는 초가 갑자기 벽을 만들면서 끝났으며, 나는 그 기슭에서 수심을 재어 바닥이 두꺼운 펄 층이라는 것을 발견했다. 양쪽 벽이 이렇게 급경사인 것은 터진 곳에서는 일반적인 특징처럼 보인다. 쿡[13]이 라이아테아(Raiatea)**에 있는 초 이야기를 하면서 "모든 다른 곳처럼 양쪽 벽이 굉장한 급경사이다"라고 말한다. 그런데 산호의 성장을 막는 민물이 바닷물과 섞이면, 초는 분명히 급하게 끝나지 않는다. 그러나 깨끗하지 않은 냇물에 가장 가까운 군체동물들이 냇물에서 멀리 떨어진 군체동물보다 덜 자라기 때문에, 초가 점차 얇아져 없어진다. 반면 육지에서 들어온 퇴적물이 쌓이는 곳에서는 산호의 성장이 막히겠지만, 옆에서는 막히지 않아, 초가 선반처럼 수로의 바닥 위로 나올 때까지는 커질 것이다. 섬을 둘러싸는 보초 계통의 초에서는 터진 곳들의 숫자가 훨씬 적고, 아주 큰 골짜기의 앞에만 있다. 터진 곳들이 아마 환초에 있는 초호로 들어가는 것과 같은 방식, 곧 해류의 힘과 미세한 퇴적물이 바깥으로 떠가는 방식으로, 계속해서 열려 있을 것이다. 골짜기 앞에 있는 터진

지금 산호 땅을 만든 지층들이 융기되기 전에는, 민물과 퇴적물이 그 지점에서 바다로 들어왔고 산호가 자라지 못했으며, 배 모양의 포구들이 생겼다고 유추해야 한다.

* 기수(汽水)는 바닷물과 민물이 섞여서 덜 짠물을 말한다. 강의 하구 같은 곳에서 잘 형성되며 염분의 변화가 심하다.

13) 쿡(Cook)의 1차 항해기 2권 217쪽—(호크스워스Hawkesworth 판).

** 라이아테아는 프랑스령 폴리네시아에 있는 섬이다. 면적이 175km²이며 최고높이는 1,017m이다.

곳들의 위치는, 때로 깊은 초호수로로 육지에서 떨어져 있어 민물과 퇴적물의 해로운 영향이 완전히 없어졌다고 생각되어도, 그 위치를 보초의 기원을 논의할 때 간단히 설명하겠다.

식물계에는 각 지역마다 그 지역에 특이한 식물들이 있으며, 비슷한 관계가 산호에도 있는 것처럼 보인다. 우리는 환초 안에 있는 초호의 산호들과 그 바깥쪽 가장자리에 있는 산호들이 크게 다름을 이미 설명했다. 산호들 역시 킬링섬의 가장자리에서는 대상(帶狀)으로 발달함에 따라, **포리테스**(*Porites*)속*과 **밀레포라 콤플로나타**(*Millepora complanata*)는 험한 바닷물에 씻기는 곳에서만 크게 자라며, 공기에 조금만 노출되어도 죽는다. 반면 석회조 세 종은 파도 속에서도 자람은 물론, 썰물 때 노출되어도 살아갈 수 있다. 더 깊은 곳에서는 강한 마드레포라(*Madrepora*)속과 **밀레포라 알키코르니스**(*Millepora alcicornis*)가 가장 흔한 산호이며, 전자는 이 부분에만 국한된 것으로 보인다. 괴상산호가 자라는 곳 아래에는 표면을 덮으며 사는 작은 석회조와 다른 생물체들이 살고 있다. 만약 우리가 킬링 환초의 초 바깥 가장자리와 상태가 아주 다른 모리셔스의 바람 불어가는 쪽의 초를 비교해보면, 산호의 종이 다르다는 것을 발견할 것이다. 후자에서는 마드레포라속이 다른 종류에 비해 월등하게 많다. 또 괴상산호 아래에는 세리아토포라(*Seriatopora*)속이 넓게 퍼져 있다. 모레스비 함장의 말[14]로는 가지가 나는 홍해의 큰 산호들은 말디바 환초에 있는 산호들과 크게 다르다고 한다.

---

* 다윈은 처음으로 여기에서 산호의 속(屬)을 이탤릭체로 썼다. 그러나 아래에서는 그렇게 하지 않았다.

14) 지리학 학술지 5권 401쪽의 북말디바 환초에 관한 모레스비 함장의 논문.

이 사실들은 그 자체로도 중요한데, 모레스비 함장이 나에게 지적한 뚜렷한 내용, 곧 아주 적은 예외는 있겠지만, (모두 차고스 그룹에 있는) 페로스반호스(Peros Banhos)와 디에고가르시아(Diego Garcia), 큰 차고스 뱅크(Great Chagos Bank)의 초호에 있는 산호둔덕들이 하나도 수면까지 올라오지 않은 사실과 아마 크게 다르다고 생각하지 않는다. 반면 아주 적은 예외가 있겠지만, 같은 그룹에 있는 솔로몬(Solomon) 환초와 에그몽(Egmont) 환초, 남부 말디바 큰 환초에서는 산호둔덕들이 수면에 닿아 있다. 나는 이 환초들의 해도를 다 이야기한 다음에 이야기하려고 한다. 횡단거리가 거의 20마일인 페로스반호스 초호에는 수면까지 솟아오른 초가 단 한 개 있다. 디에고가르시아에는 일곱 개가 있는데, 이 중 몇 개는 초호 가장자리 가까이에 있어, 초라고 거의 생각할 수 없다. 큰 차고스 뱅크에는 한 개도 없다. 반면 큰 남부 말디바 환초의 초호에는 초들이 많은데, 모두 예외 없이 수면까지 솟아올라 있다. 초호 하나에서 물에 잠겨 있는 초는 평균 두 개가 되지 않는다. 그러나 북쪽 환초에서는 초호에 잠겨 있는 초호 초들이 그렇게 드물지 않다. 차고스 환초에서 물에 잠겨 있는 초들은 수심이 보통 1~7패덤이지만, 7~10패덤 되는 초들도 몇 개 있다. 그 대부분은 작고 초의 벽이 대단한 급경사이다.[15] 페로스반호스에서는 물에 잠겨 있는 초들이 깊이 약 30패덤 되는 곳에서 솟아올라 있고, 큰 차고스 뱅크에서는 몇 개가 40패덤이 넘는 깊이에서 솟아올라 있다. 모레스비 함장이 알려주기로는 그런 초들은 살아 있고 잘 크는 산호 몇 종이 2~3피트 높이로 덮었다고 한다. 그렇다면 왜 이 초호의 초들은 위에서 이름을 댄 수많은 초

15) 이 내용 가운데 몇 가지는 모레스비 함장이 나에게 직접 말하지 않았는데, 앞에서 이야기한 차고스 그룹에 관한 원고에서 내가 인용했다.

처럼 수면에 닿지 않을까? 그들이 이렇게 된 이유로 외부조건의 차이를 찾아보려고 하면, 우리는 금방 손을 들 것이다. 디에고가르시아의 초호는 깊지 않으며 거의 완전히 초로 둘러싸여 있다. 페로스반호스는 대단히 깊고 훨씬 더 크며, 넓게 트인 바다와 통하는 넓은 통로들이 많이 있다. 반면 초호에 있는 초들은 모두 또는 거의 수면에 닿아 있고, 큰 초도 있으며 작은 초도 있고, 얕은 초도 있으며 깊은 초도 있고, 잘 둘러싸인 초도 있으며 열린 초도 있다.

모레스비 함장이 알려준 바로는, 그가 디에고가르시아를 조사하기 80년 전에 프랑스 사람이 만든 디에고가르시아의 해도를 보았는데, 아주 정확해 보였다고 한다. 그 해도를 바탕으로 보았을 때, 그동안 초호에 있는 둔덕* 들의 깊이가 조금도 변하지 않았을 것으로 그는 추정했다. 또한 지난 51년 동안 그 초호로 들어오는 동쪽의 수로가 좁아지지도 않았으며, 또한 얕아지지도 않았다는 것이 밝혀졌다. 그래도 초호에는 살아 있는 산호들로 된 작은 둔덕들이 많아져, 변화가 있었을 것으로 예상된다. 게다가 이 환초의 초호를 감싸는 초 전체가 육지로 바뀌고—내가 믿기로는 그렇게 큰 환초에서는 전례가 없다—그 땅은 폭이 반 마일을 넘을 정도로 크며—이 역시 보통의 경우와는 대단히 다른 현상으로—우리는 디에고가르시아가 이 상태로 대단히 오래 존재했다는 것을 가리킬 수 있는 최고의 증거를 가지고 있다. 이 사실과 지난 80년 동안 산호둔덕에서 알아볼 만한 변화가 없었다는 사실을 염두에 두고, "디에고가르시아와 페로스반호스보다 조금도 더 오래된 것으로는 보이지 않으며, 아울러 외부 특성들이 이들과 같은 다른 환초"의 경우, 초 하나하나가 수면에 닿았다는 것을 고려한다면, 물에 잠겨

* 여기에서 말하는 둔덕은 물 위로 솟아 있는 둔덕이 아니다. 수면 아래에 있는 둔덕이다.

있는 이 초들이 비록 살아 있는 산호들로 덮여 있을지라도, 위로는 커지지 않고, 현재의 수준에서 거의 무한정 존재할 것이라는 결론을 내릴 수 있다.

이 둔덕들의 수와 위치, 크기와 모양—많은 둔덕들의 폭이 100~200야드밖에 안 되고 윤곽은 둥글며 옆이 급경사인 점을 보아—이 둔덕들이 산호가 자라서 생겼다는 데에는 이의가 있을 수 없으며, 이 사실이 이 둔덕들을 아주 더 돋보이게 만든다. 페로스반호스와 큰 차고스 뱅크에서 거의 기둥처럼 생긴 이 덩어리들 가운데 몇 개는 높이가 200피트이며, 꼭대기는 수면에서 2~8패덤밖에 안 된다. 그러므로 조금만 더 크면, 말디바 환초의 안과 거의 같은 아주 깊은 깊이에서 성장한 많은 둔덕들처럼 수면에 닿을 것이다. 산호가 위로 크는 데 필요한 시간은 거의 상상하지 못하겠으며, 한편으로는 퇴적물이 쉬지 않고 쌓여서 생긴 넓고 둥근 땅, 디에고가르시아에서는 이 환초가 현재 수준에 얼마나 오래 그대로 있었는가를 보여준다. 성장률이 아닌 다른 이유를 찾아야 하는데, 내 생각으로는 깊이가 다른 곳에 적응한 여러 종의 산호들이 만드는 초에서 그 이유가 발견될 것 같다.

큰 차고스 뱅크는 차고스 그룹 중앙에 있으며, 피트 뱅크와 스피커 뱅크는 양쪽 끝에 있다. 이 뱅크들의 바깥 가장자리가 약 8패덤 깊이로 잠긴 사실과 살아 있는 산호들이 위에만 아주 조금 있는, 죽은 바위로 되었다는 것을 빼고는 환초를 닮았다. 페로스반호스 환초에서 둥근 부분이 9마일인 초도 마찬가지이다. 앞으로 보게 되겠지만, 이 사실들이 그룹 전체가 과거 언제인가 7패덤이나 8패덤 가라앉았으며, 지금은 물에 잠긴 그 환초들의 바깥쪽 가장자리에서는 산호들이 사라졌으나, 계속해서 살아 있었다면, 환초의 표면까지 성장해서 지금은 완전한 환초가 되었을 것이다. 만일 이 환초들이 침강한다면, 또 만약 급하게 침강하거나 또 다른 이유로, 수면 아닌 다른 깊이에 더 잘 적응한 산호들이 일단 둔덕을 먼저 차지하고 있던 산호들을 대신한다면, 그 산호들이 위로는 성장하지 않을 것이다. 내가 이 현상을 설명하려면, 만약 킬링 환초 바깥 가장자리의 윗부분에 있는 산호들이 죽어도, 더 낮은 부분에 있는 산호들이 수면까지 자라서 그들이 적응하지 못했다고 생각되는 조건에 노출될 가능성은 거의 없다고 말해야 한다. 차고스 환초에서 물에 잠긴 둔덕에 있는 산호들이 킬링 환초 바깥의 낮은 부분에 있는 산호들과 생태가 비슷하다는 추정은, 모레스비 함장의 말로는 어느 정도 그럼직한데, 곧 그 산호들이 말디바 환초에 있는 산호들과 모양은 좀 달라도, 우리가 보았던 것처럼, 모두 수면까지 자라기 때문이다. 그는 이런 현상을 기후가 다르면 식생이 다른 것에 비유한다. 내가 잘 설명하지도 못하면서 이 경우를 상당히 길게 이야기했는데, 모든 산호초가—수심이 다른 곳에 있는 산호초도—둥근 초나 초호에 있는 둔덕을 만드는 산호초도—지역이 다른 곳에 있는 산호초들도—위로 똑같게 자라지는 않는다는 것을 설명하려 함이다. 따라서 산호의 종류와 성장조건을 모르는 상태에서, 어느 초가 일정한 시간에 수면에 닿지 않는다고 하여, 어느 한 초가 그 시간 내에 수면까지 자랄 수 없다는 추론은 불합리하다.

2절

산호초의 증대율

앞 절 마지막에서 한 말이 이 절의 주제인데, 내 생각으로는 지금까지 제대로 된 시각에서 이 주제를 생각한 적이 없다. 에렌베르크의 말[16)]로는 홍해에서 산호는 겨우 1~2피트, 또는 기껏해야 1.5패덤 두께의 층으로 바위를 덮는다고 한다. 또 그는 어떤 경우에도 산호들이 스스로 성장해서 큰 덩어리나 몇 겹의 층을 만든다고는 믿지 않는다. 쿼 씨와 가이마르 씨[17]도 티모르(Timor)와 다른 곳에서 융기한 산호층들을 보고, 그 층들의 두께에 관한 거의 비슷한 말을 했다. 에렌베르크[18]는 홍해에서 큰 산호 덩어리를 보았는데, 하도 오래되어서 파라오도 그 산호 덩어리를 보았을 것으로 상상한다. 나아가 라이엘(Lyell) 씨[19]에 따르면, 버뮤다에 있는 어떤 산호들은 수 세기를 산다는 소문이 있다. 비치 함장[20]은 산호초가 아주 천천히 위로 성장하는 것을 보여주려고 타히티 근해의 돌핀 초를 인용했는데, 그 산호초는 67년 동안 수면에서 같은 깊이, 곧 약 2.5패덤 깊이에 있다. 홍해[21]에는 지난 반세기 동안 분명히 더 커지지 않는 것처럼 보이는 산호초가 있는데, 옛날 해도와 요새 수심 자료를 비교하면, 지난 200년 동안 커지지 않은 것처럼 보인다. 많은 사람들이 이런 사실들과 또 비슷한 사실들 때문에, 산호의 성장이 대단히 느리다고 굳게 믿어, 대양에 있는 섬들이 과연 산호로 되었는지를 의심할 정도가 되었다. 산호가 느리게 큰다는 사실에 놀라지 않는 사람들도 그렇게 두껍지 않은 산호덩어리를 만드는 데 수천 년 또는 수만 년이 필요하다고 인정했다. 그러나 내가 믿기로는 그 문제는 제대로 논의되지 않았다.

산호가 자라서 상당한 두께의 덩어리가 되리라는 것은 다음 사실에서

---

16) 앞에서 인용한 에렌베르크 39쪽과 46쪽과 50쪽.
17) 프랑스 자연과학연보 6권 28쪽.
18) 위에서 인용한 에렌베르크 42쪽.
19) 라이엘의 지질학의 원리들 3권 18장.
20) 비치의 태평양 항해기 8장.
21) 에렌베르크 43쪽.

분명히 알 수 있다. 페로스반호스와 큰 차고스 뱅크의 깊은 초호에는 이미 설명한 대로 살아 있는 산호로 덮인 급경사를 이루는 작은 둔덕들이 있다. 남부 말디바 환초에도 비슷한 둔덕들이 있는데, 모레스비 함장이 장담하기로는 어떤 것은 직경이 100야드가 되지 않으며 수심 250~300피트인 깊이에서 수면까지 솟아 올라와 있다. 그들의 수와 형태와 위치를 생각하면, 그들이 산호초가 아닌 어떤 바위의 꼭대기에 있거나 또는 퇴적물이 쌓여서 그렇게 작고 외따로 떨어진 원추형이 되었다고 상상하는 것이 터무니없을 것이다. 산호가 높이 수 피트 넘게 자랄 수 없으므로, 이 둔덕들은 많은 산호들이 살다가 죽었고 그 위에서 살다가 죽으면서 생겼다고 상상하지 않을 수 없다—처음 산호가 부서지거나 어떤 사고로 죽고, 다른 산호도 그렇게 되면서, 초가 수면에 점점 가까워지거나 다른 변화들이 잇달아 생기면서 습성이 다른 산호로 바뀐다. 산호 사이의 공간이 석회조각이나 모래로 채워지고, 그런 물질이 금방 굳어질 것인데, 우리는 물이 증발하지 않아도 이런 변화가 생긴다는 사실을 버뮤다에 있었던 넬슨 대위[22]를 통해서 알게 되었다. 또한 보초 계통의 산호초에서도, 내가 보여주었던 것처럼, 산호가 성장해서야 두꺼운 덩어리들이 생겼다고 확신할 수 있다. 바니코로(Vanikoro)의 경우, 육지와 초 사이 해자(垓字)의 깊이로만 판단하건대, 산호바위의 벽은 수직두께가 적어도 300피트는 된다.

태평양에서 융기된 산호섬들을 지질학자가 조사하지 않았다는 것은 유감이다. 로 제도에 있는 엘리자베스섬의 절벽은 높이가 80피트이고, 비치 함장의 설명을 보면, 균질한 산호바위로 되어 있는 것처럼 보인다. 이 섬이 고립된 섬이라는 것을 생각하면, 그 섬은 융기된 환초이며, 따라서 함께

22) 지질학회 회보 5권 113쪽.

성장한 산호 덩어리로 되어 있다고 분명히 추론할 수 있다. 포스터(Forster)의 아들[23)]이 설명한 새비지섬*도 비슷하게 형성된 것으로 보이며, 해안은 약 40피트 높이이다. 쿡 군도의 섬 몇 개도 역시 비슷하게 형성된 것으로 보인다.[24)] 보퍼트(Beaufort) 함장이 해군성에서 나에게 보여준 편지에서, 왕립해군 벨처(Belcher) 함장이 보 환초에 관한 이야기를 하면서, "내가 주위에 있는 크림 같은 물질이 떨어져 들어가 시추기가 꼼짝 못할 때까지 산호 모래를 45피트를 시추했다"고 말했다. 말디바 환초 하나에서 모레스비 함장은 시추기가 부서질 때까지 26피트를 시추했다. 그는 시추기에서 올라온 물질을 고맙게도 나에게 주었다. 그 물질은 새하얗고, 산호바위가 곱게 갈린 가루 같았다.

내가 설명한 킬링 환초에서도 그 초가 아마 바깥으로 성장했다는 것을 보여주는 몇 가지 사실들을 제시했다. 나는 바깥 가장자리에서만 포리테스와 밀레포라로 된 큰 덩어리들을 발견했는데, 덩어리의 꼭대기 산호들은 최근에 죽었고, 덩어리의 벽은 산호가 그 후에 성장해서 두꺼워졌다. 산호가 죽은 표면은 이미 석회조 층으로 덮여 있다. 초의 외부경사가 이 환초 주위 전체에서 같으며, 많은 다른 환초에서도 같은 것으로 보아, 경사각이 산호의 성장력, 쇄파의 힘, 흩어진 퇴적물에 대한 쇄파의 작용으로 생긴 것이 분명하다. 그러므로 초는 원래의 경사가 유지되도록 경사진 모든 부분에 거의 똑같게 퇴적물이 추가되지 않으면 바깥으로 커질 수 없다. 또한 이를 위해서는 엄청난 양의 퇴적물이 필요하며, 산호와 패각(貝殼)이 마모되

23) 포스터의 쿡과 함께한 세계일주 항해기 2권 163쪽과 167쪽.

* 새비지(Savage)섬은 사모아(Samoa) 군도의 남남동 쪽으로 500km 정도 떨어져 있는 섬이다. 면적이 261km^{2}이며 산호섬 가운데 가장 큰 섬 중 하나이다. 니우에(Niue)라고도 한다.

24) 윌리엄스의 선교이야기 30쪽.

어 생기는 이 퇴적물이 초의 아랫부분에 추가되어야 한다. 게다가 킬링 환초와 아마 다른 많은 환초들도 마찬가지이겠지만, 여러 종류의 산호들이 서로 잠식(蠶食)했을 것이다. 따라서 석회소가 지금처럼 포리테스와 밀레포라 콤플라나타를 잠식하지 않고는 바깥으로 커질 수 없다. 후자들이 강하게 가지를 뻗는 마드레포라와 밀레포라 알키코르니스, 아스트래아 같은 산호들을 잠식하지 않고는 바깥으로 커질 수 없다. 이들은 다시 퇴적물이 쌓여서 생긴 적절한 깊이의 기초가 없으면 바깥으로 커질 수 없다. 그렇다면 그런 초들이 옆으로 또는 바깥으로 커지는 게 대단히 느린 게 분명하다. 그러나 수심이 다른 곳보다 훨씬 얕은 크리스마스 환초 근해에서, 그렇게 길지 않은 시간 내에 초의 폭이 현저하게 커졌다고 믿어야 할 충분한 이유가 있다. 이 지역은 육지가 보통과 달리 폭이 3마일이나 된다. 또 패각과 부서진 산호로 된 평행한 마루들로 되어 있으며, 이들이 쿡 함장이 말한 대로,[25] "섬이 바다에서 밀려온 물질들로 되어 있고 커지고 있다는, 논쟁의 여지가 없는 증거"가 된다. 육지 앞에는 산호초가 마주하고, 작은 섬들이 생긴 방식으로 보아, 첫 번째 능, 곧 가장 뒤에 있는 능에 바다에서 퍼 올려진 물질들이 쌓였을 때는 초의 폭이 3마일이 아니었다고 자신할 수 있다. 그러므로 초는 능들이 이어서 쌓이면서 바깥으로 커졌다고 결론을 내려야 한다. 여기에서 다음에는 상당한 폭의 산호바위 벽은, 맨 표면에 있는 패각과 산호로 된 능들이 멀쩡한 동안, 초의 가장자리가 바깥으로 커지면서 형성되었다. 비치 함장이 한 말로 보아, 로 제도의 마틸다(Matilda) 환초는 조난당한 고래잡이배 선원 말대로 "바위로 된 초"에서 34년 만에 "섬 한쪽이 거의 전체가 큰 나무로 덮인" 길이 14마일의 초호도로 바뀌었다는

25) 쿡의 3차 항해기 3권 10장.

것을 의심할 수 없다.[26] 킬링 환초에서도 작은 섬들은 길이가 늘어났고, 옛날 해도가 그려진 이후에 작은 섬들이 연결되어 큰 섬이 되었다는 것이 밝혀졌다. 그러나 이 경우와 마틸다 환초의 경우에는 작은 섬들의 바탕인 초가 작은 섬들 자체와 함께 커졌다는 증거는 없으며, 커졌으리라고 추정만 할 뿐이다.

이런 것들을 고려한 뒤, 나는 홍해에 있는 어떤 초들이 오랜 기간에도 커지지 않았어도, 그 사실이 산호초가 보통대로 또는 더 적게 바깥쪽으로 커지는 비율을 나타낸다고 대단하게 생각하지 않는다. 또는 캐롤라인 그룹에 있는 오울루티(Ouluthy) 환초에서 100년 전에 칸토바(Cantova)가 이야기한 작은 섬들이 같은 상태로 있다는 것을 루트캐(Lutkè)[27]가 발견한 것도 대단하게 생각하지 않는다—그 밖에도 위의 경우에서 깊이가 다른 곳에서 서식하는 산호들이 방해받지 않은 채 왕성하게 성장하기에 조건들이 좋았고, 초가 커지기에 적당한 기초가 있었다는 것을 알 수 있다. 전자의 조건들은 분명히 많은 부수적인 현상들에 달려 있으며, 산호체가 아주 많은 깊은 대양에는 기초가 있어야 할 깊이에 기초가 거의 없다.*

나는 타히티 근해나 디에고가르시아에 있는 물에 잠긴 초들이 지금도 오래전보다 수면에 더 가까워지지 않았다는 것이 초가 위로 크기에 좋은

26) 비치의 태평양 항해기 7장과 8장.

27) F. 루트캐의 세계일주 항해기. 그러나 엘라토(Elato) 그룹에서는 지금의 작은 섬 팔리피(Falipi)가 칸토바의 해도에서는 팔리피 뱅크라고 불렸던 것으로 보인다. 이렇게 된 사실이 산호의 성장인지 모래의 퇴적인지는 말하지 않았다.

* 다윈은 여기에서 산호초가 형성되려면 기초가 반드시 있어야 한다는 사실을 강조한다. 그가 기초의 중요함을 알고 설명하겠다는 의지를 보여준다고 생각된다. 산호들은 생활조건이 맞으면 성장하지만, 산호초가 생기는 과정은 산호의 성장조건과는 다르다는 것을 시사한다고 믿는다.

환경에서 성장률을 지시한다고는 조금도 생각하지 않는다. 실제 훗날 차고스 환초에서 어떤 초들이 모두 수면까지 자랐으나, 똑같이 오래되고 같은 외부조건에 노출된 것으로 보이는 수변의 나는 환초들은 계속해서 모두 물에 잠겨 있다는 것이 알려졌기 때문이다. 우리는 이런 사실을 거의 모두, 산호의 성장률 차이보다는 성장 습성의 차이 때문인 것으로 생각한다.

오래된 초에서, 초 안에 있는 위치에 따라 산호의 종류가 다르지만, 아마 각각의 산호들이 각자 차지한 자리에서 다른 생물들처럼 서로 싸우고 또 외부조건들과 싸우면서 모두 적응했을 것이다. 따라서 산호들의 성장이 특별히 좋은 경우를 빼고는 느리다고 추정할 수 있다. 초의 표면 전체가 위로 빨리 성장하는 거의 유일한 자연스러운 조건은 초가 있는 지역이 천천히 침강하는 것이다—만약 예를 들면, 킬링 환초가 2~3피트 침강한다면, 포리테스로 된 덩어리의 죽은 윗면에서 살아 있는 산호가 솟아나며 약 반 인치 두께로 둘러싸는 가장자리가 그 윗면 위에서 동심원을 이루고, 초가 지금처럼 바깥쪽 대신 위쪽으로 큰다는 것을 의심할 수 있을까? 지금 석회조가 포리테스와 밀레포라를 잠식하지만, 때가 되면 후자가 석회조를 잠식하지 않는다고 자신할 수 있을까? 이렇게 침강한 다음에는 바닷물이 작은 섬들을 덮고, 초호에서는 죽었지만 똑바로 서 있는 산호들로 된 넓은 들이 맑은 물로 덮일 것이다. 그다음에는 옛날 초호가 작은 섬들로 덜 막혔던 때처럼, 또 주민들이 파놓았던 범선수로에서 10년 내에 일어났던 것처럼, 이 초들이 수면으로 솟아오르지 않는다고 기대할 수 없을까? 말디바 환초에는 몇 년 전에는 야자나무 한 그루가 있는 작은 섬이 있었는데, 프렌티스(Prentice) 대위의 말로는 "살아 있는 산호와 마드레포라로 완전히 덮인 것"이 발견되었다. 원주민들이 믿기로는 그 작은 섬이 해류가 바뀌어 씻겨 없어졌지만, 대신 조용히 침강했다면, 섬의 모든 부분이 단단한 기초가 되어 가라앉으면서 살아 있는 산호로 덮였을 것이다.

이런 단계들을 통해서 여러 종류의 산호들과 패각들과 석회질 퇴적물이 기묘하게 섞여서 두께가 다른 바위가 만들어질 것이다. 그러나 침강하지 않는다면, 두께는 반드시 초를 만드는 군체동물들이 살 수 있는 깊이에 따라 결정될 것이다. 그러나 만약 산호초가 일정한 깊이에서 자랄 수 있는 연간 성장률을 묻는다면, 이 문제에 정확한 증거는 없지만, 그렇게 중요하게 생각하지 않는다고 대답하겠다. 넓은 지역에 걸친 무수한 곳에서 초들이 깊이가 다른 여러 곳에서 수면까지 크든, 그보다는 가능성이 더 있지만 천천히 침강한다면, 초들이 수면에 계속 있을 것이라는 것을 우리가 알고 있다. 나아가 이것은 햇수보다는 훨씬 더 중요한 비교의 기준이다.

그러나 다음 몇 가지 사실에서 조건이 좋다면, 성장률이 느리지 않고 아주 빠르리라고 유추할 수 있다. 포레스의 앨런 박사가 에든버러 대학교 도서관에 비치된 그의 석사학위논문에서(맬콤슨Malcolmson 박사의 호의로 논문의 요약을 얻었다), 1830년부터 1832년까지 마다가스카르섬 동해안을 항해하면서 했던 몇 가지 실험에 관한 이야기를 했다. 그가 "산호과(珊瑚科) 동물들의 성장과 발달에 관한 특성을 확인하고 (위도 17도40분의) 파울 포인트(Foul Point)에서 관찰한 종의 숫자를 알아보려고, 이 초에서 산호 20종을 떼어내어 썰물에서 깊이 3피트 되는 모래 뱅크에 옮겨 심었다. 산호 덩어리는 각각 10파운드였고 말뚝을 박아서 제자리에서 움직이지 않게 했다. 또 비슷한 크기를 덩어리로 잘라내어 움직이지 않게 했다. 이렇게 한 것이 1830년 12월이었다. 다음해 7월, 잘라낸 덩어리들은 썰물과 거의 같은 높이로 자랐으며, 전혀 움직여지지 않았고 길이는 몇 피트나 되었으며, 원래의 초처럼 북쪽에서 남쪽으로 흐르는 해안해류를 따라 뻗어났다. 덩어리로 잘라낸 산호들도 커졌지만, 성장 정도가 달라서 몇 종이 뒤섞여서 성장했다." 배가 조난을 당하여 앨런 박사의 훌륭한 표본들이 불행하게도 사라짐에 따라 이 산호들의 속(屬)을 알 수가 없다. 그러나 실험한 숫자들로 보아, 눈에 띄는 종류는 모두 포함된 것이 분명하다. 앨런 박사는 편지로 가장 왕성하게 자란 것이 마드레포라의 한 종이라고 알려주었다. 산호를 심었을 때와 관찰했을 때의 바닷물의 높이가 다르리라고 의심할 수 있다. 그럴지라도 10파운드 덩어리가 6~7개월 만에 움직일 수 없게 되었으며[28] 길이가 수 피트가 되었다는 것은 굉장히 커진 것이 분명하다. 한 덩어리에 있던 여러 종류의 산호들이 아주 다른 비율로 성장한 것은 대단히 흥미로운 일로, 이는 여러 종의 산호들이 외부조건에 따라 차이가 있음을 보여준다. 이 지역의 주된 해류 방향에 평행한 북쪽과 남쪽 방향을 따라 산호 덩어리가 성장하는 것은 퇴적물의 흐름 때문이든 물의 단순한 움직임 때문이든, 대단히 흥미로운 일이다.

인도해군 웰스테드(Wellstead) 대위가 나에게 알려준 한 가지 사실은 앨런 박사의 실험 결과와 어느 정도 일치한다. 페르시아만에서는 20개월만 지나면, 산호가 배의 구리바닥에 두께 2피트의 껍데기를 만드는바, 배가 도크에 올라오면 그것을 떼어내느라 고생한다고 한다. 이 산호가 어느 목(目)인지는 확인되지 않았다. 10년이 채 안 되어 산호로 막히게 된, 킬링 환초의 초호에 있는 범선의 수로를 염두에 두어야 한다. 말디바 환초의 주민들이 포구에서, 그들의 표현대로, 뿌리를 뽑고 싶어 했던 산호둔덕을 보면, 둔덕이 아주 느리게 크는 것은 아니라고 추정할 수 있다.[29]

---

28) 드 라 베슈(De la Beche) 씨의 말로는(지질학 매뉴얼 143쪽), 파나마 지협을 측량한 로이드 씨가 조용한 물웅덩이에 넣어둔 군체동물 표본 가운데 몇 개가 며칠 만에 돌멩이 같은 물질을 분비해서 바닥에 단단하게 부착되었다.

29) 스터치베리(Stuchbury) 씨가 (서부 잉글랜드 학술지 1권 50쪽에서) 아가리키아* 하나의 "무게

이 절에서 이야기한 사실들로 보아, 첫째, 산호가 성장하고 쇄설물이 쌓여서 그렇게 길지 않은 시간 내에 상당한 두께의 바위가 생길 수 있고, 둘째, 성장하기에 좋은 특이한 조건에서 개개의 산호들과 초들이 바깥으로 또는 수평으로 성장하고, 위로 또는 수직으로 성장하는 것이, 지각(地殼) 수준의 평균진동 기준이나 이보다는 더 정확하지만 덜 중요한 연단위의 주기에 비교해도 느리지 않다고 결론을 내릴 수 있다.**

가 2파운드 9온스이고, 그 표본이 2년이 되지 않은 굴의 일종을 둘러쌌는데, 그 굴이 치밀한 이 산호로 완전히 덮였다"고 말했다. 나의 상상으로는 그 표본을 채집했을 때, 굴은 살아 있었다. 그렇지 않다면 그 사실은 아무것도 말하는 게 없기 때문이다. 스터치베리 씨는 또 50년 만에 산호로 완전히 덮인 닻을 이야기했다. 그러나 산호초에 오래 있어도 산호로 덮이지 않은 닻들도 있다. 비글호가 리우데자네이루에 정박한 지 정확하게 한 달 후인 1832년, 닻이 두 종의 관히드라(管hydra)속으로 완전히 덮였는데, 철로 된 넓은 부분이 하나도 보이지 않았다. 뿔처럼 단단한 이 식충류(植蟲類)의 뭉치는 길이가 2~3인치였다. 비치 함장이 말한 사실에서 산호바위에 박힌 카마 기가스(*Chama gigas*) 조개로 초의 성장률을 계산하려고 했으나, 이는 내가 믿기로는 틀린 방법이다. 이 속의 조개 몇 종은 어리든 크든 빈 곳에서 언제나 살아 있는바, 이 조개가 크면서 그 빈 곳들을 넓힐 힘이 있다는 것을 기억해야 한다. 나는 이 조개들이 죽은 산호바위로 된 킬링 환초의 바깥 '평지'에 많이 박혀 있는 것을 보았다. 따라서 이 경우 빈 곳들은 산호의 성장과는 아무런 관계가 없다. 르송(Lesson) 씨는 (코키유호 항해기 동물학 편에서) 이 조개 이야기를 하면서, 이 조개의 "껍데기들이 언제나 마드레포라 덩어리 속에 완전히 박혀 있었다"라고 말했다.

* 아가리키아(*Agaricia*)는 치밀한 석질산호의 한 속이다.

** 다윈이 말하는 지각 수준의 평균진동이란 지각의 융기현상과 침강현상을 뜻하리라 생각된다. 산호들이 사는 깊이가 종마다 달라, 지각의 융기나 침강에 따라 수심이 달라지면 아래로 내려가거나, 곧 옆으로 퍼지거나 위로 성장하는 정도가 달라질 것이다. 반면 지각변동이 없다면, 시간이 흘러도 산호초의 높이가 변하지 않을 것이다. 그러므로 햇수는 덜 중요하다고 볼 수 있다. 나아가 "지각 수준의 평균진동 기준"이 융기나 침강이 일어나는 주기(週期)를 뜻한다고 생각된다. 지질학에서는 융기나 침강을 중요하게 논의해도 이들의 주기는 거의 논의하지 않는다. 곧 융기나 침강현상은 알아보기 쉽지만, 그 절대시기(絶對時期)는 절대연령을 측정할 수 있는 자료가 나오기 전에는 알기가 쉽지 않기 때문이다.

3절

초를 만드는 군체동물들이 살 수 있는 깊이

사소하게 보일지는 몰라도 나는 킬링 환초를 바로 둘러싸는 근해의 바닥을 상세히 설명했다. 이어서 이제 모리셔스 거초 부근의 근해에서 했던 수심측정을 상세히 이야기하겠다. 내가 이렇게 정리하는 것은 본질이 비슷한 사실들을 그룹으로 묶고 싶기 때문이다. 피츠로이 함장이 킬링섬에서 사용했던 넓은 종 모양의 측심연으로 내가 수심을 측정했는데, 바닥을 조사한 곳은 섬의 바람 불어가는 쪽 (포트루이스와 툼 베이Tomb Bay 사이의) 해안 몇 마일에 국한된다. 초의 가장자리는 가지가 나고 크고 볼품없는 산호 마드레포라속의 덩어리로 되었는데, 주로 두 종—겉으로 봄에는 마드레포라 코림보사(*Madrepora corymbosa*)와 마드레포라 포킬리페라(*Madrepora pocillipera*)—이 다른 산호 몇 종류와 섞여 있다. 이 산호 덩어리들은 아주 불규칙한 골짜기들과 공동(空洞)들 때문에 떨어져 있는데, 공동 속으로는 측심연이 많이 내려간다. 마드레포라로 된 이 불규칙한 경계 바깥쪽에서 수심은 서서히 깊어져 20패덤까지 되며, 이 깊이는 보통 초로부터 반 마일에서 3/4마일은 떨어져야 만날 수 있는 깊이이다. 그 깊이에서 조금만 더 가면 30패덤이 되고, 그때부터 그 뱅크는 대양 깊은 곳으로 급하게 깊어진다. 이 경사는 킬링 환초와 다른 환초들의 바깥쪽 경사와 비교할 때 아주 완만하지만, 대부분의 해안과 비교하면 급경사이다. 초 바깥의 물은 아주 맑아서 울퉁불퉁한 바닥을 만드는 것이 모두 보였다. 내가 이 부분과 수심 8패덤까지 되는 곳에서 반복하여 수심을 측정했는데, 매번 측정할 때마다 넓적한 측심연이 바닥을 때렸으며, 측심연의 아밍이 언제나 아주 깨끗한 상태에서 옴폭옴폭 깊게 파인 채 올라왔다. 8패덤에서 15패덤까지는 가끔 석회질 모래가 올라왔으나, 그보다는 아밍이 더 자주 깊게 파였다. 이 지역 전체에서는 위에서 말한 마드레포라속 산호 두 종과 꽤 큰 별 모양의 것들이[30] 있는 아스트래아속 산호 두 종이 가장 흔한 종류로 보인다. 15패덤 깊이 두 곳에서는 아밍에 아스트래아속의 흔적이 깨끗하게 찍혔다. 이런 석질산호 외에 킬링섬 부근 비슷한 깊이에서 나오는 밀레포라 알키코르니스의 조각 몇 개가 나왔다. 나아가 더 깊은 곳에는 세리아토포라 수불라타(*Seriatopora subulata*)와는 다르지만 가까운 유연관계에 있는 세리아토포라로 된 넓은 층이 몇 층이나 있었다. 초 안에 있는 해변은 주로 방금 이야기한 산호들의 굴러다니던 조각들과 킬링 환초에 있는 덩어리 같은 포리테스속과 메안드리나(*Meandrina*)속 한 종과 포킬로포라 웨루코사(*Pocillopora verrucosa*)와 수많은 석회조의 조각들로 되어 있다. 수심이 15패덤부터 20패덤에 이르는 곳은 몇 개의 예외를 제외하고는 모래나 산호 세

---

30) 책의 앞부분이 모두 인쇄된 다음, 나는 라이엘 씨한테서 아주 흥미로운 팸플릿을 한 부 받았는데, 팸플릿 제목이 산호체에 관한 의견으로, J. 쿠투이(Couthouy) 씨가 썼고 1842년 미국 보스턴에서 발행되었다. J. 윌리엄스(Williams) 목사를 믿고 하는 말이 (6쪽에) 있는데, 홍해와 버뮤다에 있는 어떤 산호들은 오래되었다는 (이 책 106~107쪽의) 에렌베르크와 라이엘의 말을 입증한다. 곧 내비게이터 군도의 우폴루(Upolu)섬에는 "언제인지 모를 아주 옛날부터 전해 내려오는, 특별한 모양이나 전설 때문에 어부들에게는 이름만 알려진 특이한, 산호 덩어리들이" 있다. 산호바위 덩어리의 두께로 말하면, 쿠투이 씨의 (34쪽과 58쪽) 설명으로는 망가이아섬과 오로라섬은 산호바위로 된 융기된 환초가 분명하다. 전자의 평평한 꼭대기는 해발 약 300피트이고, 오로라섬의 꼭대기는 해발 200피트이다.*

* 내비게이터 군도(Navigator Islands)는 사모아 군도(Samoa Islands)의 옛이름이다. 우폴루섬은 면적이 1,125km^2로 사모아 군도에서 두 번째 큰 섬으로 13만 5,000명이 살아서 인구가 가장 많은 섬이다. 망가이아섬(Mangaia Island)은 쿡 군도(Cook Islands)에서 두 번째로 큰 섬으로 그 군도에서 가장 남쪽에 있다. 오로라섬(Aurora Island)은 타히티의 북동쪽으로 200km 정도 떨어져 프랑스령 폴리네시아에 있다.

리아토포라속으로 두껍게 덮여 있다. 이 섬세한 산호가 이 깊이에서는 다른 종류와 섞이지 않고 넓은 층을 만드는 것으로 보인다. 20패덤에서는 수심측정을 한 번 했는데, 마드레포라 포킬리페라로 보이는 마드레포라 조각 한 개가 올라왔다. (내가 소홀해서 두 곳에서 표본을 가지고 오지 않았지만) 내가 믿기로는 이것은 주로 초의 위쪽 가장자리를 만드는 마드레포라속의 종과 같은 종이다. 만약 그렇다면 이 산호는 수심 20패덤이 되는 곳에서 서식하는 종류이다. 20패덤과 30패덤 사이에서 나는 수심을 몇 번 측정했는데, 수심 30패덤 한 곳을 빼고는 모두 모래가 섞인 바닥이었으며, 30패덤에서는 큰 카리오필리아*의 가장자리에 파인 것처럼 아밍이 움푹 파인 채 올라왔다. 수심이 33패덤보다 깊은 곳에서는 단 한 번 측심을 했으며, 초의 가장자리에서 1과 1/3마일 되는 수심 86패덤인 곳에서는 아밍에 석회질 모래와 화산암 자갈 한 개가 올라왔다. 모리셔스 환초와 킬링 환초 근해에서 일정한 깊이보다 (전자에서는 8패덤이며 후자에서는 12패덤) 얕은 곳에서 측심을 할 때, 아밍이 언제나 아주 깨끗하게 올라오는 것과 20패덤이 넘는 깊이에서는 (한 번 예외가 있었지만) 언제나 매끈하고 모래로 덮여 올라오는 것이, 아마 언제나 산호가 왕성하게 자라는 것을 쉽사리 알아볼 수 있는 기준을 가리킬 것이다. 그러나 나는 이 섬들의 주위에서 수심을 아주 많이 측정할 경우, 위에서 말한 범위가 절대 변하지 않는다고는 생각하지 않지만, 예외가 얼마 되지 않으리라는 것을 보여주기에 충분하다고 생각한다.** 두 경우에서 깨끗한 산호 밭으로부터 매끈한 모래바닥으로 점차 바뀌는

---

* 카리오필리아(*Caryophyllia*)는 혼자서 사는 산호의 한 속이다. 이 속은 여느 산호와 달리 해조류(海藻類)와 공생하지 않으며, 북대서양과 지중해에 있다.

** 다윈이 여기에서 정규분포(正規分布 normal distribution)의 일반성과 임의추출법(任意抽出法 random sampling)의 효용을 이야기한다고 생각된다.

현상이 아주 큰 종류의 산호들이 살 수 있는 깊이를 가리킨다는 점에서 일정한 종의 산호가 담겨 올라오는 많은 횟수의 관측보다 훨씬 더 중요하다. 왜냐하면 바닥의 특성이 점차 바뀌는 것은 산호들이 서식하기에 나쁜 환경에서도 억지로 살아가는 것으로 우리들은 이해할 수 있기 때문이다. 만약 어떤 사람이 물가 근처에서는 뗏장으로 덮인 땅을 발견했으나, 물가에서 한쪽으로 좀 가서 완전한 모래밭에 올 때까지 모래가 점점 많아지며 풀잎이 점차 더 드물어지고, 또 그가 만약 다른 곳에서 같은 변화를 본다면, 뗏장이 두꺼우려면 물이 절대 필요하다고 자신 있게 결론을 내릴 수 있다. 그래서 우리도 두꺼운 산호층은 해수면 바로 아래 얕은 곳에서만 생긴다고 같은 심정으로 확신을 가지고 결론을 내릴 수 있다.

나는 이 결론을 부정하거나 지지하는 모든 사실을 수집하려고 힘썼다. 말디바 제도와 차고스 제도를 조사하면서 누구보다도 그곳을 많이 관찰했던 모레스비 함장이 두 그룹 환초의 안과 해안 바깥에서 초의 윗부분이나 경사가 급한 초의 외곽은 어김없이 산호로 되어 있고 아랫부분은 모래로 되어 있다고 나에게 알려주었다. 수심 7패덤이나 8패덤 되는 바닥은, 물이 맑아서 잘 보여, 살아 있는 커다란 산호 덩어리로 되었는데, 수심 약 10패덤에서는 하얀 모래바닥이 가운데 있어 산호 덩어리들이 보통 떨어져 서 있으나, 좀 더 깊어지면 산호는 없어지고 모래바닥이 연결되어 미끈하고 급한 비탈이 된다. 모레스비 함장이 또 자신의 말을 강조하느라, (라카디브 그룹의 북쪽에 있는) 평균수심이 25~35패덤인 파두아(Padua) 뱅크에서는 썩은 산호만 발견되었지만, 같은 그룹에 있는 (예컨대, 틸라카페니 Tillacapeny 뱅크처럼) 수심이 겨우 10패덤이나 12패덤인 다른 뱅크에서는 산호가 살아 있었다고 알려준다.*

에렌베르크가 홍해의 산호초를 다음처럼 기록했다. "살아 있는 산호가 깊은 곳에는 없다. 작은 섬들의 변두리와 초 가까이, 수심이 얕은 곳에서는 산호가 아주 많이 산다. 그러나 6패덤만 넘어도 살아 있는 산호가 없다. 예멘(Yemen)과 마사우아(Massaua)에서 진주조개를 캐는 사람들이 수심 9피트의 진주조개가 있는 뱅크 가까이에는 산호는 없고 모래뿐이라고 큰소리쳤다. 더 이상 특별한 조사는 할 수 없었다."[31] 그러나 나는 모레스비 함장과 웰스테드 대위 덕분으로 더 북쪽의 홍해에는 25패덤 되는 곳에도 살아 있는 산호가 엄청나게 많으며, 그들 배의 닻이 산호에 자주 엉켰다는 것을 알게 되었다. 에렌베르크가 말하는, 산호가 살아갈 수 있는 덜 깊은 곳은, 모레스비 함장의 말로는 그곳에 퇴적물이 많기 때문이다. 또 산호가 25패덤에서 번성하는 이유는 그곳이 외부로부터 보호되고 물이 예외적으로 깨끗하기 때문이다. 킬링 환초보다 좀 더 깊은 곳에서 산호가 자라는 것을 내가 발견한 모리셔스섬의 바람 불어가는 쪽은, 바다가 고요해서인지 바닷물이 마찬가지로 대단히 깨끗하다. 물이 거의 일렁이지 않는 마셜 환초의 초호 몇 곳에는 코체부에의 말로는 수심 25패덤에도 살아 있는 산호로 된 바닥이 있다. 이런 사실들과 모리셔스, 킬링섬, 말디바 환초와 차고스 환초 근해에서 산호로 된 깨끗한 바닥이 점차 모래질 경사지로 바뀌는 것으로 보아, 초를 만드는 군체동물들이 살 수 있는 깊이는, 해류와 되돌아가는 파도 때문에 퇴적물이 쌓이지 못하는 사면의 크기에 따라, 일부 결정된다는 말이 아주 그럼직하게 보인다.

쿼 씨와 가이마르 씨[32]는 산호가 아주 일정한 깊이에서만 자란다고 믿는

---

* 라카디브 그룹(Laccadive group)은 인도 남서부 인도양에 있는 락샤윕(Lakshadweep)에 속하는 군도의 하나이다. 인도령인 이 그룹의 남쪽으로 말디브 제도와 차고스 제도가 있다.

31) 에렌베르크 … 본질과 … 에 관하여 50쪽.

32) 프랑스 자연과학연보 6권.

다. 그들은 25~30피트보다 깊은 곳에서는 (초를 가장 잘 만드는 속(屬)이라고 그들이 생각하는) 아스트래아속의 조각을 전혀 보지 못했다고 말한다. 그러나 우리는 여러 곳에서 그 깊이의 두 배가 넘는 바다의 바닥이 산호로 덮인 것을 발견했다. 모리셔스 초의 근해에서는 15패덤(또는 이 깊이의 3배인) 깊이에서도 살아 있는 아스트래아속의 분명한 흔적을 보았다. **밀레포라 알키코르니스**는 0~12패덤에서 살며, 마드레포라속과 세리아토포라속은 0~20패덤에서 산다. 모레스비 함장이 17패덤 깊이에서 산 채로 끌어올린 (라마르크의 포리테스인) **시데로포라 스카브라**(*Sideropora scabra*) 표본 한 개를 나에게 주었다. 쿠투이 씨[33]는 바하마 뱅크에서 깊이 16패덤의 바닥을 끌어서 상당한 양의 메안드리나속을 채집했으며, 이 산호가 20패덤에서도 자라는 것을 보았다고 말한다. P. P. 킹 함장[34]이 (남위 33도인) 후안페르난데스* 근해의 깊이 80패덤 되는 곳에서 직경이 반 인치 되는 살아 있는 카리오필리아속 하나를 끌어올렸는데, 이 경우가 초에서 산호의 속(屬)이 살 수 있는 깊이를 보여주는 내가 아는 가장 놀라운 사실이다.[35] 그러나 우리가 이

---

33) 산호체에 관한 의견 12쪽.

34) 나는 이 사실과 함께 많은 귀중한 내용을 나에게 알려준 스토크 씨에게 큰 신세를 졌다.

* 후안페르난데스 군도(Juan Fernandez Islands)는 남동태평양 남위 33도48분, 서경 78도 49분에 있는 큰 섬 3개로 된 군도를 말한다. 영국 다니엘 디포 원작의 청소년 모험소설 로빈슨 크루소의 배경이 되는 섬이며, 현재 칠레의 영토이다. 다윈은 1835년 1월 4일 이 군도에 왔다가 다음날 떠났다.

35) 나는 열대지방이든 열대지방을 벗어났든, 산호와 석회조가 살 수 있는 수심을 내가 수집할 수 있는 한 수집해서 표로 만들었는데, 이들이 언제나 실제로 초를 형성한다고 가정할 필요는 없다. 엘리스는 북위 79도의 236패덤 깊이에서 **끈에 붙어 있는** 옴벨루라리아(*Ombelluraria*)를 채집했다고 한다(산호조珊瑚藻 박물학 96쪽). 그러므로 이 산호는 떨어져 떠돌아다녔거나 바닥에 있는 끈에 얽혀 있음이 분명하다. 킬링 환초 근해 39패덤 깊이에서 아스키디아(*Ascidia*; 시길리나 *Sigillina*) 한 덩어리, 70패덤 깊이에서 살아 있는 것으로 보이는 해면 한 조각, 92패덤 깊이에서 살아 있는 것으로 보이는 석회조의 조각이 올라왔다. 이 산호섬

사실에 덜 놀라야 하는 것이, 얇은 판 모양의 카리오필리아속만이 열대지방을 벗어나서 먼 곳에서도 살기 때문이다. 이 속은 북위 60도 제틀랜드[36) **] 깊은 바다에서도 발견되었다. 나는 이 속의 작은 종 하나를 남위 53도 티에라델푸에고섬[***]에서 구했다. 비치 함장이 로 환초 근해에서는 수심 20~25패덤에서 분홍색 산호와 황색 산호의 가지들이 자주 발견된다고 나에게 알려주었다. 또 오스트레일리아 북서쪽 해안에서 나에게 편지를 보낸 스토크스(Stokes) 대위는 그곳 수심 30패덤 되는 곳에서 가지가 강한 산호를 얻었다고 말했지만, 유감스럽게도 무슨 속인지는 모른다.

특별한 종류의 산호가 살지 못하는 수심을 정확하게 모를지라도, 킬링환초 부근 사면과 모리셔스 바람 불어가는 쪽과 말디바 제도와 차고스

의 근해 90패덤보다 깊은 곳 바닥에는 죽은 할리메다*의 관절(關節)들과 석회조 조각들이 두껍게 깔려 있다. 왕립해군 B. 앨런 함장이 서인도제도를 조사하면서 수심 10패덤과 200패덤 사이에서는 측심연에 죽은 할리메다의 관절들이 아주 자주 걸려 올라왔다고 말하며, 나에게 그 표본들을 보여주었다. 브라질 페르남부코 근해에서는 약 12패덤 깊이의 바닥이 죽었거나 살아 있는 희미한 붉은 석회조 조각들로 덮여 있으며, 루생(Roussin)의 해도를 보면 이런 바닥이 넓게 펼쳐져 있다고 추정된다. 모리셔스 산호초 부근 해변에는 방대한 양의 석회조 조각들이 쌓여 있다. 이런 사실들로 보아, 이 단순한 생물체가 바다에서 가장 많이 나오는 생물 가운데 하나로 보인다.

* 할리메다(*Halimeda*)는 녹조류가 생장하는 곳에서 사는, 크기가 3cm 정도인 게를 말한다. 같은 이름의 녹조류인 할리메다 녹조류의 조각으로 위장하며 색깔도 녹색으로 보호색이다. 일본부터 오스트레일리아에 이르는 인도-태평양지역의 깊지 않은 바다에서 서식한다.

36) 플레밍(Fleming)의 영국동물편 카리오필리아속.

** 제틀랜드(Zetland)는 북해에 있는 셰틀랜드(Shetland) 군도를 말한다.

*** 티에라델푸에고(Tierra del Fuego)섬은 남아메리카 대륙 본토의 남쪽에 있는 섬으로, 이 섬과 남아메리카 대륙 사이가 마젤란 해협이다. 비글호 항해기 제10장과 제11장을 보면, 다윈은 이 섬 원주민들의 외모와 행동과 습관과 생활조건에 큰 충격을 받았으며 섬의 대자연에 이끌렸다. 티에라델푸에고는 "불의 땅"이라는 뜻으로 마젤란이 1520년 이름을 붙였다. 그러나 그는 섬이라는 것을 몰랐을뿐더러 남극대륙의 북쪽 끝을 지나간다고 생각해서 "섬"이라고 부르지 않고 "땅"이라고 불렀다고 생각된다. 당시에는 남극이 발견되기 전이었다. 이 섬과 그 남쪽에 있는 섬 사이의 해협이 비글호 1차 항해에서 발견된 비글 해협이다.

식충류	깊이(패덤)	지역(남위)	출처
세르툴라리아(*Sertularia*)	40	케이프혼 66도	[특별한 설명이 없는 한 나의 관찰]
켈라리아(*Cellaria*) 그중에서 산 채로 발견된 선홍색 껍데기를 만드는 작은 종, 또 위의 종과 유연관계에 있는 작은 석질 아속	위와 같음 190 48	위와 같음 킬링 환초 12도 산타크루스강 50도	
8개의 세포줄이 있는 빈쿨라리아(*Vincularia*)와 유연관계인 산호	40	케이프혼	
투불리포라 파티나(*Tubulipora patina*)와 비슷한 투불리포라	위와 같음	위와 같음	
위와 같음	94	동부 칠로에 43도	
켈레포라(*Cellepora*) 몇 종과 유연관계에 있는 아속	40	케이프혼	
위와 같음	40과 57	초노스 제도 45도	
위와 같음	48	산타크루스강 50도	
에스카라(*Eschara*)	30	티에라델푸에고 53도	
위와 같음	48	산타크루스강 50도	
레테포라(*Retepora*)	40	케이프혼	
위와 같음	100	희망봉 34도	쿼와 가이마르, 프랑스 박물학연보 6권 284쪽
실린더형 가지에 분홍색이며 약 2인치 높이에 구멍은 라마르크의 밀레포라 아스페라(*Millepora aspera*) 비슷한 밀레포라	94와 30	동부 칠로에 43도 티에라델푸에고 53도	
코랄리움(*Coralium*)	120	바바리 북위 33도	왕립학회에서 1752년 낭독한 페이소넬의 논문
안티파테스(*Antipathes*)	16	초노스 제도 45도	
고르고니아(*Gorgonia* 또는 유연종)	160	브라질 해안 아브롤호스 18도	비치 함장이 편지로 알려줘

제도 환초 안팎 덜 깊은 곳의 같은 깊이에서 산호가 점점 줄어들고, 20패덤보다 깊은 곳에서는 완전히 사라진다는 것을 염두에 두고, 이 섬들의 주위에 있는 환초에서 모양이나 형성과정이 다른 산호층들과 다르지 않다는 것을 알면, 우리가 보통의 경우에는 초를 만드는 군체동물들이 수심 20~30패덤 사이보다 더 깊은 곳에서는 번성하지 않는다고 결론을 내릴 수 있다는 것이 내 생각이다.

초는 어쩌면, 처음에는 작은 산호들이 더 크고 강한 산호들이 자랄 기초를 만들면서, 아주 깊은 곳에서부터 성장해올 수 있다는 의견이 있었다.[37] 그러나 이 의견은 자의적인 가정일 뿐이다. 그럴 경우 퇴적물로 덮이지 않거나, 유기체들이 스스로 아주 빨리 자라지 않으면, 반대되는 힘으로 그들이 썩는다는 것을 언제나 기억해야 한다. 나아가 작은 생물체가 엄청난 양으로 쌓이는 데 드는 무한한 시간을 계산할 방법이 없다. 지질학에서는 모든 사실들로 보아, 땅도 해저도 무한한 시간 동안 높이가 같지 않다는 것이 분명하다. 영국 바다들이 언제인가는 굴 껍데기 층으로 가득 찬다거나 티에라델푸에고의 거친 해안 바깥에 있는 무수한 작은 산호조(珊瑚藻)들이 때가 되면 단단하고 넓은 산호초가 되는 것이 충분히 상상된다.*

---

37) 1831년 발간 왕립지리학회 학술지 218쪽.

* 다원은 지질시대를 지나면서 지각이 오르내려 수륙(水陸)이 변하고 환경이 변하는 것을 말한다.

제5장

산호초들의 형성이론

아주 큰 제도의 환초들은 물에 잠긴 화구나 퇴적물 뱅크 위에 생기지 않았다—환초들이 흩어진 광대한 지역—그 지역의 침강—환초에 대한 폭풍과 지진의 영향—최근에 생긴 환초의 상태 변화—보초와 환초의 기원—보초와 환초의 형태 비교—몇몇 초호의 해안을 두르는 계단 모양의 바위와 벽—말디바 환초의 반지처럼 생긴 초—둥근 환초들의 일부나 전부가 물에 잠긴 상태—큰 환초들의 분할—환초들이 줄처럼 긴 초로 연결됨—큰 차고스 뱅크—침강지역과 침강 양이 침강이론에 반대하는 주장들을 생각하게 함—환초 하부 환경의 가능한 구성

태평양을 찾은 박물학자들은 초호도 또는 환초—깊이를 알 수 없는 해저에서 불쑥 솟아올라 있는 산호로 이루어진 땅으로, 반지처럼 생긴 기이한 섬—에 관심을 집중했던 듯하다—그리고 거의 같은 정도로 놀라운, 육지를 둥글게 감싸는 보초에는 관심을 두지 않고 지나쳤다. 환초의 형성에서 가장 흔한 이론이 환초들이 해저에 있는 화구에 기초를 두었다는 이론이다. 그러나 길이가 폭의 5배인 보(Bow) 환초(도판 I 그림 4)처럼 생긴 화구가 어디에 있을까? 또는 세 개의 고리에 전체 길이가 60마일인 멘치코프(Menchicoff)섬(도판 II 그림 3)처럼 생긴 화구는 어디에 있을까? 또는 길이가 54마일에 좁고 휘어진 림스키 코르사코프(Rimski Korsacoff)처럼 생긴 화구는 어디에 있을까? 또는 둥근 판의 가장자리에 놓인 무수히 많은 둥근 초로 된 북부 말디바 환초와 같은 화구는 어디에 있을까?—그 둥근 판 하나는 길이가 88마일이고, 폭은 겨우 10마일에서 20마일이다. 나아가 일부 환초에 있는 것처럼, 그렇게 많은 광대한 크기의 화구들이 바다 밑에 절대

있을 리 없다. 이 화구이론은 앞으로 밝혀지겠지만, 아주 큰 제도를 만드는 환초들의 기초가 있는 곳을 생각해보면, 대단히 큰 어려움에 봉착한다. 그런데도 화구의 가장자리가 적절한 깊이에서 기초가 된다면, 완전한 특징을 가진 환초가 생기지 않는다는 것을 나는 부인할 수 없다. 아마 그런 환초들도 몇 개는 있을 것이다. 그러나 나는 그보다 훨씬 많은 환초들이 그렇게 생겨났다고는 믿을 수 없다.

일찍이 차미소는 더 나은 설명을 했다.[1] 그는 아주 괴상(塊狀)인 산호들이 큰 파도가 치는 곳에서 더 잘 자란다고 생각하여, 해저에 기초를 둔 초에서 바깥 부분이 먼저 수면에 닿고 그 결과 둥글게 된다고 가정했다. 그러나 이 견해에서는 모든 초의 기초가 반드시 평탄한 뱅크라고 가정해야 하는데, 만약 기초가 산 같은 원추형이라면, 산호가 가운데 가장 높은 부분이 아닌 옆에서 솟아오르는 이유를 설명하지 못하기 때문이다. 또 태평양과 인도양에 있는 환초들의 숫자를 생각하면, 이런 가정은 도저히 그럴 법 하지 않다. 게다가 환초의 초호는 깊이가 가끔 40패덤이 넘기 때문에, 이 견해에서는 산호들이 파도가 부서지지 않는 깊이에서는 뱅크의 중심부보다는 가장자리에서 더 왕성하게 자라야 한다고 가정해야 한다. 그러나 이 가정을 지지할 어떤 증거도 없다. 나는 3장에서 외따로 떨어진 뱅크에서 자라는 초는 환초 같은 구조가 될 것으로 가정한다고 말했다. 그러므로 만약 산호가 양옆이 급경사인 깊은 바다이고 물에 잠긴 깊이 수 패덤의 평탄한 표면에서 자란다면, 환초와 구별하지 못할 초가 생겨날 수도 있다. 내가 믿기로는 서인도제도에 그런 초들이 있다. 그러나 화구이론과 같은 어려움 때문에, 곧 알게 되겠지만, 이 견해를 대부분의 환초에는 적용하지 못한다.

1) 코체부에 1차 항해기 3권 331쪽.

상당한 크기의 섬들을 감싸는 보초를 설명할, 주목할 만한 이론은 여태껏 없었다. 오스트레일리아 해안에 면한 거대한 초는, 어떤 특별한 사실 없이, 해안에 평행하게 뻗은 해저절벽 위에 있다고 가정되었다. 세 번째 초, 곧 거초의 기원은 내가 믿기로는 어려움이 거의 없는데, 군체동물들이 깊은 데서는 자라지 않으며, 물이 자주 흐려지는 완만히 기울어진 해변 가까이에서도 번성하지 않은 단순한 결과이다.

그렇다면 어떻게 환초와 보초의 특징인 형태가 만들어지는가? 이 두 가지 초를 생각하면서 중요한 추론을 해보자.—첫째, 초를 만드는 산호들이 일정한 깊이에서만 번성한다.—둘째, 산호초와 산호로 된 작은 섬들이 흩어져 있는 광대한 지역은 파도에 밀려 해면 위로 올라가거나 바람에 불려 올라가는 물체가 닿는 높이보다 그렇게 많이 높아지지 않는다. 내가 이 둘째 내용을 막연하게 말하는 게 아니다. 나는 열대지방에 있는 많은 섬들의 설명을 조심스레 찾아보았다. 또 그 일은 뒤르빌(D'Urville) 씨와 로탱(Lottin) 씨가 1834년에 수정한 태평양지도 덕분에 어느 정도 단축되었는데, 그 지도에서는 (높이가 100피트에 훨씬 모자라는) 낮은 섬을 소문자로 써서 높은 섬과 구별했다. 내가 이 지도에서 섬의 높이가 틀린 것을 몇 개 발견했는데, 산호체들을 위치순으로 정리한 부록에서 말할 것이다. 또한 부록에서 다음 쪽 설명의 근거가 된 자료를 특별히 이야기하겠다. "낮은 섬"이라는 것이 엄밀하게 넓게 열린 바다에서 바람에 불려 올라가거나 파도가 쳐 올리는 물체들이 도달할 수 있는 높이의 섬이라는 것을 태평양에서는 주로 쿡(Cook), 코체부에(Kotzebue), 벨링스하우젠(Bellingshausen), 뒤페리(Duperrey), 비치(Beechey), 루트케(Lutké)의 기록에서 알았으며, 인도양에서는 주로 모레스비(Moresby)[2]의 기록에서 확인했다. 만약 (내가 언제나 하는 식으로) 로 제도의 그 부분 바깥쪽 환초들을 연결하는 줄을 긋는다면,

그 안에는 섬들이 많으며, 모양은 (후드Hood섬에서 라자레프Lazaref섬까지) 뾰족한 타원형인데, 장축은 840지리마일이고 단축은 420마일이다. 여기[3]에서는 큰 반지들처럼 결합된 무수히 많은 작은 섬들이 어느 하나라도 위에서 이야기한 수준보다 높게 솟아올라 있지 않았다. 길버트(Gilbert) 그룹은 대단히 좁아서 길이가 300마일이다. 이 그룹에서 240마일 가면 마셜(Marshall) 제도가 있으며, 마셜 제도의 모양은 불규칙한 정사각형으로 한 변이 다른 변보다 더 길어서, 길이는 520마일이고 폭은 평균 240마일이다. 이 두 그룹을 합하면 길이가 1,040마일**이고 그 바다에 있는 작은 섬들은 모두 높이가 낮다. 길버트 제도 남쪽 끝과 로 제도 북쪽 끝 사이의 바다에는 섬들이 드물고, 내가 확인할 수 있는 범위에서는, 모든 섬이 낮다. 그러므로 로 제도의 거의 남쪽 끝부터 마셜 제도의 북쪽 끝까지에는 길이가 4,000마일이 넘지만 폭이 좁은 대양에 아주 많은 섬들이 있으며 모두 낮다.*** 캐롤라인(Caroline) 제도의 서쪽 부분에는 길이 480마일에 폭이

---

2) 말디바 제도와 라카디브 제도에 관한 것은 지리학 학술지에 있는 오언(Owen) 함장과 우드(Wood) 대위의 논문을 보라. 이 사관들이 작은 섬들의 높이가 낮다는 것을 특별히 이야기하지만, 나는 이 두 그룹과 차고스 그룹은 주로 모레스비 함장이 알려준 내용에 바탕을 둔다.

3) 쿠투이 씨 팸플릿 58쪽에서 오로라(Aurora)섬의 높이가 약 200피트라는 것을 알았다. 그 섬은 주로 산호바위로 되어 있으며 융기한 환초로 보인다. 이 섬은 타히티의 북동쪽에 있으며, 이 책에 있는 지도의 진한 파란색으로 칠한 지역 가까이에 있다. 로 제도의 아주 북서쪽에 있는 혼덴(Honden)섬은 비글호가 지나가면서 갑판에서 측정한 바로는 나무꼭대기에서 물가까지 114피트이다.* 이 섬은 그 그룹에 있는 다른 환초들을 닮은 것처럼 보였다.

* 비글호는 1826년부터 1830년에 걸친 1차 항해에서 이 섬을 지나갔다.

** 길버트 그룹과 마셜 제도를 합하면 1,040마일이 아니고 1,060마일이다(300+240+520=1,060). 길버트 그룹은 파푸아뉴기니와 하와이의 중간 정도에 있는 남북방향의 16개의 환초들과 산호섬으로 된 군도로, 오늘날 키리바시(Kiribati)의 주요한 부분을 차지한다. 거리는 약 780km에 걸친다.

*** 태평양에 있는 환초들의 평균높이는 1.8m 정도이다. 평균이 이 정도이므로 이보다 약간 높은 환초도 있을 것이다. 다윈이 말하는 "위에서 이야기한 수준"도 이 높이와 관계가 있으리라

거의 100마일 되는 바다가 있으며 낮은 섬들이 드물게 흩어져 있다. 마지막으로 인도양 말디바(Maldivas) 제도는 길이가 470마일이고 폭이 60마일이다. 라카디브(Laccadives) 제도는 길이 150마일에 폭이 100마일이다. 이 두 그룹 사이에 낮은 섬이 하나 있어, 전체를 길이가 1,000마일인 그룹 하나로 볼 수도 있다.* 이 그룹에 말디바 그룹의 남쪽 끝에서 280마일 떨어져 있는 작은 섬들로 된 차고스 그룹을 추가할 수도 있다. 이 그룹은 물에 잠긴 뱅크들을 포함해서 길이가 170마일이고 폭이 80마일이다. 이 세 제도는 방향이 아주 일정하고, 섬들이 모두 낮아서, 모레스비 함장이 그의 논문에서 그 그룹들을 길이가 거의 1,500마일인 거대한 사슬의 일부분이라고 말한다. 그래서 나는 반복하건대, 섬들이 흩어져 있는 태평양과 인도양의 광대한 지역에서, 파도가 쳐 올리고 바람이 불어 올릴 수 있는 높이 이상으로 솟아오른 산호초 섬은 하나도 없다는 내 생각이 맞는다고 충분히 자신한다.**

그렇다면 산호로 된 이 초들과 작은 섬들은 어떤 기초 위에서 만들어졌을까? 기초는 원래 모든 환초의 아래에, 초를 만드는 군체동물들이 처음 자라는 데 필요한 일정한 깊이에 있어야만 한다. 퇴적물이 엄청나게 쌓여서 필요한 기초를 이룬다는 추측은 퇴적물이 (오르내리는 파도에 도움을 받는) 표층해류의 작용으로 쌓이는 것만으로는 표면에 거의 도달하지 못하기 때문에 위험하다—실제 서인도제도 바다의 일부가 그런 경우로 생각된다.

생각된다.

* 말디바 제도와 라카디브 제도를 합하면 대략 남위 1도에서 북위 13도에 이른다. 그러므로 840해리에 960마일 정도여서 다윈이 말하는 1,000마일에 가까워진다.

** "파도가 쳐 올리고 바람이 불어 올릴 수 있는 높이"가 태평양에 있는 환초의 평균높이인 1.8m를 기준한 높이일 것이다. 곧 그 높이보다 높은 환초도 있겠지만 그렇게 많지는 않을 것이다. 나아가 그런 환초가 워낙 많아서, 다윈은 태평양과 인도양의 광대한 지역에서 그 높이 이상으로 솟아오른 산호초는 하나도 없다고 자신했다.

나아가 환초들로 된 그룹들의 형태와 배열을 보면, 이 생각을 지지할 아무런 이유가 없다. 또 대양의 중심부가 육지에서 아주 멀고, 새파란 색깔이 깨끗한 물을 나타내는 태평양과 인도양의 해저 몇 곳에 퇴석물이 거대한 높이로 쌓인다는, 아무런 증거가 없는 가정을 한순간이라도 인정할 수 없다.

그러므로 멀리 흩어진 많은 환초들의 기초는 바위이어야 한다. 그러나 우리가 산의 널찍한 꼭대기가 모든 환초 아래 몇 패덤 깊이에 가라앉았고, 그러면서도 위에서 말한 광대한 지역 전체의 어느 한 곳에서도 바위가 수면 위로 솟아오르지 않았다는 것을 믿을 수 없다. 왜냐하면 우리는 땅 위에 있는 산맥에서 바다 밑에 있는 산맥을 어느 정도 판단할 수 있기 때문이다. 길이가 수백 마일이고 상당한 폭에 널찍한 꼭대기들이 120피트에서 180피트 차이를 가지며 같은 높이로 연결된 산맥을, 몇 개는 그만두고 단 한 개라도 어디에서 발견할 수 있는가? 만약 초를 만드는 군체동물이 살 수 있다고 내가 믿는 깊이에 관한 자료가 불충분하고, 그 동물들이 100패덤 깊이에서도 번성할 수 있다고 가정해도, 위에서 내가 말한 내용의 가치가 조금도 떨어지지 않는다. 왜냐하면 많은 해저산맥들과 위에서 이야기한 멀리 떨어진 광대한 지역에 있는 낮은 섬들이 모두 수심 600피트 안 되는 깊이에서 솟아올라 있지만 하나도 수면 위로 나와서도 안 되고, 모두 100~200피트만 다르다는 것은 거의 있을 수 없는 일이기 때문이다. 나아가 많은 환초의 기초가 어느 한때에도 수면 아래 수 패덤 깊이로 잠기지 않았지만, 지각이 움직여 한 번은 이곳이, 다른 때에는 저곳이 움직여, 필요한 위치나 높이가 되었다는 가정도, 위와 마찬가지로 아주 있을 법한 일이 아니기 때문이다. 그러나 그런 일이 해저가 융기해서는 생길 수 없는 것이, 그토록 많고 멀리 떨어진 지점들이 어느 깊이까지는 연달아 융기했으나, 어느 한 지점도 그 높이 이상으로는 올라가지 않았다는 것이 바로

전의 상상처럼 있을 법한 일이 아니기 때문이며, 그 상상과 정말 거의 다르지 않기 때문이다. 에렌베르크(Ehrenberg)가 쓴 홍해의 초에 관한 이야기를 읽은 사람들은 그 광대한 지역의 많은 지점들이 융기했을 수도 있지만, 솟아오르자마자 돌출한 부분이 파도의 작용으로 잘려나갔다고 생각할 것이다. 그러나 환초의 분지 같은 모양을 한순간만 생각해보면, 이 생각이 불가능하다는 것을 알 것이다. 왜냐하면 섬이 융기하고 그에 따라 침식되면, 둥글고 반듯한 판이 되어 산호로 덮일 수는 있지만, 아주 오목하게는 되지 않기 때문이다. 더욱이 적어도 몇 곳에서는 수면까지 올라온 기초들을 볼 수 있다고 우리가 기대하기 때문이다. 만약 그렇다면, 그 많은 환초들의 기초는 필요한 위치까지 융기한 게 아니라, 그 위치까지 반드시 침강해야만 한다. 일단 그렇게 되면 모든 어려움이 해결되는데,[4] 4장에서 제시한

---

4) 앞에서 이야기한 분화구가설에서 어려운 점이 이제는 명백해질 것이다. 왜냐하면 이 견해대로 하면, 화산폭발이 방대한 숫자의 화구가 있는 지역에서만 일어나야 하는데, 화구가 모두 수면에서 수 패덤 이내로 올라와야 하고, 하나라도 수면 위로 솟아나서는 안 되기 때문이다. 화구들이 각기 다른 시기에 수면 위로 솟아올랐고, 파도에 침식되고 그 뒤 산호로 덮였다는 추정은 마지막 쪽 아래에 있는 반대와 거의 같은 반대에 부딪칠 것이다. 그러나 내 생각은 그런 생각을 반박하는 모든 의견을 상세히 설명할 필요가 없다. 수면 아래 적절한 깊이에 뱅크가 많았다고 가정하는 차미소의 이론 역시 중대한 오류가 있다. 해저 뱅크의 중앙부 높은 곳보다 낮은 곳 경사지에 산호의 배아(胚芽)들이 더 많이 부착되어서 둥근 모양이 되었다는 넬슨(Nelson) 대위의 (지질학회 회보 5권 122쪽의) 가설에도 중대한 오류가 있다. 초호도의 특이한 형태는 군체동물들의 본능 때문이라는, 앞에서 본 (포스터Forster의 관찰기 151쪽의) 의견도 마찬가지이다. 후자의 견해에 따르면, 초의 바깥 가장자리의 산호들은 초호에서 사는 속과 과가 다른 산호들을 보호하려는 본능에 따라 큰 파도에 노출된다!*

* 다윈이 여기에서 과거 이론들을 하나하나 반박한다. 화산이 해저에 모여 있다는 자체를 부정하고, 화구가 수면 아래 산호가 서식하기에 좋은 수심까지 솟아올라 침식당했다는 주장도 부정하고, 단 한 개도 수면 위로 솟아오른 게 없다는 것도 의심한다. 또 산호배아들이 경사지에 부착했다는 생각도 부정하고, 해저 뱅크가 적절한 깊이에 있다는 주장도 인정하지 않는다. 나아가 한 종의 동물이 같은 속의 다른 종의 동물을 보호하는 현상이 자연에는 없다고 주장한다.

사실들에서, 천천히 침강하는 동안 섬이 하나하나 사라지고, 산호들이 단단한 구조물을 짓기에 좋은 환경이 되면서 수면에 닿았다는 것을 올바르게 추론할 수 있기 때문이다. 따라서 대양 중앙부이며 가장 깊은 부분에도 작은 산호섬들이 흩어져 있을 것이며, 어느 섬 하나도 바다가 쌓아놓는 쇄설물의 높이보다 크게 더 높아지지도 않을 것이다. 그러면서도 섬들이 모두 산호로 될 터인데, 산호가 성장하려면 수면에서 몇 패덤 이내에 단단한 기초가 절대로 필요하다.

넓은 지역이 천천히 침강한다는 가정이 결코 불가능한 게 아니라는 것을 보여주는 많은 사실이 있다는 말 이상은 이 자리에서 하지 않겠다. 우리에게는 똑바로 선 나무가 수천 피트 두께의 지층에 묻힌다는 대단히 명확한 증거가 있다.* 넓은 지역이 솟아오르는 것처럼 넓은 지역이 천천히 가라앉는다. 지구 표면의 많은 부분들이 최근 지질시대에 융기했다는 것을 생각할 때, 같은 규모의 침강이 있었다는 것을 인정해야 하는데, 그렇지 않으면, 지구 전체가 팽창하기 때문이다. 라이엘(Lyell) 씨[5]가 그의 지질학의 원리들 초판에서, 육지를 만드는 인자, 곧 산호의 성장과 화산활동에 견주어 아주 현저히 적은 육지를 보고, 태평양에서 침강된 양이 융기된 양보다 많다는 추정은 대단히 놀랍다. 그러나 그 지역에서 침강운동의 직접적인 증거에 관한 질문을 받을 수도 있다. 곧 침강작용이 없었다면 설명하

* 다윈이 1835년 칠레 발파라이소(Valparaiso)에서 안데스산맥을 넘어 아르헨티나 멘도사(Mendoza)까지 갔다가 돌아오던 3월 30일, 우스파야타(Uspallata) 계곡 해발 약 7,000피트 되는 곳에서 비탈에서 솟아 있는, 11개는 규산질(硅酸質)로, 30~40개는 큼직한 결정의 방해석(方解石)으로 치환된, 나무화석을 발견했다. 다윈이 이 문장을 썼을 때, 그 장면을 생각했을 것이다. 다윈의 비글호 항해기 제15장 "코르디예라산맥을 넘어갔다 와"를 보라. 지금은 그 화석이 다 없어지고 아르헨티나 정부가 세운 표지가 서 있다.

5) 지질학의 원리들 6판 3권 386쪽.

지 못할 현상을, 침강작용이 설명하는 경우이다. 그러나 이 질문에 대한 답변을 거의 기대할 수 없는 것이, 역사가 긴 문명국을 제외하고는, 영향을 받은 부분을 감추려는 경향이 있어, 움직임을 찾아낸다는 것이 아주 어렵기 때문이다. 야만국과 반문명국인 국가에서는, 지금 스칸디나비아에 영향을 주는 융기작용*이 느린 움직임이 아닌데도, 아주 오랜 동안 사람들의 관심을 벗어났다!

윌리엄스(Williams) 씨[6]가 아주 고생하면서 수집한 원주민들의 전설들을 보고, 새로운 섬이 나타났다는 증거는 하나도 없다고 강하게 주장한다. 그러나 점차 침강했다는 이론에서는, 눈에 보이는 모든 것, 예컨대 바닷물이 때로는 육지를 천천히 잠식하고, 쇄설물들이 쌓여 육지가 과거의 크기로 돌아가며, 작은 산호섬들이 있는 환초가 아무것도 없는 초로 바뀌거나 가라앉아서 둥근 초로 바뀔 수 있다. 바다가 보통 이상의 강력한 강풍 때문에 평소보다 수위가 높아질 때, 그런 변화는 자연스럽게 일어나며, 이 두 가지 이유로 생긴 결과는 거의 구별하지 못한다. 코체부에의 항해기에는 허리케인 때문에 일부가 씻겨나간 캐롤라인 제도와 마셜 제도에 있는 섬 이야기들이 있다. 러시아 배를 탔던 원주민 카두(Kadu)가 "그가 라닥(Radack)에서 바닷물이 야자나무의 밑동까지 올라온 것을 보았다. 바로 그 때 마술을 부려 물을 높아지게 만들었다"[7]라고 말했다. 후에 폭풍이 캐롤

---

* 빙하기 동안 두꺼운 얼음으로 눌려 있던 스칸디나비아반도, 그중에서도 스웨덴 북서쪽에서는 마지막 최대 빙하기가 끝난 다음 100년에 1m 정도 융기하고 있다. 100년에 1m이면 아주 큰 값이다. 그러나 그 사실을 알아챈 것은 19세기 들어서이다. 다윈은 이 사실을 말한다. 마지막 최대 빙하기는 지금부터 1만 8,000년 전이었고 1만 1,700년 전 즈음 그 빙하기가 물러갔다.

6) 윌리엄스의 선교이야기 31쪽.

7) 코체부에 1차 항해기 3권 168쪽.

라인 군도의 섬 두 개를 휩쓸어 완전히 얕은 여울로 만들었다. 그 폭풍이 다른 섬 두 개도 못쓰게 만들었다.[8] 피츠로이 함장이 들은 전설로는, 로 제도에서는 첫 배가 도착하자 큰 홍수가 나서 많은 사람들이 죽었다고 믿는다. 스터치베리(Stuchbury) 씨의 말로는, 1825년 같은 그룹에 있는 체인(Chain) 환초의 서쪽이 허리케인으로 완전히 파괴되었고, 300명이 넘는 사람들이 목숨을 잃었다고 한다. 그가 "이 경우 허리케인만으로는 대양이 격렬하게 뒤집어진 것을 설명하기에는 부족하다는 사실은 원주민에게도 분명하다"[9]라고 논문에 썼다. 최근 로 제도의 환초 몇 개에서 상당한 변화가 발생했음이, 이미 마틸다(Matilda)섬에서 생긴 변화로 보아, 분명하다. 같은 그룹에 있는 위트선데이(Whitsunday)섬과 글로스터(Gloucester)섬은, 그 섬을 발견한 위대한 세계일주 항해가인 월리스가 크게 부정확했거나 그의 항해와 비치 함장의 항해 사이인 59년 동안에 상당한 변화가 있었다고 믿어야 할 것이다. 월리스(Wallis)는 위트선데이섬을 "길이 약 4마일에 폭이 3마일"이라고 기록했으나, 지금은 길이가 겨우 1.5마일이다. 비치 함장의 말로는 글로스터섬은 "발견한 사람이 정확하게 기록했으나, 지금의 모양과 크기가 그 기록과는 크게 다르다."[10] 차고스 그룹에 있는 블렌하임(Blenheim) 초는 10패덤 깊이의 초호를 둘러싸는 주위가 13마일에, 바닷물에 씻기는 둥근 초이다. 초의 지면에는 산호역암들이 광 크기로 몇 곳에 흩어져 있었고, 모레스비 함장은 이들을 작은 섬들의 마지막 남은 흔적이

---

8) 1840년 프랑스 보고서 837쪽에 있는 데물랭 씨 이야기.

9) 서부 잉글랜드 학술지 1권 35쪽.

10) 비치의 태평양 항해기 7장과 월리스의 돌핀(Dolphin)호* 항해기 4장.

* 영국해군 군함인 돌핀(Dolphin)호는 영국 콘월 태생인 항해가 새뮤얼 월리스(Samuel Wallis 1728~1795)가 지휘했으며, 필립 카르테렛(Philip Carteret)이 지휘한 제비(Swallow)호와 함께 1766년 세계일주 항해에 나섰다. 그들은 타히티섬과 희망봉을 거쳐 1768년 5월 귀국했다.

라고 자신 있게 말했다. 따라서 여기에서는 환초가 환초로 되어가고 있다.*
말디바 환초의 주민들이 옛날 1605년에 벌써 "조석이 높고 해류가 강해서 섬의 숫자가 줄어들고 있다"[11]고 말했다. 내가 모레스비 함장을 믿고, 섬들이 지금도 계속해서 없어진다는 것을 이미 보여주었다. 그러나 반면, 작은 섬들이 새로 생기는 것을 현재 있는 주민들도 알고 있다는 것도 벌써 이야기했다. 그런 경우, 변하기 쉬운 이 구조물들이 앉아 있는 기초가 점차 가라앉는다는 것을 찾아내기란 지극히 어렵다.

낮은 산호섬들로 된 제도 가운데 지진이 일어나는 제도가 있다. 모레스비 함장이 나에게 알려주기로는 그런 제도가 인도양 아주 한가운데에도 있고, 산호로 만들어지지 않은 육지에서 대단히 먼 차고스 그룹에서는 지진이 대단히 강하지는 않아도 자주 발생한다. 이 그룹의 섬 하나는 과거에는 흙으로 덮여 있었으나, 지진이 일어난 다음에는 사라졌는데, 주민들은 비가 오면서 흙이 깨어진 기반암의 틈으로 씻겨나갔다고 믿고 있다. 그렇게 되면서 그 섬에서는 농사가 되지 않는다. 차미소는 말하기를[12] 높은 육지에서 아주 먼 마셜 환초에서도 지진이 감지되며, 캐롤라인 제도에서도 마찬가지이다. 후자의 울레애(Oulleay) 환초에서 루트케 제독이 초 전체를 비스듬하게 수백 야드를 가로지르는 폭 약 1피트 두께의 갈라진 틈들을

---

* 다윈의 설명을 들으면 차고스 그룹에 있는 블렌하임 초는 물에 씻기고 있다. 그러므로 수면 아래로 사라지기 직전이라고 생각된다. 모레스비 함장도 흩어져 있는 광 크기의 산호역암들을 "작은 섬들의 마지막 남은 흔적"이라고 자신 있게 말했다. 이런 내용들로 보아, 섬이 아직은 완전히 사라지지 않아 블렌하임 초가 수면 아래로 사라지기 직전이라 환초는 아니지만, 곧 환초로 될 것으로 보인다. 그러므로 다윈은 "환초가 환초로 되어가고 있다"고 말한 것으로 생각된다. 이때 전자 환초는 환초가 거의 다 되었다는 뜻이다.

11) 지리학 학술지 2권 84쪽의 말디바 제도에 관한 오언 함장의 논문에 있는 피라르(Pyrard)의 항해기 요약을 보라.

12) 코체부에 1차 항해기 3권 182쪽과 136쪽에 있는 차미소를 보라.

여럿 보았다고 친절하게도 나에게 알려주었다. 갈라진 틈들은 지각이 늘어난 표시이며, 따라서 아마 지면의 높이도 변했을 것이다. 그러나 지진에 흔들리고 찢어진 이 산호섬들은 융기하지 않았음이 분명하므로 이미 침강했을 것이다. 내가 킬링 환초를 설명하는 장에서, 최근에 그곳에서 일어난 지진에 따라 그 섬이 침강했다는 직접적인 증거를 보여주려고 했다.

사실은 이렇다—높은 육지도 없고 깊은 곳에서는 살 수 없는 산호들이 성장해서 만들어진 초들과 작은 섬들이 흩어진 대양은 아주 넓다. 또 수많은 초들과 낮은 섬들이 아주 멀리 떨어져 있는 것을, 산호가 위로 계속해서 성장하는 동안, 처음에 생긴 초의 기초가 천천히 계속해서 바다 수준 아래로 침강한다는 이론 아니고는 전혀 설명할 수 없다. 이런 견해를 반박할 어떤 확실한 사실들도 없고, 몇 가지 일반적인 생각을 하면, 이 견해는 그럴직해진다. 이 산호섬 가운데 몇 개는 침강을 하든 말든 모양이 바뀐다는 증거가 있다. 또 그 섬 아래의 지하가 교란된다는 증거도 있다. 그렇다면 지금까지 우리가 들었던 그 이론이 이 신기한 문제를 해결할까—어떻

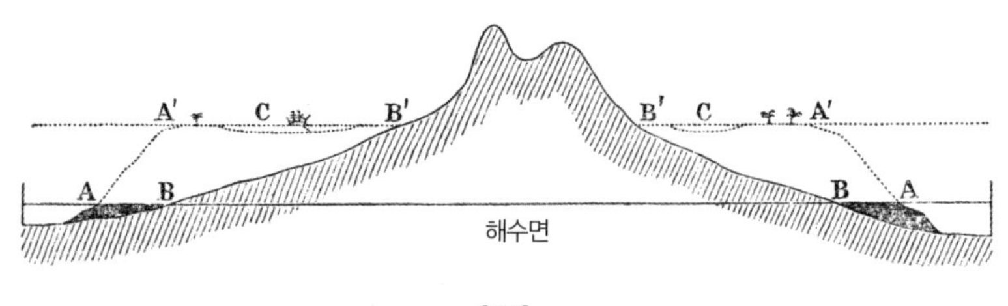

[4번]

AA—해수면과 같은 높이에 있는 초의 바깥 가장자리.
BB—섬의 해안.
A'A'—침강하는 동안 위로 커진 다음의 초 바깥 가장자리.
CC—초와 이제는 초로 둘러싸인 육지 사이의 초호수로.
B'B'—초로 둘러싸인 섬의 해안.
주의할 사항—이 목판화와 다음 목판화에서는 해수면이 분명히 상승해야만 육지의 침강을 표시할 수 있다.

게 초들이 각각 특이한 형태가 되었을까?

침강하는 지역에 있는 "거초"로 둘러싸인 섬 하나를 상상하자—그런 초는 그 기원을 설명하기가 어렵지 않다. 목판화(4번)의 실선 빗금은 그런 섬의 단면도를 나타낸다. 수평으로 그은 선들은 초의 단면선을 나타낸다. 이제 섬이 한 번에 수 피트를 가라앉거나 알아보지 못할 정도로 가라앉으면, 우리가 알고 있는 산호가 자라기에 좋은 조건에서, 초의 가장자리에서는 큰 파도에 씻기는 살아 있는 산호 덩어리가 수면에 곧 닿으리라고 분명히 유추할 수 있다. 그래도 물이 해안을 조금씩 잠식할 것이며, 섬이 낮아지고 작아져 초의 변두리와 해변 사이가 그만큼 넓어질 것이다. 수백 피트를 침강한, 이 상태의 초와 섬의 단면도를 점선으로 표시했다. 작은 산호섬들이 새로운 초 주위에 생길 것이며, 배는 초호수로에 정박할 것이다. 이 단면도가 섬을 둘러싸는 보초의 단면도이다. 이 단면도가 사실 초로 둘러싸인 볼라볼라섬의 가장 높은 지점을 동서방향으로 지나가는 단면도이고[13)]평면도가 도판 I의 그림 5이다. 다음 목판화(5번)에서는 같은 단면도가 실선으로 더 선명하게 보인다. 초의 폭과 바깥쪽과 안쪽의 경사는 산호가 노출된 조건(예를 들면, 쇄파의 힘과 해류의 힘)에서 산호의 성장력에 따라 결정될 것이다. 초호수로는 초 안에 있는 가는 가지가 나는 산호의 성장과 퇴적물의 퇴적과 또한 어느 정도 침강속도와 중간에 정지한 시간에 따라, 더 깊거나 더 얕을 것이다.

이 단면도에서는 새로운 초의 바깥 변두리에서 단단한 암반까지 수직으로 그은 선이, 초가 침강한 높이만큼 초를 만드는 군체동물들이 살 수 있

---

13) 이 단면도는 코키유호의 항해기 지도책에 있는 해도를 이용했다. 축척은 0.57인치가 1마일이다. 르송(Lesson) 씨에 따르면 섬의 높이는 4,026피트이다. 초호수로에서 가장 깊은 곳은 162피트이다. 목판화에서는 분명히 보여주려고 그 깊이를 늘려놓았다.

는 수심의 작은 한계를 초과할 것이 분명하며—전체가 가라앉으면서 산호가 다른 산호와 그 산호가 굳어진 조각으로 된 기초에서, 자라났다. 그렇게 되면 처음에는 그렇게 어렵게 보이던 어려움이 사라진다.

초와 침강하는 해안 사이의 폭이 계속해서 넓어지고 깊어지면서 육지에서 흘러내리는 퇴적물과 담수의 해로운 영향이 적어졌기 때문에, 초로 둘러싸인 초에서 터졌던 많은 수로들, 그중에서도 작은 개천들의 맞은편에 있던 수로들은 산호들이 성장하면서 막힐 것이다. 산호들이 가장 왕성하게 자라는 초에서 바람이 불어오는 쪽에 터진 곳들이 아마 가장 먼저 닫힐 것이다. 따라서 보초에서는 조석이 초호수로로 흘러나가면서 언제나 열려 있는 터진 곳들이 보통 바람이 불어가는 쪽에 있을 것이며, 큰 하천들의 퇴적물과 담수의 영향이 없어지더라도, 터진 곳들은 아직도 큰 하천들의 어귀 맞은편에 있을 것이다—이런 경우가 보통이다.

앞의 목판화에서는 새로이 형성된 보초를 점선으로 그렸으나, 실선으

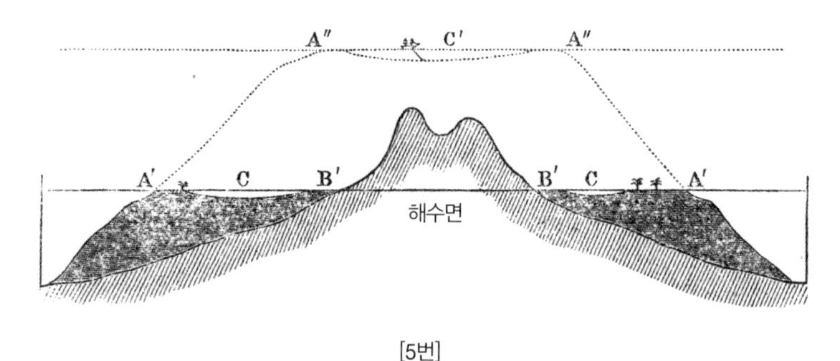

[5번]

A'A'—보초의 해수면 수준에 있는 바깥 모서리. 야자나무가 초에 생긴 작은 산호섬을 가리킨다.
CC—초호수로.
B'B'—보통 낮은 충적지와 초호수로에서 나온 석회조각들로 된 섬의 해변.
A"A"—현재 환초가 되는 초의 바깥 모서리.
C'—새로 생긴 환초의 초호. 축척 때문에 초호와 초호수로의 깊이를 과장했다.

로 그린 다음 그림에서는 침강이 계속되면, 봉우리가 두 개인 산은 한 개의 둥근 초에 갇혀 있는 두 개의 (또는 봉우리의 숫자대로) 작은 섬이 될 것이다. 섬을 계속 침강시키면, 가장 높은 봉우리가 마지막으로 잠길 때까지 바닷물이 땅으로 야금야금 올라오는 동안, 산호초가 자기의 기초 위에서 계속해서 자라면서, 그 자리에는 완전한 형태의 환초가 남게 된다. 이 환초의 수직단면도가 점선이며—초호에는 배가 정박해 있으나, 작은 섬들은 초에 아직 생기지 않았다고 가정했다. 초호의 깊이와 초의 폭과 경사는 방금 보초에서 이야기한 사항에 따라 달라질 것이다. 더 침강해도 초가 수직으로 커지지는 않기 때문에, 크기가 작아지는 것 말고는 환초에 변화가 없을 것이다. 그러나 해류가 초에 세차게 들이치고 산호가 환초의 가장자리 일부나 전부에서 죽는다면, 침강하는 동안 변화가 생길 것이며, 그 변화를 곧 알게 될 것이다. 바위나 단단한 퇴적물로 되어 있으며, 해수면과 같은 수준이고, 살아 있는 산호가 가장자리를 두른 뱅크가 (가운데 부분이 쇄설물로 금방 채워질 정도로 아주 작지 않다면) 침강이 되면, 섬의 해안을 두르는 보초라는 중간단계 없이, 곧 환초로 바뀔 것이다. 만약 그런 뱅크가 수 패덤 깊이로 물에 잠긴다면, (3장에서 말한 것처럼) 침강하지 않고 산호가 단순히 자라기만 하면, 진정한 환초와는 구별하기 힘들 것이다. 왜냐하면 초의 바깥 가장자리에서 넓게 열린 바다에 노출된 산호가 왕성하게 자라서 끊어지지 않고 둥글게 되는 반면, 환초 가운데 넓은 곳에 있는 덜 괴상(塊狀)인 산호들은 그 자리에서 만들어지는 퇴적물과 쇄파로 안으로 씻겨 들어오는 것 때문에 제대로 성장하지 못하기 때문이다. 또 그곳이 점점 얕아지고, 물이 덜 깨끗해지고, 해류도 약해지면서, 먹이를 먹으려는 무수한 동물들이 있는 초의 면적에 비해서 먹이가 아마 적어져, 산호가 제대로 성장하지 못할 것이다. 이런 뱅크에 기초를 둔 초가 침강한다면, 가운데 부분이나 초호는 깊어지며 그 벽이 가팔라지고 산호는 자유롭게 커서 초의 겉모습이 대칭이 될 것이다—그래도 내가 여기에서 반복하지만, 태평양과 인도양에 있는 아주 큰 환초 그룹들이 이런 뱅크에 기초를 두었다고 가정을 할 수는 없다.

만약 그림에 있는 섬 대신, 초가 발달된 대륙의 해안이 침강했다면, 오스트레일리아 북동쪽 해안에 있는 보초 같은 거대한 초가 반드시 만들어졌을 것이다. 또한 그 보초가 침강된 깊이에 비례해서 넓고, 이웃한 육지 해안에 비추어 다소간의 경사를 가진, 깊은 수로로 대륙과 분리되었을 것이다. 이런 종류의 거대한 보초가 쉬지 않고 침강한 효과와 그런 보초가 개개의 환초들이 사슬처럼 이어지는 초로 바뀔, 있음직한 현상은 아주 큰 말디바 환초가 점차 분할되는 것처럼 보이는 현상을 논할 때 이야기하겠다.

이제 우리는 거초와 둘러싸는 보초 사이에서 형태와 크기와 (다음에 더 자세히 다룰) 구조와 서로의 위치가 아주 비슷하며, 보초와 환초 사이에서도 이런 특징들이 아주 비슷한 것이, 침강하는 동안 한 부류가 다른 부류로 바뀌어 생기는 피할 수 없는 결과라는 것을 이해할 수 있다. 이 견해로는 세 가지 부류의 초가 서로 바뀌어야 한다. 거초와 보초의 중간성격을 가진 초들도 있다. 예를 들면, 마다가스카르 남서쪽 해안에는 수 마일 계속되는 초가 하나 있는데, 그 초 안에는 깊이 7~8패덤의 넓은 수로가 있지만, 바다가 초 바깥에서 급하게 깊어지지 않는다. 그러나 이런 경우는 의심이 되는데, 기초에서 꽤 뻗어나간 오래된 거초는 조금 침강하고 오랜 동안 정지해 있어서, 퇴적물로 거의 채워진 초호수로가 있는 보초와는 구별하기 힘들기 때문이다. 높은 섬 한 개 또는 작고 낮은 섬 몇 개를 둘러싸는 보초들과 단순히 초호가 넓은 환초 사이에는 중간단계의 멋있는 초들이 많이 있다. 여기에서 이를 증명하려면 이 책의 끝에 있는 도판 I만 이야기하면 되는데, 말로 설명하기보다는 눈으로 보면 더 분명하다. 해도의 원저자들과 해도에 관한 설명은 도판을 설명한 별도의 지면에 있다. 뉴칼레도니아에서는 보초가 섬을 따라 양쪽에서 물속으로 150마일을 뻗어나간다(도판 II 그림 5). 그 북쪽 끝에서는 초들이 부서져 낮고 작은 산호섬 몇 개로 이루어진 광대한 환초 모양의 초가 된 것으로 보인다. 우리는 여기에서 현재 침강되는 효과를 본다고 상상할 수 있다--바닷물은 산이 기울어진 북쪽의 해안을 언제나 잠식하고, 초는 옛날에 생겼던 곳에서 쉬지 않고 덩어리들로 높아지기 때문이다.

우리는 여태껏 가장 단순한 형태의 보초와 환초의 기원만 생각했다. 그러나 1장과 2장에서 설명한 초의 구조에서 특이한 점들과 특별한 경우들을 우리의 이론으로 설명해야 한다. 이들은 여러 가지로 되어 있다.—먼저 암벽 옆에서 끝나는 기울어진 암반과 때로는 초호나 초호수로의 연안을 따라 발달한 암벽과 함께 있는 두 번째 암반으로 계속되는 기울어진 암반이다. 선반 같은 이런 구조는 내가 설명하려고 했지만, 산호가 자라는 단순한 힘만으로는 설명할 수 없는 구조이다.—다음이 북부 말디바 환초의 중심부나 분리된 가장자리에 있는 반지나 대야 같은 형태이다.—다음이 보초나 환초가 된 초 전부나 일부로, 물에 잠긴 상태이며, 일부가 물에 잠기는 경우에는 바람이 불어가는 쪽이 잠겨 있는 경우이다.—다음이 말디바 환초의 일부처럼 분명히 점점 분할되는 경우이다.—다음이 끈 같은 모양의 초로 연결되거나 초에서 불쑥 튀어나온 돌출부처럼 불규칙한 모양을 한 환초들이다.—마지막으로 큰 차고스 뱅크의 구조와 기원이다.

초호를 두르는 계단처럼 생긴 돌출부—만약 우리가 어떤 환초가 아주 느리게 침강한다고 가정하면, 결과가 복잡해져 이해하기 힘들다. 살아 있는 산호들은 바깥쪽 가장자리에서 위로 자랄 것이다. 또한 둥근 초의 표면에 있는 골이나 깊은 부분에서도 어쩌면 마찬가지일 것이다. 바닷물이 작은 섬들을 잠식하겠지만, 새로운 쇄설물들이 퇴적되기 때문에 작은 섬들이 물에 완전히 잠기지 않을지도 모른다. 이렇게 아주 느리게 침강한 다음에는, 초호 속으로 완만하게 기울어진 둥근 초의 표면은 대부분의 초호에서는 해변을 두르는 불규칙한 초와 모래로 된 뱅크에 아마 합쳐질 것이다. 그러나 환초가 더 빨리 가라앉으면, 단단한 기초가 있는 둥근 초의 표면 전체는 산호가 다시 자라기에 좋은 자리가 될 것이다. 그래도 산호들이 그 바깥 가장자리에서 위로 자라나고, 파도가 이 부분에서 심하게 깨어지면, 물이 부족해서* 안쪽에 있는 괴상의 군체동물들이 많이 자라지 못할 것이다. 결과적으로 바깥 부분이 수면에 먼저 닿을 것이며, 옛날 초 위에 새로 생긴 둥그스름한 초의 꼭대기는 안쪽으로 기울어지고, 오래된 초의 단단한 안쪽 가장자리에서 (많이 억제되기 전에) 위로 자란 산호로 된 안쪽 벽이 물에 잠길 것이다. 새로운 초의 안쪽 부분은 수면까지 자라지 않아서, 초호의 물에 잠길 것이다. 침강작용이 같은 정도로 반복되면, 산호들이 다시 가라앉은 초의 딴딴한 부분에서 자랄 것이며, 따라서 초호의 모래해안에서는 자라지 않을 것이다. 또한 새로이 생긴 둥그스름한 초의 안쪽에서는 옛날처럼 산호가 위로 자라지 못해, 바깥 부분보다 낮아질 것이며, 따라서 초호의 표면에 닿지 못할 것이다. 이 경우 초호의 해안이 아래위로 있는 두 개의 기울어진 돌출물로 둘러싸이며, 둘 다 물속에서 절벽으로 급하게

---

* 이 부분에서 물이 부족하다는 것은 초의 바깥 가장자리에서 파도가 심하게 쳐서, 물로 항상 덮여 있는 현상과는 다른 현상으로 생각해야 할 것이다. 실제 파도가 치는 곳은 물로 언제나 덮여 있는 곳보다는 물이 적고 모자란다고 생각할 수 있다. 나아가 먹이가 많지도 않을 것이다. 그렇다면 산호가 제대로 크지 못할 것이다. 다윈이 말하는 "괴상의 군체동물이 많이 자라지 못할 것이다"라는 말이 그런 현상을 뜻하는 것으로 생각된다.

끝날 것이다.[14)]

북부 말디바 환초의 반지나 분지처럼 생긴 초—먼저 환초의 초호와 초호 수로에 있는 초들이 환경만 좋다면, 침강하는 동안 둥근 테두리와 같은 방식으로 위로 성장한다고 말해야겠다. 따라서 그런 초호의 초는 침강하는 것보다 더 빨리 쌓이는 퇴적물에 둘러싸이고 묻히지만 않는다면, 군체동물들이 번성할 수 있는 깊이보다 더 깊은 곳에서 갑자기 솟아오르리라 예상할 수 있다. 차고스 환초와 남부 말디바 환초의 깊은 초호들이 흩어져 있는 곳에 있는, 작지만 벽이 급경사인 초들이 이런 초들의 좋은 예이다. 북부 말디바 환초의 반지 또는 분지(盆地)처럼 생긴 초들로 말할 것 같으면, 현존하는 완전한 시리즈 같은 초에 비추어볼 때, 가장자리에 있는 반지들이 보통 환초의 바깥쪽 초나 경계가 되는 초보다 더 넓을지라도, 초들이 완전한 단계별로 있는 것으로 보아, 그런 초가 변형된 것이 분명하다. 가운데 있는 반지들도 초호에서 보통 나타나는 둔덕이나 초보다 더 넓더라도 자기들의 자리를 지키고 있는 것이 분명하다. 반지 같은 구조에서는 터진 곳들이 초호로 들어가는 곳에 많고 넓은 것으로 미루어, 초호의 물에 씻기는 모든 초는 널따란 바다에 서 있는 환초의 바깥쪽 해안과 거의 같은 조건에 있다는 것을 알 수 있다. 그러므로 이런 초들의 바깥쪽 가장자리들과 산호가 살아 있는 가장자리들은 분명히 바깥쪽으로 커지기에 좋은

---

14) 쿠투이 씨에 따르면 (26쪽) 많은 환초들을 둘러싼 바깥의 초들은 돌출부나 테라스가 반복되면서 아래로 내려간다. 그가 몇몇 환초의 초호들을 두르는 안쪽에 있는 돌출부들의 구조를, 내가 했던 것과 어느 정도 같은 방식으로 설명하려고 했는데, 잘 했는지 모르겠다. 안쪽과 바깥쪽의 계단 모양의 돌출부의 본질을 더 알아야 한다. 돌출부 전체 또는 윗부분만 살아 있는 산호로 덮였는가? 만약 그들이 모두 덮였다면, 수심에 따라 돌출부를 덮은 산호의 종류가 다른가? 같은 환초에서는 안쪽과 바깥쪽의 돌출부가 함께 나오는가? 만약 그렇다면 돌출부의 전체 폭이 얼마이며, 그 사이에 있는 표면의 초가 좁은가? 이외에도 의문이 많다.

조건이 되었으며, 보통의 폭 이상으로 커진다. 또한 그 가장자리들이 나의 이론으로는 제도 전체가 침강하는 동안, 위쪽으로 왕성하게 자라기에 좋은 조건이었던 것은 틀림없다. 가장자리가 이렇게 위로 커가면서 침강하면, 개개의 작은 초의 가운데 부분이 작은 초호로 바뀔 것이다. 그러나 이런 일은 그 가운데 부분이 모든 쪽에서 안쪽으로 밀려드는 모래와 퇴적물로 금방 메워지지 않을 정도로 상당히 큰 폭으로 커진 초에서만 일어날 것이다. 따라서 분지 모양의 구조가 아주 잘 드러나는 환초에서도 직경이 반 마일이 되지 않는 초 가운데, 초호가 있는 초는 몇 개 없다. 산호초가 어디에 있든, 이 말은 모든 산호초에 해당된다. 말디바 제도의 분지가 된 초들이 사실은, 부서진 큰 환초가 침강하는 동안 그 위에, 지금은 완전히 물에 잠긴 큰 제도의 섬들을 둘러쌌던 보초 위에서 부서진 환초들이 생기는 것과 같은 방식으로, 형성된 작은 환초들이라고 간단히 말할 수 있다.

물에 잠긴 초들과 죽은 초들—제1장 둘째 절을 보면 환초의 주위에서는 표면이 평탄한 뱅크들이 물에 깊게 잠겨 있다. 또 덜 깊지만 완전히 잠겨 있으며, 완전한 환초의 모든 특징이 있지만, 단순히 죽은 산호바위로만 된 뱅크들도 있다. 또 보통 바람이 불어가는 쪽에 초의 일부만 물에 잠겨 있는 보초들과 환초들도 있다. 또 외곽만 완전하거나 온전히 남아 있는 초의 한 부분에서 겨우 외곽이 일치하는 뱅크의 존재로 미루어, 과거의 자리가 표시가 나는, 거의 지워진 것처럼 보이는 부분들도 있다. 내가 믿기로는, 이런 여러 경우들은 서로 긴밀한 관계에 있으며, 같은 방식으로 설명된다. 아마 살아 있는 산호로 덮여 위로 자라는 초들이 물에 잠겨 있겠지만, 여기에서는 그 초들을 이야기하지는 않겠다.

산호초가 대단히 많은 대양에도, 섬 하나는 산호초로 둘러졌고 그 옆에 있는 섬 하나는 둘러지지 않은 경우도 있다. 같은 제도에서도 완전한 초도 있고 그렇지 않은 초도 있다—예컨대, 말디바 제도의 남쪽 반을 북쪽 반과 비교하고, 이 그룹의 이중으로 된 해안에서 안쪽 해안과 바깥쪽 해안을 비교해도 마찬가지이다. 우리가 알다시피 초를 만드는 무수한 군체동물들도 먹이를 먹고 살며, 다른 동물들에게 잡아먹힌다. 마지막으로 우리가 아는 것처럼, 생물과 관계없는 몇 가지 이유가 산호의 성장에 아주 해로워서, 땅, 공기, 물이 변하는 동안 초를 만드는 군체동물들이 어느 한 지점에 영원히 살아 있기를 기대하지 못한다. 또한 어떤 때는 다른 때보다 빨리 침강해서, 우리의 이론으로는 이 초들과 섬들이 그 침강에 영향을 받을 것이며, 침강하는 동안, 이 군체동물들이 영원히 살아 있기를 기대하기 아주 힘들다. 따라서 산호들의 전체나 일부가 때로는 죽을 수 있다. 그럴지라도 약간 침강한 다음에는 산호가 죽은 부분이 수면 아래에서도 그 윤곽과 자리를 나타낼 수 있다. 더 오래 침강한 다음에는 퇴적물이 쌓이기 때문에, 평탄한 뱅크의 가장자리만이 초호의 과거경계를 나타낼 것이다. 초가 그렇게 죽은 부분이 보통 바람이 불어가는 쪽에 있는 것은,[15] 가는 퇴적물이 있는 깨끗하지 않은 물은 초호에서, 바람이 불어오는 쪽보다 쇄파의 힘이 약한 까닭에, 초의 그쪽을 지나 더 쉽게 흘러나가기 때문이다. 그러므로 그쪽에서는 산호들이 덜 왕성하게 성장할 것이며, 파괴하는 어떤 힘에라도

15) 라이엘 씨는 지질학의 원리들 초판에서 이 구조를 약간 다르게 설명했다. 그가 침강작용을 가정했으나, 물에 잠긴 초가 전부는 아니더라도 대부분이 죽었다는 것을 몰랐다. 또 그가 대부분의 환초 양쪽에서 높이가 다른 것을 주로 바람이 불어가는 쪽보다 주로 불어오는 쪽에 쇄설물이 더 쌓이기 때문이라고 설명했다. 그러나 물체들이 초의 뒤쪽으로만 쌓이기 때문에, 앞쪽은 양쪽의 높이가 같다. 내가 대부분의 경우가 (예컨대, 페로스반호스나 갬비어 그룹이나 큰 차고스 뱅크 같은 곳에서) 그렇다고 여기에서 말하겠다. 또 죽고 물에 잠긴 부분이 살아 있고 완전한 부분으로 섞이지 않거나 그 부분으로 기울어지지 않고 그 부분과 분명한 선으로 나뉠지 의심스럽다. 죽고 물에 잠긴 부분의 가운데에서 작은 크기의 살아 있는 초가 수면까지 솟아오르는 경우가 있다.

저항하기 어려울 것이다. 같은 이유로 바람 불어오는 쪽보다는 바람 불어가는 쪽의 초들이 더 자주 터져 좁은 수로가 되어 배의 통로로 쓰인다. 만약 산호들이 완전히 죽으면, 환초 둘레 대부분이 어느 정도 물에 잠기고, 죽은 바위로 된 환초 모양의 뱅크가 생길 것이다. 나아가 더 침강하고 퇴적물이 쌓인다면, 환초 같은 구조가 간혹 사라지고 표면이 평탄한 뱅크만 남을 것이다.

차고스 환초 그룹에 있는 크기가 160마일에 60마일인 지역에서는 (아주 불완전한 뱅크 한 개는 빼고) 환초가 된 죽은 바위로 된 뱅크 두 개가 물에 완전히 잠겨 있다. 세 번째는 수면까지 솟아오른, 아주 작은 살아 있는 환초조각 두세 개이다. 네 번째, 곧 페로스반호스(Peros Banhos)는 죽고 물에 잠긴 부분의 길이가 9마일이다(도판 I 그림 9). 내 이론대로 하면 이 지역이 침강했으며, 주변 바다의 상태가 바뀌었거나 침강작용이 컸거나 갑작스러워서 산호가 환초 전 지역이나 일부에서 죽을 수 있었기 때문에, 차고스 그룹의 경우는 설명하기가 어렵지 않다. 지금까지는 위에서 말한 물에 잠긴 어떤 초들이라도 설명할 수 있으며, 그들이 나타나리라는 것도 내 이론으로 예상되었다. 나아가 육지를 둘러싸는 보초들이 침강해서 새로운 환초가 쉬지 않고 만들어지기 때문에, 만약 환초들이 가끔 파괴되고 사라진다는 증거를 제시하지 못하면, 상당한 반대의견, 곧 환초의 숫자가 끊임없이 늘어나야 한다는 의견이 있을 수 있다.

거대한 말디바 환초의 분할—말디바 제도에서 현재 큰 환초들이 작은 환초들로 분할되는 것처럼 보이는 것은 중요한 논의 대상이며 설명이 필요하다. 내가 믿기로는 이 과정을 나타내는 일련의 과정은 환초들의 가장자리가 지극히 불완전하며 따로 떨어지고 분지(盆地)가 된, 그 군도의 북쪽 반에서만 관찰된다. 모레스비 함장이 나에게 말해준 대로, 해류는 상당한 세기로 이 환초들을 가로질러 흐르고, 계절풍이 불 때는 퇴적물이 이리저리 떠다니는데, 주로 바다 쪽으로 떠간다. 그러면서 해류가 상당히 강한 힘으로 환초들의 옆 사면을 돌아서 흐른다. 이 환초들은 과거에도 현재의 상태대로 오랜 동안 있었다는 것이 역사에서도 알려졌다. 나아가 환초들이 아주 천천히 침강하는 동안, 중앙부 넓은 곳에 퇴적물이 쌓여도 원래의 수심을 거의 유지할 수 있었다고 믿을 수 있다. 그러나 (내 이론으로는 이 제도가 당한 침강작용처럼) 천천히 침강하는 동안, 그렇게 균형이 잘 이루어진 힘의 작용에서, 해류가 환초들의 가장자리에 있는 넓게 터진 곳들을 절대로 곧장 지나가지 않았다는 것이 이상하다. 만일 일단 이렇게 되면, 아주 미세한 퇴적물이 없어지고 그런 퇴적물이 더 가라앉지 못해서 깊은 수로가 곧 생길 것이다. 또 수로의 옆벽이 해류의 힘에 노출되는 바깥쪽 해안처럼 비스듬하게 침식될 것이다. 사실 (도판 II 그림 4의) 마흘로스마흐두(Mahlos Mahdoo)를 나누는 두 갈래로 갈라지는 수로와 똑같은 수로가 거의 반드시 형성되었을 것이다. 새로 생긴 대양수로의 경계선 가까이에 흩어져 있는 초들은, 길게 늘어나면서 산호들이 살기에 좋아 분할된 부분에 새로운 가장자리를 만들 가능성이 있다. 마흘로스마흐두를 가로지르는 수로 두 개의 경계지역에 있는 길게 늘어난 초에서는 (큰 해도에서 볼 수 있는) 그럴 가능성이 아주 짙다. 계속 침강한다면 그런 수로가 더 깊어지고, 어쩌면 수직으로 자라지 않는 초 때문에 더 넓어질지도 모른다. 이 경우와 더 특별히 만약 수로가 상당한 폭으로 처음부터 생겼다면, 분할된 부분들이 (도판 II 그림 6의) 아리(Ari) 환초와 로스(Ross) 환초 또는 두 개의 닐란두(Nillandoo) 환초처럼 완벽하게 다른 환초가 되었을 터인데, 이 환초들은 모양과 위치가 서로 관계가 있으며 수로들로 나뉘었는데, 그 수로들은 깊지만 수심을 측정했다. 더 침강되면 그런 수로들은 깊이를 알 수 없게 될 것이며, 분할된 부분들은 팔리두(Phaleedoo) 환초와 몰루크(Moluque) 환초와 비슷하게 되거나 (도판 II 그림 4의) 마흘로스마흐두 환초와 호스버르(Horsburgh) 환초와 비슷하게 될 터인데, 이들이 가깝다는 점과 위치 말고는 전혀 관계가 없다. 따라서 침강이론에서는 가장자리가 불완전하고(그렇지 않다면 분할된다는 것이 거의 불가능하기 때문에), 강한 해류에 노출되는 큰 환초들이 분할되는 것이 충분히 가능하다. 나아가 말디바 제도에서 환초들이 가까이 있을 때부터 완전히 고립될 때까지 여러 단계가 쉽사리 설명된다.

더 나아가서 처음 형성된 말디바 제도가 뉴칼레도니아(도판 II 그림 5)와 거의 비슷한 크기의 보초였기 때문이라고 단언할 수 있다. 왜냐하면 그 큰 섬을 완전히 침강시킨다고 상상하면, 현재 그 초의 북쪽 부분이 부서진 상태와 동해안에는 초가 거의 없다는 사실에서, 반복하여 침강한 보초가 위로 커져서 완전히 여러 부분들로 나뉠 것으로 예측되기 때문이다. 또 이 부분들이 넓게 터진 바다에 제한 없이 노출될 때, 그 부분의 주위에서 왕성하게 자라는 산호들로 미루어, 환초 비슷한 구조가 될 것이다. 뉴칼레도니아처럼 보초 일부가 물에 잠겨 과거의 경계선을 보여주는 큰 섬들이 있어, 우리 이론대로 하면, 큰 섬들도 물에 완전히 잠기는 게 가능하다. 이제 그런 섬들의 위에는 큰 환초 한 개가 아니라 말디바 그룹처럼 여러 개의 크고 길게 늘어난 환초들이 생기리라고 유추할 수 있다. 이런 환초들이 오래 침강하면서 때로는 작은 환초들로 분할될 것이다. 마셜 제도와 캐롤라인 제도에는 가까이 붙어 있는 환초들이 있는데, 이들은 형태의 측면에서 분명히 관계가 있다. 이런 경우 두 개나 그 이상의 초로 둘러싸인 섬들이 원래는 가까이에 있어, 두 개 또는 그 이상 환초들의 기초가 되었거나 환초 한 개가 분할되었다고 가정할 수 있다. 캐롤라인 제도에서는 (나무렉Namourrek

그룹과 엘라토Elato 그룹인) 환초 세 개가 불규칙한 원을 그리고 있는데, 위치와 형태로 보아 그 환초들이 분할되어 형성되었다는 생각이 강하게 든다.[16)]

불규칙하게 생긴 환초들—마셜 그룹의 무스키요(Musquillo) 환초는 한 점에서 연결된 고리 두 개로 되어 있다. 또 멘치코프 환초는 세 개의 고리로 되어 있으며, 그 가운데 두 개는 (도판 II 그림 3에서 보듯이) 아주 리본 같은 초로 연결되고, 세 개는 합해서 길이가 60마일이다. 길버트 그룹에 있는 환초 몇 개는 며느리발톱들처럼 좁고, 초에서 삐죽하게 나왔다. 넓은 대양에는 고립되어 있는, 끈처럼 가늘고 곧은 초들도 있다. 또 양쪽 끝이 약간 안으로 휘어진 초승달 모양의 초들도 있다. 그런데 섬의 한쪽이나 (이런 예가 있는데) 길게 늘어난 섬의 한쪽만 마주하는 보초가 위로 커지면, 땅이 완전히 침강한 다음에는 단순한 조각, 또는 초승달이나 갈고리 모양의 초가 될 것이다. 따라서 만약 섬의 일부만 두르는 초가 있는 섬이 침강하면서 두 개나 그 이상의 섬들로 나뉘면, 이 섬들이 끈 같은 초들로 연결될 것이다. 나아가 섬이 침강하면서 해안을 따라 산호가 더 자라면, 끝에는 끈 같은 환초들로 연결된 환초나 며느리발톱들처럼 좁고 초에서 삐죽하게 나온 환초 같은 여러 모양의 초들이 될 것이다. 그러나 위에서 이야기한 것 가운데 더 단순한 모양 몇 가지는, 우리가 보았듯이, 침강하는 동안 환초의 주위 일부에서는 산호들이 죽었고, 다른 부분에서는 산호가 수면에 닿을

---

16) 같은 내용이 아마 캐롤라인 제도에 있는 올라프(Ollap)섬, 파나디크(Fanadik)섬, 타마탐(Tamatam)섬에도 적용될 것이며, 그 섬들의 해도가 뒤페리 항해기 지도책에 있다. 이 세 섬의 가는 선 같은 초들과 초호들 사이로 선을 그으면 반원이 된다. 루트케 항해기 지도책도 보라. 마셜 그룹은 코체부에의 지도책을 보고, (다음 쪽에서 이야기하는) 길버트 그룹은 뒤페리 항해기 지도책을 보라. 여기에서 말한 대부분의 지점들이 크룬센슈테른(Krunsenstern)의 태평양 일반지도책에 있다.

때까지 위로 자랐다.

큰 차고스 뱅크—내가 벌써 (도판 II 그림 1과 그 단면도인 그림 2와 함께) 큰 차고스 뱅크(Great Chagos Bank)의 물에 잠긴 상태와 차고스 그룹에 있는 다른 뱅크 몇 개가 십중팔구는 우리의 이론으로는 이 지역 전체가 침강 전이나 침강 중에 죽은 산호 때문이라고 했다. (해도에서 약간 굵은 선으로 그려진) 바깥쪽 변두리 또는 위쪽 돌출부는 죽은 산호바위로 되어 있으며 모래로 얇게 덮여 있다. 이 부분의 평균수심은 5~8패덤이며, 모양은 환초의 둥그스름한 초를 완전히 닮았다. 해도에서 점선으로 그린 두 번째 수준의 뱅크들은 수심 15~20패덤이다. 이 뱅크들은 폭이 수 마일이며, 가운데 넓은 곳의 둘레를 따라 아주 급하게 끝난다. 가운데 넓은 부분은 수심 30~40패덤의 펄이 섞인 평탄한 바닥이라고 이미 말했다. 두 번째 높이의 뱅크들을 언뜻 보면, 몇몇 환초 초호들의 경계부를 만드는 내부의 계단 같은 돌출부와 비슷한 것처럼 생각되지만, 폭이 훨씬 크고 모래로 되었다는 것이 가장 중요한 차이이다. 환초의 동쪽에 있는 몇 개의 뱅크들은 곧고 평행해서 큰 강에 있는 작은 섬들을 닮았으며, 환초 건너편에 있는 커다란 터진 곳을 곧장 향한다. 이런 뱅크들은 큰 해도에서 아주 잘 보인다. 이런 상태에서 강한 해류가 가끔 이 거대한 뱅크를 가로지른다고 생각되며, 그 후 모레스비 함장한테서 실제 그렇다는 말을 들었다. 나는 가장자리를 지나가는 수로 또는 터진 곳들이, 그들이 닿는 초호의 가운데와 수심이 같다고 말했다. 반면, 내가 믿기로는 차고스 그룹의 다른 환초들로 들어가는 수로들과 대부분의 다른 큰 환초들로 들어가는 수로들은 초호만큼 깊지 않다—예컨대, 페로스반호스에서는 수로들의 깊이가 같아서, 해안을 두르는 폭 1.5마일에서 초호의 바닥처럼, 수심이 곧 10~20패덤 사이인 반면, 초호의 가운데 넓은 부분은 35~40패덤이다. 이제 환초가 점점 침강해서 큰 차고스 뱅크처럼 물에 완전히 잠기면, 큰 파도를 더 이상 받지 않아 퇴적물이 아주 조금밖에 생기지 않는다. 그 결과 초호로 들어가는 수로들은 떠오는 모래와 산호쇄설물로 채워지지 않고, 전체가 가라앉으면서 수심만 계속 깊어질 것이다. 이런 경우, 넓게 터진 바다의 해류가 해저의 측면을 더 길게 감돌아 흐르는 대신, 터진 곳을 통해서 초호를 직접 가로질러 흐르며, 유로에 있는 아주 가는 퇴적물을 제거하여, 그런 퇴적물이 더 퇴적되는 것을 막을 것으로 예상할 수 있다. 그러면 물에 잠긴 초가 외부의 위쪽 바위 테두리가 되고, 그 아래에 있는 오래된 초호의 모래바닥을 깊은 수로들이나 터진 곳들이 가로질러, 개개의 뱅크가 될 것이다. 또 이 뱅크들이 급경사의 사면들로 잘려서 대양의 해류로 침식되어 낮아진 가운데 지대에 쑥 걸칠 것이다.

나는 큰 차고스 뱅크가 이런 식으로 생겨났다는 것을 거의 의심하지 않는다—그 뱅크가 처음에는 내가 보았던 어떤 산호초보다도 비정상적인 구조를 한 산호초로 보였다. 형성과정은 마흘로스마흐두가 세 부분으로 나뉘는 방식과 거의 같다. 그러나 차고스 뱅크에서는 여러 곳에서 들어오는 대양해류들의 수로들이 중앙에서 합쳐졌다.

거대한 환초가 된 이 뱅크는 분할되는 초기단계에 있는 것처럼 보인다. 침강이 계속되면, 초 전체가 가라앉아 죽고 남동쪽이 불완전하여 아마 잔해만이 남을 것이다. 남쪽으로 멀지 않은 피트 뱅크(Pitt's Bank)는 정확하게 이 상태인 것으로 보인다. 이 뱅크는 수면 아래 10~20패덤에 있으며, 수심 5~8패덤으로 잠긴 좁은 돌출지역으로 보호되는 쪽이 두 쪽인, 꽤 평탄하고 장방형인 모래 뱅크로 되어 있다. 조금만 더 남쪽으로 가면, 곧 대략 큰 차고스 뱅크의 남쪽 테두리만큼 가면, 수심 10~20패덤에 작은 뱅크 두 개가 있다. 또 동쪽으로 멀리 가지 않아서 수심을 측정하면 수심 110~145패덤에 모래가 섞인 바닥이 있다. 돌출된 바위 같은 가장자리를 한 북쪽 부분이 두 개의 깊은 수로 사이에 있는 큰 차고스 뱅크의 일부와도 아주 닮았으며, 남쪽으로 흩어진 뱅크들은 덜 완전한 부분의 마지막 잔해들처럼 보인다.

나는 인도양과 태평양의 해도들을 조심스레 살펴보았으며, 초들이 속한 부류의 전형과 다른 모든 초들의 예를 독자에게 설명했다. 내 생각으로는 그 초들도 모두 내 이론에 포함되지만, 때로는 있음직한 돌발현상에 따라 변형되었다. 이 과정에서 우리는 시간이 가면서 육지를 둘러싸는 보초들이 때로는 환초로 바뀌는 것을 알았다—환초라는 이름은 엄밀한 의미로는 초로 둘러싸인 육지의 마지막 봉우리가 해수면 아래로 가라앉는 순간에야 정식으로 쓸 수 있는 이름이다. 우리는 또한 큰 환초들이 그들이 있는 지역이 천천히 침강하는 동안, 때로는 작은 환초들로 분할되는 것을 보았다. 초를 만드는 군체동물들이 완전히 죽어서, 환초가 죽은 바위 뱅크로 된 환초로 바뀐 적도 있었다. 또한 이 환초들이 더 침강하고 퇴적물이 쌓이면서, 대양해류의 힘으로 변형되어, 어떤 특별한 차이가 거의 없는 평탄한 뱅크로 바뀐다. 따라서 환초가 처음 생긴 다음, 가끔 일어나는 돌발현상을 겪으면서 파괴되고, 마지막에는 사라지는 환초의 역사를 추적할 수 있다.

환초와 보초의 형성이론에 대한 반론들—환초들이 흩어져 있는 넓은 대양에서 가장 높은 산을 포함해서 모든 산이 몽땅 바닷물에 잠기기에 필요한 방대한 양의 침강작용이 수평으로, 곧 아주 넓은 지역에 걸치고, 수직으로, 곧 아주 깊게 일어나야 한다는 것 때문에 아마 대부분의 사람들이 내 이론에 강하게 반대할 것이다. 그러나 침강했다고 생각되는 지역처럼 아주 넓은 대륙들이 바다 수준 이상으로 솟아올랐고—예컨대, 스칸디나비아반도나 남아메리카 대륙 같은 곳 전체가 지금 솟아오르고 있다—나아가 지각 어떤 곳에서는, 융기한 면적이나 높이만큼 왜 침강하지 않는지 적절하게 설명할 수 없어도, 그런 내용의 반대의견들이 나에게는 대단한 것이 아니다. 중요한 점은 군체동물들이 같은 초의 바로 위와 더 높은 곳에서 계속해서 물체를 덧붙이는 동안에 그렇게 거대한 움직임이 일어났다는 점이다. 또 환초와 보초 안에 있는 초호들이 어느 한때에도 60패덤 이상 또는 거의 40패덤 이상으로는 절대로 침강하지 않았다는 점 때문에, 이 이론에 좀 덜 반대하는 의견이 아마 앞으로 나올 것이다. 그러나 이 이론을 고려할 가치가 있다 하더라도, 침강속도가 바깥쪽 변두리에서 성장하는 산호의 성장속도를 초과하지 않았다는 사실을 우리는 이미 받아들였다. 따라서 침강현상이 산호가 자라고 퇴적물이 쌓여서 내부를 메우는 현상보다 더 빠르지 않다는 것을 우리는 인정해야만 한다. 육지에서 먼 보초나 초가 몇 개되지 않고 초호가 터진 아주 큰 환초는 대단히 천천히 메워지기 때문에, 침강작용이 균형을 맞추어 예외적으로 굉장히 느리다는 결론에 이르게 된다—이 결론이 우리의 유일한 방법, 곧 최근에 있었던 융기작용들의 정도와 방식에서 알려진 방법과 일치하는데, 그 융기운동을 유추해서 침강의 정도를 판단했다.

이 장에서 내 생각으로는, 일정한 넓은 지역에 있는 산호에게 필요한 깊이에 기초가 있어야만 받아들일 수 있는 침강이론이, 태평양과 인도양을 항해했던 모든 사람을 크게 흥분시켰던 산호초의 큰 구분 두 가지, 곧 정상구조와 덜 규칙적인 형태를 설명했다. 그러나 이 이론이 올바른지에 관한 검증보다 더 많은 의문들이 독자들에게 떠오를 것이다. 단일한 조건의 운동으로 생긴 여러 종류의 초들이 한 지역에 생길까? 초의 모양과 위치는 어떤 관계일까?—예컨대, 연결된 환초 그룹과 분리된 환초들의 관계가 보통 제도에 있는 섬들의 관계와 같을까? 거초가 있는 곳에서는 최근에 침강작용이 없었다는 것을 믿을 이유가 있을까? 왜냐하면 그 이유가 이 점을 확인하는 우리의 거의 유일한 방법이기 때문이며, 최근에 융기했다는 증거가 있을까? 이 방법으로 어떤 넓은 지역에 일정한 부류의 초가 있고, 다른 지역에는 전혀 없다는 것을 설명할 수 있을까? 환초나 보초가 있어 침강한 지역과 가만히 있는 지역, 그리고 거초가 있어 융기한 지역들은 서로 어떤 관계가 있으며, 이 지역들의 크기는 그 지역의 지하에서 최근에 일어났다고 가정해야 하는 변화와 맞아 들어가는가? 그렇게 눈에 띄는 움직임들과 최근의 화산폭발과는 어떤 연관이 있는가?—이 이론이 이 모든 질문을 이치에 맞게 설명해야 한다. 또 만약 이 질문들에 대한 만족스러운 답변을 들을 수 있다면, 이 이론이 맞을 뿐 아니라, 유추한 내용들, 곧 답변들 자체도 중요하다. 후자를 염두에 둔 질문들은 다음 장에서 중요하게 다룰 것이다.[17]

---

17) 여기에서는 계속해서 가라앉으며 위로 크는 (주로 환초인) 산호체의 수직단면을 이야기하겠다. 이는 오래된 산호체와 비교할 수 있기 때문에, 주의를 기울여야 한다. 똑바로 서 있으면 환초의 둘레가 괴상(塊狀)산호로 되어 있을 것이며, 틈이 쇄설물로 채워질 것이다. 그러나 훗날 이 부분은 가장 많이 삭박(削剝)되고 없어진다.* 바깥의 둥근 초에서 얼마나 많은 부분이 똑바로 선 산호로 되었고, 얼마나 많은 부분이 바위조각들로 되어 있는가를 상상하는 것은 쓸모없는 것이, 여기에는 우연한 일—곧, 때로는 침강률에 따라 표면 전부에 걸쳐 산호가 새로이 자라기도 하며 표면으로 조각들을 쳐 올리기에 충분히 강력한 쇄파 같은 것들과 크게 관계되기 때문이다. 작은 섬들의 기초를 이루는 역암들은 (만약 삭박되어 작은 섬이 외부의 초와 함께 없어지지 않는다면) 조각들이 커서 눈에 띌 것이다—자갈들이 마모된 정도가 다르고,—뜯겨서 마모되고 다시 교결(交結)된 역암조각들도 있고,—사층리(斜層理)도 있을 것이다.** 초호의 수위가 계속해서 바뀌는 초에서 사는 산호들은 선 채로 보존될 것이며, 보통은 가지가 많이 나는 종류의 산호일 것이다. 그러나 이 부분에서 바위의 대부분이 (또 어떤 경우에는 거의 전부가) 아주 미세하거나 꽤 큰 물질들과 거의 완전히 뒤섞인 퇴적물로 만들어질 것이다. 초호의 연안에 있는 가지가 난 둥근 산호의 조각들로 된 역암은 바깥 해안에 있는 작은 섬에서 온 역암과 다를 것이다. 그래도 그 두 종류는 아주 가까이 쌓일 수도 있다. 나는 데본셔(Devonshire)에서 말디바 환초의 연안에서 생기는 역암과 비슷한 석회암역암을 보았다. 층리는 크게 보아 수평이었을 것이다. 그러나 외부 초에 있는 역암층과 초호 연안에 (또 분명히 바깥쪽 사면에 있는) 사암층이 (킬링 환초와 모리셔스처럼)

상당한 각도로 다른 방향으로 경사지면서 많은 층으로 나뉘었다. 석회질 사암과 산호바위에는 거의 언제나 무수한 패각과 극피동물의 껍데기, 물고기와 거북의 뼈가 있으며 어쩌면 새의 뼈도 있을 것이다. 또 어쩌면 작은 도마뱀류의 뼈들이 있는데, 이 작은 동물은 대륙에서 아주 먼 이 섬들로 왔기 때문이다. 큰 트리다크나 조개가 살던 모습대로 껍데기가 단단한 바위에 수직으로 박혀 있는 수도 있다.*** 초호의 층에는 대양에서 사는 동물들과 얕은 물에서 사는 동물들의 유해가 섞일 것 같은데, 부석(浮石)과 식물의 씨앗이 먼 곳에서 환초의 초호로 떠 오는 것을 생각하면 이해된다. 킬링 환초 바깥 해안의 초호 입구 부근에서는 넓은 바다에서 사는 익족류****의 껍데기가 측심연의 아밍에 붙어서 올라왔다. 킬링 환초의 굴러다니는 산호 덩어리는 모두 환형동물 같은 다른 동물들이 구멍을 뚫었으며, 결국 빈틈마다 빠짐없이 철망간석회석으로 채워져, 상당히 깊은 곳에서 끄집어 올린 돌의 조각을 윤이 나게 갈아내면, 그런 구멍을 뚫는 연충처럼 생긴 동물들로 생긴 공동(空洞)들이 보인다. 산호바위로 된 역암과 세립층은 아주 단단하고 소리가 나며 하얗고 거의 순수한 석회질물질로 되어 있다. 킬링 환초에서 나온 표본으로 판단해보면, 그 물질에는 적은 양의 철분이 포함되어 있다. 부석과 스코리아*****와 가끔 나무뿌리로 운반되는 돌멩이들이 넓은 대양에 있는 산호 층으로 옮겨오는 유일한 외부물체들로 보인다(나의 항해기 549쪽******을 보라). 산호초에서 퇴적물이 운반되는 지역은 상당한 것이 틀림없다. 모레스비 함장이 알려주기로는 계절풍이 바뀌는 동안 말디바 환초와 차고스 환초 부근 상당한 거리까지 바다의 색깔이 바뀐다. 거초와 보초 부근에 있는 퇴적물이, 땅에서 흘러내려 와 거의 모든 골짜기 맞은편에 있는 터진 곳을 지나 바다로 들어온 펄과 섞이는 것이 분명하다. 만약 큰 제도의 환초들이 솟아오른다면, 대양의 바닥이 직경 수 마일에서 60마일을 가지는 꼭대기가 평탄한 산들로 될 것이다(아주 작은 환초들은 침식되어 사라질 것이다). 또 층리가 수평이고 비슷한 성분들로 되어 있어서, 라이엘 씨가 말한 것처럼, 원래 합해져서 하나의 거대한 덩어리가 된 것처럼 틀리게 보일 수도 있을 것이다. 산호바위로 된 그런 거대한 층이 분출한 화산물체와는 거의 함께 나오지 않을 터인데, 왜냐하면 다음 장에서 유추하듯이, 그 층이 있는 지역이 솟아오르기 시작하거나 적어도 융기를 멈추었을 때만 그런 일이 일어날 수 있기 때문이다. 방금 이야기한 것 같은 거대한 융기작용에 필요한 장구한 시간 동안, 표면이 반드시 엄청나게 삭박될 것이다. 그러므로 어떤 거초나 적어도 작은 섬을 둘러싼 어떤 보초라도 남아 있을 법하지 않다. 이와 같은 이유로 환초의 초호와 보초의 초호수로에서 생기고 대부분이 퇴적된 물체로 된 층들이, 똑바로 선 괴상산호로 된 외부의 단단한 초보다는 더 오래 보존될 것이다. 그럴지라도 현재 환초와 보초가 존재하고 더 커지는 것은 완전히 이 외부의 초에 달려 있다.

* 삭박은 지각이 융기하면서 장기간에 걸쳐 벗겨지는 현상을 말한다. 따라서 광물이나 바위의 일부가 풍화되고 침식되는 단계를 넘어서 넓은 지역이 침식되어 벗겨진다는 점에서 단순한 침식과는 다르다. 그러므로 삭박을 당한 지형은 고도가 낮아지고 기복이 없어져 평탄해진다.

** 자갈이 모여서 굳어진 역암이 다시 침식되면서 자갈들이 갈라져 나와, 깨지고 닳아 마모된 정도가 달라질 수도 있다. 사층리는 바람이나 물이 유동되면서, 퇴적물을 경사지게 쌓이게

하여 만들어진 층리를 말한다. 퇴적물이 교란되지 않으면 조용히 가라앉아 층리가 평행하다. 또 퇴적물이 가라앉은 호수나 바다의 바닥은 원칙적으로 평면이라고 보아야 한다. 그러므로 그 위에 조용히 가라앉는 퇴적물의 층리는 평행해진다

*** 트리다크나(*Tridacna*) 조개는 오므린 껍데기들이 닿는 부분이 특이하게도 물결 모양이다. 이 조개는 산호나 바위틈에서 서서 서식한다. 그러므로 다윈이 이 조개가 살던 모습대로 껍데기가 수직으로 박혀 있다고 말한다. 이 조개가 껍데기를 벌렸을 때, 손을 집어넣었다가 빼지 못하면 큰일이 난다. 트리다크나는 크면 길이가 1m가 넘고 무게가 200kg에 가깝다.

**** 익족류(翼足類 Pteropoda)는 연체동물의 한 부류인 복족류(腹足類)에 속하며 먼 바다에서 자유롭게 헤엄치며 크기가 수 cm로 작고 투명하다. 껍데기가 있는 익족류를 "바다나비"라고 부르기도 하며, 껍데기가 없는 익족류를 "바다천사"라고 부른다. 모두 몸에서 돌출된 날개처럼 보이는 판으로 헤엄친다.

***** 스코리아(scoria)는 크고 작은 빈 공간이 많고 무게가 가벼운 어두운 색의 화산암을 말하며, 결정이 있는 경우도 있다. 용암의 표면에 또는 분출물로 나오는 스코리아의 성분은 현무암이나 안산암에 가깝다. 스코리아 속에 기체가 있던 자리, 곧 기공(氣孔)들이 많지만 이들이 연결되어 물에 뜨지는 않는다. 반면 기공들이 연결되지 않는 부석은 물에 뜬다. 기체가 마그마 속에 고압으로 녹아 있는 경우, 화산이 폭발하면 기체가 빠져나오고 그 자리는 기공으로 남는 수가 있다.

****** 다윈은 비글호 항해기 초판 549쪽에서 킬링 환초에서 북쪽으로 몇 마일 떨어진 작은 섬에서 살았던 영국선장이 발견한 사람 머리보다 큰 초록색 돌덩이를 이야기했다(다윈은 비글호 항해기 3판 제20장 "킬링섬-산호초 형성"에서 같은 이야기를 한다). 그는 그 돌덩이를 만든 바위가 그 섬에는 없다는 것을 알아, 나무뿌리에 얽혀서 왔다고 상상했다(섬의 지질도 다르고 조난당한 배도 없었기 때문이다). 그는 작지 않은 돌덩이가 나무뿌리에 얽히고 수천 km를 떠왔으면서도 빠져나가지 않았고 그 섬에 도착해서 사람의 눈에 띄었다는 사실을 생각하면서, 그럴 일이 거의 없었을 것이라고 큰 놀라움을 표시했다.

제6장

산호초 형성이론을 참고한 산호초 분포

채색한 지도 설명—환초와 보초의 유사성—환초 형태와 위치와 보통 섬들 사이 관계—찾아내기 힘든 침강현상의 직접증거—거초가 나타나는 곳에 있는 최근에 융기한 증거들—땅이 오르내려—침강지역에는 없는 활화산—융기했다가 침강한 지역의 광대함—이들 지역과 현재의 육지분포 사이 관계—길게 늘어나 있는 침강지역, 침강지역과 융기지역의 교차와 반복—침강한 양과 느린 침강률—요약

여기에서 부록으로 붙어 있는 지도(도판 III)를 짧게라도 설명하는 것이 좋겠다. 채색한 지점에 대한 자료와 더 충분한 설명은 부록에 있다. 또 부록에서 언급한 모든 지명이 색인에 있다. 더 큰 지도가 좋겠지만, 첨부된 지도는 작을지라도 오랜 시간 노력한 결과이다. 내가 할 수 있는 한, 모든 항해기와 지도의 원본을 참고했다. 축척이 아주 큰 해도에 색을 칠하기는 처음이다.* 파란색을 진하기만 다르게 해서 환초, 곧 초호도와 보초를 표시했다. 왜냐하면 우리가 실제 산호체만 따지면 그들을 구별할 특징이 없다는 것을 알기 때문이다.** 거초는 붉은색으로 칠했는데, 한편으로는 거초끼리, 또 한편으로는 보초와 환초 사이에서, 초의 기초가 있다고 믿어야 하는 깊이가 크게 다르기 때문이다. 그러므로 두 색깔은 산호초 구조에서 두 가지 큰 형식을 나타낸다.

진한 파란색은 환초들과 물에 잠긴 둥근 초들을 나타내며, 이들의 중심

* 이런 것을 보아, 당시에는 인쇄기나 인쇄기술의 문제인지 몰라도, 축척이 아주 큰 해도에는 색깔을 칠하지 못했던 것으로 보인다.

** 보초와 환초는 달라도, 보초에서 육지를 둘러싸는 산호초와 육지가 완전히 사라진 다음에 남은 환초인 산호초는 다른 환초와 다르지 않다. 다윈이 이 사실을 말한다.

은 깊다. 나는 초호가 없는 낮고 작은 산호섬 몇 개를 환초로 그렸다. 그러나 그 산호섬에 원래 있던 초호가 퇴적물로 메워졌다는 것이 분명한 경우에만 그렇게 그렸다. 그렇게 믿을 충분한 이유가 없으면, 색깔을 칠하지 않고 내버려두었다.

연한 파란색은 보초를 나타낸다. 보초의 가장 분명한 특징은 초 안에 넓고 깊은 물로 된 해자(垓字)가 있다는 점이다. 그러나 이 해자도 작은 환초의 초호들처럼 쇄설물과 잔가지의 산호들로 이루어진 초들로 메워지기 쉽다. 그러므로 섬 둘레 전체를 따라 초가 아주 멀리 깊은 곳까지 발달한 경우, 얕은 바위에 바탕을 둔 거초와 거의 혼동되지 않는다. 보초에 깊은 물로 된 해자가 없을지라도 연한 파란색으로 칠했다. 그러나 이런 경우가 아주 드물어, 그런 경우에는 부록에서 분명하게 하였다.

붉은색은 깊은 바다에서 땅을 아주 가까이 둘러싸는 초를 나타내며, 바닥이 땅에서 꽤 멀리까지 완만히 경사되지만, 깊은 물로 된 해안에 평행한 해자나 초호는 없다. 거초에서는 강이나 골짜기 앞이 자주 **터져서** 깊은 수로가 생기며, 그 수로에서는 펄이 가라앉았다는 것을 기억해야 한다. 부록에 있는 소축척으로 축소된 지도에서 색깔을 분명히 나타내려고 각 부류의 초의 둘레나 앞에 폭 30마일을 칠했다.

진홍색 점과 줄은 활화산이나 역사상 활화산으로 알려진 화산들을 나타낸다. 그 대부분은 폰 부흐의 카나리아 군도에 관한 저서를 참고했으며, 바꾼 것 몇 개는 아래에서 설명했다.[1)]

---

1) 나는 베르크하우스(Berghaus)의 지형도 지도책에서 지질 부분을 많이 이용했다. 태평양의 동쪽에서 시작해서 안데스산맥의 남쪽 부분에 화산 몇 개를 추가했고, 후안 페르난데스는 비글호를 타고 관찰했던 내용에 따라 진홍색으로 칠했다(지질학회 회보 5권 601쪽). 갈라파고스 제도의 알베말르섬에 화산 한 개를 그렸다(나의 항해기 457쪽). 샌드위치 그룹

에는 하와이를 빼고는 활화산이 없지만, W. 엘리스 목사가 알려주기로는 마우이(Maui)에도 흘러나온 곳까지 따라갈 수 있는 아주 신선하게 보이는 용암류들이 있다. 또 그가 알려준 바로는 소사이어티 제도에 활화산이 있다고 믿을 이유가 없다. 사모아 그룹, 곧 내비게이터 군도에서는 용암류들이나 화구들이 신선하게 보여도 활화산은 없다. J. 윌리엄스 목사의 말로는 (선교이야기 29쪽) 프렌들리 군도에 있는,* 투포아(Toofoa)섬과 프로비(Proby)섬은 활화산 섬이다. 해밀턴(Hamilton)의 판도라(Pandora)호 항해기(95쪽)에서 프로비섬이 오누아푸(Onouafou)와 같은 섬으로 추정되지만, 나는 감히 그 섬에 색깔을 칠하지 못했다. 투포아는 의심의 여지가 없으며, 에드워즈(Edwards) 함장이 아마르구라(Amargura)에서 최근에 분출해 아직도 연기가 나는 용암을 발견했다(폰 부흐Von Buch, 386쪽). 베르크하우스는 프렌들리 군도에다 4개의 활화산을 표시했다. 그러나 누구의 기록인지는 모르겠다. 모렐(Maurelle)은 라테섬을 다 타버린 모양이라고 말한다.** 나는 투포아와 아마르구라만 활화산으로 표시했다. 뉴헤브리데스(New Hebrides) 남쪽에 매튜(Matthews) 바위가 있는데, 아스트롤라베호 항해기에서는 연기를 내뿜는 화구로 표시되었다. 그곳과 뉴질랜드 동쪽에 있는 화산 사이에 브림스톤(Brimstone)섬이 있으며, 그 섬의 화구에 있는 물의 수온이 높아 활화산으로 취급해야 할 듯싶디(베르크하우스 서문, 제2권 56쪽). 말테 브룅(Malte Brun)은 12권 231쪽에서 뉴칼레도니아 생뱅상(St. Vincent) 포구 근처에 화산이 있다고 말한다. 내가 믿기로는 이는 잘못이며, 쿡(2차 항해기 2권 23쪽)에 따르면 건너편 해안에서 나는 연기 때문이며, 그 해안에서는 밤에 연기가 났다. 마리아나 군도, 그중에서도 북쪽에 있는 섬에는 연기를 뿜지 않는 화구가 많다(프레시네의 수로설명서를 보라). 그러나 폰 부흐는 라 페루즈(La Peyrouse)를 믿고, 이 군도와 일본 사이에 화산이 7개 넘게 있다고 말한다(462쪽).*** 주믈리 카레리(Gemelli Careri)는 (처칠Churchill 회고록 4권 458쪽에서) 위도 23도30분과 24도에 두 개의 활화산이 있다고 말하지만, 나는 활화산 표시를 하지 않았다. 비치의 항해기(4판 518쪽)를 보고 나는 북부 보닌(Bonin) 그룹에 있는 섬 한 개를 활화산으로 표시했다. S. 줄리앙(Julien) 씨는 그렇게 아주 오래되지 않은 중국 원고를 보고 동부 대만에 활화산 두 개가 있다는 것을 분명히 알았다(프랑스 보고서 1840년 832쪽). 토레스(Torres) 해협에 있는 캡(Cap)섬(남위 9도48분, 동경 142도39분)에서 1793년 강하게 폭발하는 화산을 뱀턴(Bampton) 함장이 보았다(플린더스의 항해기 41쪽 서문을 보라). 매클레런드(M'Clelland) 씨는 배런(Barren)섬을 지나가는 화산대(火山帶)가 북쪽으로 연장되어야 한다고 설명했다(인도석탄탐사위원회보고서 39쪽). 옛날 해도를 보면, 체두바(Cheduba)는 과거에는 활화산이었던 것처럼 보인다(실리먼Silliman의 북아메리카 학술지 38권 385쪽을 보라). 베르크하우스의 1840년 발행 지형도 지도책 지질학부분 7번 지도에는 폰디체리(Pondicherry)의 해안에 있는 화산이 1757년 폭발했다고 되어 있다. 오르디내르(Ordinaire)는 (화산박물학 218쪽에서) 페르시아만 입구에도 활화산이 한 개 있다고 말했지만, 그가 특별한 말을 하지 않아, 나는 표시하지 않았다. 남부 인도양에 있는 암스테르담(Amsterdam)섬, 곧 생폴(St. Paul's)섬에 있는 화산은 폭발하는 것이 목격되었다(항해잡지 1838년 842쪽). 포레스의 J. 앨런 박사는 나에게 보낸 편지에서 그가 조안나(Joanna)에 있었을 때, 밤에 큰 코모로(Comoro)섬에서 나는 화산불꽃을 보았으며, 아랍 사람 색깔을 칠하지 않은 해안은 첫째, 산호초가 없는 해안이거나 있어도 아주 조금 있어서 의미가 거의 없는 해안이다. 둘째, 산호초가 있지만 아주 얕은 해안인데, 산호초는 보통 땅에서 멀리 떨어져 있으며, 모양도 아주 불규칙하다. 모양이 불규칙하지 않으면 색깔을 칠했다. 셋째, 내가 확인할 방법만 있었다면, 해저분화구나 물에 잠긴 평탄한 뱅크의 변두리를 덮는 초는 칠하지 않았을 것이다. 왜냐하면 겉으로는 다르지 않아도, 기초뿐 아니라 표면까지 순전히 산호가 성장해서 생긴 산호초와는 완전히 다르기 때문이다. 넷째, 홍해와 (불충분한 해도를 믿을 수만 있다면) 동인도제도 일부에는 작은 초들이 많이 흩어져 있는데, 이런 초는 해도에서는 작은 점이지만 깊은 바다에서 솟아올라 있다. 이런 초들은 보초, 환초, 거초 중 하나로 분류할 수가 없다. 그러나 홍해에서는 이런 작은 초의 일부는 위치로 보아, 한때는 끊어지지 않은 보초의 일부를 이루었던 것으로 보인다. 또한

들이 그 불꽃이 확실히 화산에서 나오고, 그 화산은 우기(雨期)에 더 잘 터진다고 말했다고 알려주었다. 나는 그 불꽃이 기체에서 생길 가능성이 있어 좀 망설이기는 했지만 이 섬을 화산으로 표시했다.

* 오늘날의 통가(Tonga) 군도인 프렌들리(Friendly) 군도는 영국 항해가 J. 쿡이 1773년 원주민의 반가운 환영을 받아서 프렌들리섬으로 명명되었다.

** 스페인 항해가인 프란시스코 안토니오 모렐(Francisco Antonio Maurelle 1750~1820)이 1781년 통가 군도를 찾아왔다. 라테(Latte)섬은 통가 군도 중앙 위쪽의 작은 섬이다.

*** 이 부분이 북부 마리아나(Mariana) 군도이다. 여기에는 괌(Guam 높이 407m)부터 북쪽으로 로타(Rota 높이 491m)섬-아기한(Aguijan 높이 157m)섬-티니안(Tinian 높이 170m)섬-사이판(Saipan 높이 474m)섬이 있다. 그 북쪽으로 파랄론데메디니야(Farallon de Medinilla 높이 81m)섬-아나타한(Anatahan 높이 790m)섬-사리간(Sarigan 높이 549m)섬-구간(Guguan 높이 287m)섬-알라마간(Alamagan 높이 744m)섬-파간(Fagan 높이 570m)섬-아그리한(Agrihan 높이 965m)섬-아순션(Asuncion 높이 891m)섬-마우그(Maug 높이 227m) 군도-파랄론데파하로스(Farrallon de Pajaros 높이 334m)섬까지 800km에 걸쳐 작은 화산섬들이 태평양 쪽으로 불룩하게 휘어져, 지구물리학에서 말하는 호상열도(弧狀列島)를 만든다. 마우그 군도는 섬 3개로 되어 있다.

대양에는 선(線) 모양의 산호초와 불규칙한 산호초 조각들이 흩어져 있는데, 제5장에서 설명한 대로 그 산호초의 기원이 아마 환초와 관련이 있을 것이다. 그러나 그 초들이 환초는 아니어서 색깔을 칠하지 않았다. 그런 초들의 수도 아주 적고 크기도 작다. 마지막으로 자료가 없어서 칠하지 못한 초들도 있으며, 구조가 보초와 거초의 중간이라 색깔을 칠하지 못한 산호초들도 있다. 색깔을 칠하지 않고 내버려둔 초가 몇 개 있다고 해도 이론적으로는 큰 어려움이 있는 것은 아니지만, 그런 초들이 많아지면 지도의 가치가 떨어진다. 그러나 그런 초의 수가 그렇게 많지 않아, 부록에서 말한 내용과 지도를 비교하면 알 수 있을 것이다. 보초보다는 거초에서 어려움이 있었는데, 후자는 크기가 작아서 뱃사람들의 주의를 끌지 못했기 때문이다. 온갖 종류의 출처를 뒤져서 알아내었고, 간접적인 방법으로도 알아내었어도, 지도에 오류가 많지 않았으면 좋겠다. 그런데도 그 지도가 (지도에 없는 브라질 해안에 있는 거초를 빼고는) 전 세계 산호초의 일반적인 분포를 그런대로 정확하게 나타냈다고 믿으며, 산호초를 세 부류로 크게 분류했고, 그 분류가 산호초의 속성상 대단히 불완전해도 대부분의 뱃사람들이 받아들인다고 믿는다. 덧붙이면 진한 파란색이 산호바위로만 된 땅을 나타내고, 연한 파란색이 두꺼운 산호바위로 된 가장자리가 넓은 땅을 나타내며, 붉은색이 산호바위로 된 좁은 변두리를 나타낸다.

제5장에서 이야기한 이론적 관점에서 지도를 보면, 파란색 두 가지는 산호초의 바탕이 산호가 위로 자라는 속도보다 느린 속도로 상당한 깊이까지 침강했다는 것을 의미한다. 또 많은 경우 이들은 아마 지금도 침강하고 있을 것이다. 붉은색은 거초를 받치는 해안들이 침강하지 않았다는 것을 의미한다(적어도 상당한 양으로 침강하지는 않았으며, 조금 침강하면 그 효과를 거의 알아볼 수 없기 때문이다). 나아가 붉은색은 초가 처음 생긴 이후

해안들이 거의 움직이지 않고 그대로 있었다는 것을 의미한다. 또는 해안이 지금도 솟아오르거나 초 위에 새로운 선을 계속해서 만들며 융기했다는 것을 뜻한다. 후자의 설명은 육지가 융기된 이후에는, 새로 생긴 해안선이 거초의 성장과 같은 상태여서, 분명히 움직이지 않았다는 것을 뜻한다. 만약 해안이 계속 침강해서 그 위에 산호초가 처음으로 생기거나 오래된 보초가 부서지고 물에 잠기고 새로운 산호초가 육지로 연결되었다면, 이는 처음에는 분명히 거초에 속할 것이며, 비록 해안이 가라앉을지라도 붉은색으로 칠해야 할 것이다. 그러나 내가 잘못해서 이 때문에 어느 해안이라도 해안에서 나타난 움직임과 다른 색깔을 칠하지는 않았다고 믿는다. 그룹으로 나오거나 큰 보초 한 개가 나와, 특징이 아주 잘 나타나는 환초와 보초를 보면, 그들의 움직임에 의문이 생기지 않는다. 나아가 다음에 조금이라도 융기했다면 곧 드러난다. 환초 한 개나 보초 한 개의 증거는 조심해야 하는 것이, 전자는 물에 잠긴 분화구나 뱅크에 기초를 두고, 후자는 물에 잠긴 퇴적물 가장자리나 침식된 바위에 기초를 둘 수도 있기 때문이다. 이런 것으로 보아, 가만히 있거나 융기해서 붉은색으로 칠한 곳보다 파랗게 칠한 곳이 아주 넓어도, 침강했다는 것을 우리는 분명하게 유추할 수 있다.

산호초 분류—위에서 기본적인 이야기를 했기 때문에, 이제는 먼저 산호섬들과 산호초들을 그룹으로 나누는 것이 산호초 형성이론의 진리에 얼마나 부합되는지를 고찰하겠다. 지도를 언뜻 보아도, 파랗게 칠한 산호초들과 붉게 칠한 산호초들이 크게 다른 조건에서 생성되어, 아무렇게나 섞여 있지 않다는 것을 알 수 있다. 또한 파란색의 진한 정도가 다른 환초와 보초는 보통 가까이 있다. 이 사실은 그 두 가지 산호초들이 있는 지역이 가라앉아서 생긴 자연스러운 결과이다. 따라서 초로 둘러싸인 가장 큰 그룹이 소사이어티 제도로, 아주 큰 로 환초에서 조금 떨어져 있을 뿐이다. 캐롤라인 환초 한가운데는 산호초로 둘러싸인 섬 세 개가 있다.* 뉴칼레도니아 보초의 북쪽 끝은 위에서 말했듯이 그 자체가 완전한 큰 환초를 이루는 것으로 보인다. 광대한 오스트레일리아 보초에는 환초들과 작은 보초들이 있다고 말한다. 킹(King) 함장[2]이 환초가 된 초들과 초로 둘러싸인 산호초 이야기를 하는데, 보초 안에 있는 것도 있고, (예컨대 위도 16도와 13도 사이처럼) 보초의 일부를 만드는 것도 있다. 플린더스(Flinders)[3]는 위도 10도에서 길이 7마일에 폭이 1~3마일로 장화를 닮았고 가운데는 분명히 아주 깊은 물이 있는 환초 모양의 초를 이야기했다. 이 산호초의 서쪽 8마일에 그 보초의 일부가 되는 머리(Murray) 군도가 있으며, 높이가 높은 이 군도는 섬들로 둘러싸여 있다. 광대한 오스트레일리아 보초와 뉴칼레도니아 보초 사이에 있는 산호해에는 작고 낮은 섬들과 산호초들이 많은데, 동그란 모양도 있고 말발굽 모양도 있다. 지도의 축척이 작고 지도에서 위도를 나타내는 평행선 사이가 900마일 떨어져 있어도,** 오랫동안 침강해서 생겼다고 믿어지는 큰 그룹의 초들이나 섬들이 붉게 칠한 긴 해안 가까이에는 하나도 없는데, 붉게 칠한 그 해안은 초들이 자란 이후에는 정지해 있거나,

---

* 다윈이 말하는 섬 3개가, 동쪽부터 서쪽으로 오늘날의 코스래(Kosrae)주, 폰페이(Pohnpei)주, 축(Chuuk, 트럭Truk)주이다. 이들이 가장 서쪽에 있는 얍(Yap)과 더불어 오늘날 미크로네시아연방(수도 폰페이주 팔리키르Palikir)을 이룬다.

2) 킹 함장의 오스트레일리아 수로조사 항해기 2권에 부록으로 첨부된 항해 지침서.

3) 남쪽 대륙 항해기 2권 336쪽.

** 다윈이 말하는 900마일은 도판 III의 위도 15도와 적도에서 경도 15도 사이의 거리이다. 이런 것을 보아, 다윈이 여기에서 쓰는 마일이 대개는 우리가 흔히 아는 1,609m, 1마일이 아니라 1,852m, 곧 해리(海里)이다. 실제 다윈은 "비글호 항해기"에서도 그랬지만, 그가 쓰는 마일이 대개의 경우 1해리이다. 그런 점에서 다윈의 저서를 읽는 독자들은 다윈이 말하는 마일에 유의해야 한다.

융기해서 초들이 선처럼 새로 만들어진 것으로 상상된다. 붉은 점들과 파란 점들이 가까이 있는 곳에서는, 내가 몇 가지 경우에서는 땅이 오르내려, 곧 붉은 점들이 융기하기 전에 침강했다는 것을 보여줄 수 있다. 또 파란 점들이 침강하기 전에 융기했다는 것을 보여줄 수 있다. 또 이 경우 산호초 형성의 큰 두 부류에 속하는 산호초들이 나란히 놓여 있다는 것은 크게 놀라운 일이 아니다. 그러므로 산호초 두 부류가 같은 지역에 가까이 있다는 것은 지각이 침강하는 동안 생겨났다는 의미이며, 지각이 정지해 있거나 융기하는 동안 생긴 산호초들과는 그 산호초들이 떨어져 있는 것이 충분히 가능하고, 이는 내 이론에서 예견했다고 결론을 내릴 수 있다.

환초들은 땅이 새롭게 침강할 때마다 큰 섬이나 작은 섬 몇 개의 해안을 따라 원래 있던 초가 위로 성장하여 만들어졌다. 따라서 우리는 산호바위로 된 환(環)들에서, 윤곽만 적당히 그린 많은 해도처럼, 환들이 처음 생기기 시작한 육지의 전반적인 모양이나 적어도 육지의 흔적을 아직도 간직하고 있으리라 기대할 수 있다. 남태평양 환초들의 분포 지역을 보면, 세 개의 큰 산호초 그룹이 북서-남동방향이고, 남태평양에 있는 거의 모든 육지가 이 방향이라는 것을 볼 때, 위의 말이 아주 그럴듯하게 들린다. 곧 오스트레일리아의 북서쪽,* 뉴칼레도니아, 뉴질랜드의 북섬, 뉴헤브리데스 제도, 살로만(Saloman) 제도, 내비게이터(Navigator) 제도, 소사이어티 제도, 마르케사스(Marquesas) 제도, 남방제도 등이 이 방향이다. 적도 북쪽 태평양에서는 캐롤라인 환초가 마셜 환초의 북서쪽에 이웃하며, 세람섬에서 뉴브리튼섬까지 동서방향에 있는 섬들이 뉴아일랜드섬에

* 산호초의 방향이 북서-남동이라는 문맥으로 보아, 북서오스트레일리아가 아니고 북동오스트레일리아로 생각된다. 다윈은 현재 남태평양의 산호초와 육지를 이야기한다. 북서오스트레일리아는 남태평양이 아니다. 식자의 오류로 생각된다.

이웃한다.* 인도양에서는 라카디브 환초와 말디바 환초가 인도의 서쪽 산악지방에 거의 평행하게 발달되어 있다. 대부분의 특성에서 환초 그룹의 모양이 보통 섬들과 아주 닮았다. 따라서 모든 큰 그룹의 윤곽도 길어졌다. 또 대부분의 환초들은 그 환초들이 있는 그룹의 방향으로 길어졌다. 차고스 그룹은 다른 그룹에 비해 덜 길어졌으며, 그 그룹에 있는 환초들도 마찬가지이다. 이 사실은 이웃한 말디바 환초와 비교하면 뚜렷이 다르다. 마셜 제도와 말디바 제도에서는 환초들이 거대한 이중산맥처럼 평행하게 배열되어 있다. 큰 제도에 있는 환초들 중 몇 개는 서로 가까이 있으며 모양도 분명히 관련이 있어, 이들은 작은 서브그룹을 구성한다. 캐롤라인 제도에서 이와 같은 특성을 지니는 서브그룹이 푸이니패트(Pouynipète)섬으로, 섬이 높고 초로 둘러싸여 있으며, 안디마(Andeema) 환초와는 겨우 폭 4.5마일의 수로로 분리되고, 두 번째 환초와는 약간 더 멀다.

해도들을 연속해서 보면, 이 모든 특성에서 환초 그룹들과 보통 섬 그룹들이 얼마나 닮았는지 알 것이다.

초가 위로 성장하는 동안 침강해서 파랗게 칠해진 지역과 움직이지 않았거나 융기해서 붉게 칠해진 지역에 대한 직접적인 증거—침강과 관련하여, 나는 제5장에서 문명이 제대로 발달하지 않은 사람들만이 거주하는 나라에서는

* 동서방향인 세람(Ceram)섬은 북서-남동방향인 파푸아뉴기니(Papua New Guinea)섬의 북서쪽 끝의 서쪽에 있다. 뉴브리튼(New Britain)섬은 파푸아뉴기니의 동쪽 가운데 솔로몬해(Solomon海) 북쪽에 있으며 동서방향이다. 뉴아일랜드(New Ireland)섬은 뉴브리튼섬의 바로 북동쪽에 있으며 북서-남동방향이다. 그러나 뉴브리튼섬에 아주 가까워, 이 두 섬은 한 덩어리로 볼 수도 있다. 이런 위치로 보아, 다윈은 세람섬에서 파푸아뉴기니를 거쳐 뉴브리튼-뉴아일랜드섬을 잇는 방향이 대략 동서방향이고, 파푸아뉴기니와 후자 두 섬이 가까워서 여기에서 그 섬들을 언급한 것으로 보인다. 그러나 파푸아뉴기니가 다른 섬들에 비해 워낙 큰 섬이고 북서-남동방향이어서, 세람섬에서 파푸아뉴기니를 지나 뉴브리튼-뉴아일랜드섬을 동서방향으로 보기는 쉽지 않다. 위에서 말하는 섬들은 적도의 약간 남쪽에 있다.

어떤 움직임을 보여주는 증거를 기대할 수 없다고 했는데, 그 이유는 그들이 움직임에 관한 증거를 항상 숨기려 하기 때문이다. 그러나 침강되어 만들어진 것으로 추측되는 산호섬에는 그 섬의 외양 변화에 관한 증거들이 있고—부서지고 새로 생긴 모양의 증거들이 있으며—약간 남아 있는 땅의 마지막 증거들이 있고—다른 초 위에 초가 처음 시작하는 증거들이 있다. 우리는 거주민들을 공포에 몰아넣는 폭풍에 관한 이야기를 들었다. 또 우리는 산호섬을 가로질렀던 커다란 균열들과 원주민들이 느꼈던 지진을 통하여, 지하에서 일종의 교란현상이 일어난다는 것을 알고 있다. 이 사실들이 침강작용과 직접적인 관련이 없어도, 내가 믿기로는 관련이 있으므로, 적어도 평범한 방법으로 그런 움직임의 증거를 발견하는 것이 얼마나 힘든지를 보여준다. 그래도 나는 킬링 환초에서 최근에 일어났던 지진 때문에 생긴 침강현상을 직접 보여주는 것으로 생각되는, 눈에 보이는 몇 가지 현상을 설명하였다. 슈발리에 디옹(Chevalier Dillon)에 따르면[4] 바니코

4) 라페루즈를 찾아다녔던* 디옹 함장의 항해기를 보라. 코르디에(Cordier) 씨는 아스트롤라베호 항해 보고서(1권 111쪽)에서 바니코로를 이야기하면서, 마드레포라 초로 둘러싸인 해안을 "**아주 최근의 층이라는 것을 확신한다**"고 말한다. 나는 이 놀라운 문장에서 특별한 것을 더 알려고 했으나 알지 못했다. 나의 이론에 따르면 캐롤라인 제도에 있는 보초로 둘러싸인 푸이니페트섬(도판 I 그림 7)이 침강했다는 것을 덧붙인다. (로그츠키Lloghtsky 박사의 호의로 본) 1835년 2월에 발행한 뉴사우스웨일스 문학통지에는 이 섬의 이야기가 있는데, (후에 캠벨 Campbell 씨가 확인한) 그 이야기에는 "북동쪽 끝, 타멘(Tamen)이라 부르는 곳에는 마을의 폐허가 있는데, 지금은 오직 보트로만 갈 수 있고 파도가 **집의 계단에 닿는다**"고 씌어 있다. 이 문장으로 판단하면, 이 섬은 집이 지어진 이후에 가라앉은 것이 분명하다. 나는 말테 브룅(Malte Brun)의 책(9권 775쪽에 원저자 없이)에서 중국해에 있는 침강하는 산호초 앞이나 부근에 있는 코친차이나(Cochin China) 해안에서 바다가 놀라운 방법으로 전진했다는 내용을 첨언한다. 해안이 화강암질 바위이고 충적층이 아니어서, 땅이 씻겨 내려가고 바다가 조금씩 올라오기는 불가능하다. 만약 그렇다면 분명히 침강했기 때문에 바다가 전진한 것이다.

* 장-프랑수아 드 갈로, 라페루즈 공작(Jean-François de Galaup, Lapérouse 1741~1788?)은 오스트레일리아 부근에서 실종된 프랑스 해군장교이자 탐험가이다. 1785년 루이 16세의

로는 지진으로 가끔 격렬하게 흔들리며 초와 해안 사이의 수로가 이상할 정도로 깊고—초에는 작은 섬들이 거의 없으며—벽 같은 안쪽 구조와 하천으로 옮겨진 물질로 된 낮고 작은 지역이 산기슭에 있고, 이 모두를 보아, 이 섬이 현재의 높이에 오래 있지는 않았지만, 퇴적물이 쌓이는 초호수로가 있었으며 초가 쇄파에 침식되고 깨어졌던 것으로 보인다. 반면 약한 지진이 어쩌다 일어나는 소사이어티 제도에서는, 몇몇 섬 둘레에 있는 초호수로들의 얕은 수심, 초 위에 생긴 작은 섬들의 수, 그리고 산기슭에 있는 넓고 낮은 땅의 존재 등이 비록 대규모로 침강해서 그 보초들이 형성되었지만, 이후에 정지된 시간도 길었다는 것을 가리킨다.[5)]

해군장관이 된 그는 아스트롤라베호와 부솔(Boussole)호로 세계일주 탐험에 나서 태평양과 동아시아와 남태평양을 탐험했다. 그러나 뉴칼레도니아 일대를 탐험하다가, 1791년 아스트롤라베호가 먼저 바니코로 초에서 조난당했으며 부솔호도 조난당했다. 일부 선원들은 원주민에게 죽음을 당했거나 부근의 섬에서 살았던 것으로 보인다. 선원 일부가 배의 잔해를 모아 돛 두 개의 작은 배를 만들어 떠난 것을 원주민이 목격했으나, 실종되었다. 그들을 찾으려는 노력이 있었으나 발견되지 않았다.

5) 쿠투이(Couthouy) 씨가 (의견 44쪽에서) 타히티(Tahiti)와 에이메오(Eimeo)에서는 초와 해안 사이의 공간은 산호초가 확장되어 거의 메워졌다고 말하는데, 산호초는 대부분의 보초 내부에서는 육지의 변두리를 두를 뿐이다. 이런 것으로 보아, 그는 소사이어티(Society) 군도가 침강된 이후 오랜 동안 그대로 있다는, 나와 같은 결론에 도달했다. 그러나 그는 그 군도가 최근 융기를 시작했고, 로(Low) 제도 전체 지역도 융기를 시작했다고 믿는다. 그는 소사이어티 군도의 융기에 관한 상세한 증거는 제시하지 않았지만, 이 주제는 이 장의 다른 곳에서 이야기하겠다. 내가 이야기를 더 계속하기 전에, "많은 산호초 섬들을 몸소 찾아보았고, 해안도 있고 일부 섬을 둘러싼 초들도 있는 화산섬에서 여덟 달을 머물면서 나 자신이 관찰한 바로는, 다윈 씨의 주장이 옳다는 확신이 들었다"고 확언하는 쿠투이 씨를 발견해서 기분이 아주 좋았다.

쿠투이 씨는 로 제도의 환초들이 생긴 침강작용 이후에 그 지역 전체가 몇 피트 융기했다고 믿는다. 이는 정말 놀라운 사실인데 내가 판단하기로는 그가 결론을 내린 이유가 확실하지 않기 때문이다. 그는 그가 찾아본 거의 모든 환초에서 초호의 호안이 해면 위로 18~30인치 솟아올랐고, 트리다크나(*Tridacna*) 조개와 산호가 자라듯이 선 채로 묻혀 있는 것을 발견했으며, 산호의 윗부분이 죽었지만 일정한 선 아래에서는 잘 살아 있었다고 말한다. 그는 초호에서 끝이 수면 위 1인치에서 1피트를 솟아난 마드레포라(*Madrepora*) 뭉치를 자주 보았다. 이런 모양들이 침강 이후에 융기하지 않는 곳에서 볼 수 있는 바로 그런 모양들이다. 내 생각으로는 쿠투이 씨가 산호가 큰 파도를 쉬지 않고 맞을 때는 초호처럼 조용한 환경에 있을 때보다 더 높은 높이에서 자랄 수 있다는 명백한 사실을 잊었다. 그러므로 수면이 낮을 때, 파도가 얕은 깊이에 잠긴 환초의 둥근 윗부분을 쉬지 않고 깨뜨리는 동안에는, 그 부분에 붙어 있는 산호와 조개들은 파도가 치는 초호의 미끈한 수면보다 높은 곳에서도 살 수 있을 것이다. 그러나 초의 바깥쪽 변두리가 클 수 있을 최대높이보다 더 커진 직후 또는 초가 그 높이까지 아주 넓어지면, 쇄파의 힘은 막힐 것이고, 초호 가까이 안쪽에 있는 산호와 조개들은 때로는 물 바깥으로 노출되면서 일부나 전부가 죽을 것이다. 최근에 침강되지 않은 환초에서도 초의 바깥 변두리가 바다 쪽으로 넓어지면, (새로 솟아오르는 산호 지대가 킬링 환초에서 솟아오르는 것과 같은 높이로 솟아오른다면), 파도가 바깥쪽에서 가장 세게 깨지면서, 변두리 가까이에서 사는 산호들은 조석마다 조석 내내 쇄파에 씻기다가 씻기지 않아, 초의 뒷부분에 서서 노출되어 죽을 것이다. 꼭대기의 가지들이 노출된 마드레포라는 똑바로 선 채로 죽은 산호들로 된 킬링 환초의 넓은 초호와 비슷하게 될 것이다—내가 보여주고 싶은 환경이 초로 점점 둘러싸여 막힌 초호에서 생겨, 바람이 강할 때 (섬의 거주자들이 보았던 것처럼) 밀물이 높아지지 못하여, 과거에는 클 수 있는 한 최대높이까지 컸던 산호들이 이따금 노출되면서 죽는다. 바로 이런 것이 침강되는 거의 모든 환초가 당할 수 있는 운명이다. 또는 만약 몇 패덤을 침강한 직후의 환초를 보면, 초의 둘레 전체를 따라서 파도는 강할 것이며 초호의 표면도 대양처럼 언제나 움직이고, 따라서 초호 안의 산호들은 찰랑거리는 물에 끊임없이 씻겨, 초호가 막히고 보호될 때보다 가지를 약간 더 높게 뻗을 수도 있을 것이다. (북위 2도인) 크리스마스(Christmas) 환초에는 아주 얕은 초호가 있고, 몇 가지 점에서 대부분의 환초와는 다른바, 최근에 융기된 것으로 생각된다. 그러나 가장 높은 부분도 겨우 해발 10피트로 보인다(쿠투이 46쪽). 로 제도가 최근에 융기했다고 고집하는 쿠투이 씨가 증거로 제시하는 둘째 사실들은 나에게는 전혀 이해되지 않는다(그중에서도 바위로 된 얕은 바닥에 관련된 사실들이 아주 더 이해되지 않는다). 그는 초 위에 있는 거대한 암석들이 초가 낮았을 때 옮겨졌다고 믿는다. 그러나 여기에서 다시 초의 발달 수위는 전혀 변하지 않은 채 바깥으로 커지면서, 초의 안쪽 어느 곳에서라도 쇄파의 힘이 줄어든다는 것을 그가 염두에 두지 않았다고 생각된다. 또한 이따금 지진이나 허리케인으로 일어나는 파도를 소홀하게 생각해서는 안 된다. 나아가 쿠투이 씨는 그 거대한 바위들이 초 위에 쌓여서 고정되었으므로 융기된 것이라고 주장한다. 그는 바위들이 쉬지 않고 조석에 씻기는 바닥에서 가까운 부분이 아니라, 책에 있는 그림에서 보듯이, 바위의 옆 상당히 높은 고조선 가까운 부근이 가장 많이 침식되었다는 사실을 가지고 이 주장을 한다. 내가 전에 했던 말이 이 새로운 관찰사실과 함께 여기에도 적용되는데, 파도가 그 바위조각에 닿기 전에 초의 위를 오래 지나와야 하므로, 밀물이 되어 수심이 깊어지면 파도의 힘이 크게 강해져, 내 예상으로는 현재 나타나는 주요 침식선이 고조선과 일치해야 한다. 또 만약 초가 바깥으로 성장했다면, 더 높은 곳에 침식선이 있어야만 한다. 쿠투이 씨의 흥미로운 관찰사실을 보고, 나는 로 제도의 환초들도 소사이어티 군도처럼 오랜 동안 정지해 있었다고 결론을 내렸다. 또 이는 오랜 기간 정지했다가 이제 붉은 색깔 이야기를 하자. 우리 지도에 있는 것처럼 천천히 아주 깊은 깊이로 가라앉은 지역이, 우리가 당연히 상상할 수 있듯이 많고 넓어서, 수준이 그렇게 크게 변하면서 (산호초 존속기간이 짧다고 믿을 이유가 없으므로) 산호초가 오래 있던 해안이 내내 정지해 있지는 않고 자주 융기했을 것이라고 추측할 수 있다. 이 추측은 곧 알게 되겠지만, 놀라울 정도로 사실이다. 육지가 정지한 상태는, 부정하는 증거만 있어 증명은 거의 하지 못할지라도, 우리가 지도에 붉은색으로 칠한 부분이 어느 정도 옳다는 것을 최근의 생물이 융기된 흔적으로 확인할 수 있다. 이 문제에 상세히 들어가기 전에, 나는 (작은 글씨로 인쇄된) 쿼(Quoy) 씨와 가이마르(Gaimard) 씨[6]의 산호에 관한 논문을 읽다가, 그들이 태평양과 인도양을 횡단했다는 것을 알았기 때문에, 그들의 설명이 거초에만 해당된다는 사실을 발견하고 깜짝 놀랐다. 그러나 내가 신기한 기회에 발견했던 이 저명한 박물학자들이 찾아갔던 섬들이 숫자는 적어도—곧 모리셔스(Mauritius)섬, 티모르(Timor)섬, 통가(Tonga)섬, 뉴기니(New Guinea)섬, 마리아나(Mariana) 제도와 샌드위치(Sandwich) 제도가 아주 가까운 지질시대에 융기된 것을 보여줄 수 있다는 그들의 말에 내 놀라움이 만족스레 끝났다*.

침강하면 보통 일어나는 아마 평범한 과정일 것이다.

6) 프랑스 자연과학연보 6권 279쪽 외.

* 다윈이 놀란 이유는 태평양과 인도양을 횡단한 쿼 씨와 가이마르 씨가 태평양에 그렇게 많은 환초와 보초, 그리고 인도양에도 남북방향으로 길게 발달되어 있는 환초에 대한 이야기를 하지 않았기 때문이라 생각된다(그런 것으로 보아 그들이 환초와 보초를 보지 못한 것이 우연한 일로 생각된다). 그래도 마지막 문장에 있는 섬들이 융기했다고 말해서 다윈의 뜻과 같아 "… 내 놀라움이 만족스레 끝났다"고 끝맺음으로써 다윈이 그들의 관찰에 만족한 것으로 생각된다.

*태평양 동쪽 가운데에 있는 샌드위치 군도는 모두 초로 둘러져 있으며, 그 군도를 찾아온 거의 모든 박물학자는 살아 있는 종과 분명히 같은 산호들과 조개들이 많이 융기했다는 것을 이야기했다. W. 엘리스(Ellis) 목사가 알려주기로는, 하와이 해안 몇 곳의 해수면 위 약 20피트에서 산호쇄설물로 된 퇴적층들과 해안이 낮은 곳에서는 그 층이 내륙으로 멀리 파고들어가 있는 것을 그가 관찰했다고 한다. 오아후섬에서는 해안의 상당한 부분이 융기된 산호바위로 되어 있다. 엘리자베스섬[7]에서는 산호바위가 세 층을 이루는데, 각 층은 10피트 두께이다. 하와이가 (길이 350마일에서) 남쪽 끝을 만드는 것처럼, 니하우(Nihau)섬이 북쪽 끝을 만들며 산호바위와 화산암으로 되어 있다. 쿠투이 씨[8]는 최근에 마우이(Maui), 모로카이(Morokai), 오아후(Oahu), 타우아이(Tauai)(또는 카우아이Kauai)에서 융기된 해변 몇 곳과 표면이 완전히 보존된 오래된 초, 그리고 현재 살아 있는 조개와 산호로 된 지층의 상세한 부분들을 아주 흥미롭게 설명했다. 오아후의 똑똑한 주민인 피어스(Pierce) 씨는 그가 기억하는 지난 16년 동안 일어났던 변화를 보고, "융기현상이 현재 분명히 알아볼 수 있는 속도로 진행된다"고 확신한다.

카우아이에 있는 원주민들은 그 섬에서는 땅이 빠르게 넓어진다고 말한다. 또 쿠투이 씨도 지층의 본질로 보아, 땅이 융기되기 때문이며, 그 사실을 의심하지 않는다.

---

* 원전에는 지금까지 써온 본문과 달리, 저자 주석처럼 작은 자체(字體)의 본문이 원전의 131쪽 가운데부터 137쪽 아래까지 계속된다. 특별한 이유가 있다고는 생각되지 않아, 편집의 실수일 수도 있다. 그러나 원전에 충실해서, 번역본에서도 작은 자체를 사용함으로써 지금까지 쓴 본문과 다르게 표시했다.

7) 비치(Beechey) 함장의 항해기에서 동물학 편 176쪽. 또 프랑스 자연과학연보 6권에 있는 쿼 씨와 가이마르 씨의 글을 보라.

8) 산호체에 관한 의견 51쪽.

로 제도의 남쪽에 있는 엘리자베스섬은 비치 함장의 설명에 따르면[9] 아주 평탄하며 높이는 약 80피트이다. 그 섬은 완전히 죽은 산호로만 되어 있는데, 산호들에 벌집처럼 구멍이 뚫려 있지만 치밀한 바위로 되어 있다. 얕은 초호를 둘러싸는 아주 작은 환초가 융기한 모양과 아주 똑같은 섬의 경우, (그렇게 작고 낮은 구조물이 대자연의 수많은 파괴인자 앞에 무한정 존재할 가능성이 없지만) 융기작용이 지질학적으로 아주 먼 옛날에 일어나지 않았다고 결론을 내려야 한다.* 보통 지층으로 된 섬의 표면에 해양생물의 유해가 흩어져 있고, 게다가 해변에서 일정한 높이까지만 거의 연속해서 흩어져 있으며 그보다 높은 곳에는 없다면, 그런 유해들의 종까지 조사하지는 않았을지라도, 오래된 종일 가능성은 거의 없다. 태평양과 인도양에서 융기운동의 증거를 고려하면, 그 증거를 종까지 조사한 것이 아니기 때문에, 조심해야 한다는 것을 염두에 둘 필요는 있다. (소사이어티 그룹 남서쪽의) 쿡 군도와 남방군도의 섬 여섯 개는 산호초로 둘려 있다. 이 가운데 다섯 개는 J. 윌리엄스 목사의 말로는 (망가이아Mangaia에는 현무암도 좀 있지만) 산호바위이고, 여섯째 섬은 높이가 높고 현무암으로만 되어 있다. 망가이아는 거의 300피트 높이이며, 꼭대기는 평탄하다. S. 윌슨(Wilson) 씨[10]에 따르면 망가이아섬이 융기된 초이며, "가운데 빈곳인 과거 초호바닥에는 산호바위들이 많이 흩어져 있으며, 그중 몇 개는 40피트 높이로 솟아 있다." 산호바위로 된 이 둔덕들은 분명히 한때는 환초의 초호에 흩어진 초들이었다. 마르텐스(Martens) 씨가 시드니에서 이 섬이 약 100피트 높이의 테라스 같은 평지로 둘러

9) 비치의 태평양과 베링 해협 항해기 4판 46쪽.

* 작고 낮은 환초가 융기하는 경우 대양의 파도에 오래 견딜 가능성은 없다고 보아야 한다. 그래도 융기된 엘리자베스섬은 남아 있다. 그러므로 다윈은 엘리자베스섬이 최근에 융기했다는 결론을 내려야 한다고 생각했던 것으로 보인다.

10) 쿠투이의 의견** 34쪽.

** 참고문헌 "의견"이 "산호체에 관한 의견"으로 생각된다.

싸였으며, 테라스가 어쩌면 융기하다가 정지한 것을 나타낸다고 나에게 알려주었다. 이런 사실들에서 우리는 쿡(Cook) 군도와 남방군도(Austral Islands)가 아마 그렇게 아주 멀지 않은 때에 융기했다고 추론할 수 있다.

새비지섬은 (프렌들리 군도의 남동쪽에 있으며) 높이가 약 40피트이다. 포스터[11]는 식물들이, 죽었지만 아직 똑바로 서 있고 옆으로 퍼진 산호 사이에서, 벌써 자라고 있다고 말한다. 포스터의 아들[12]은 옛날에는 초호였던 곳이 지금은 가운데의 평지가 되었다고 믿는다. 여기에서 우리는 최근에 융기력이 작용했다는 것을 의심할 수 없다. 자신은 조금 없지만 쿡의 2차 항해기와 3차 항해기에서 잘 설명된 프렌들리 그룹의 섬들에도 같은 결론을 내릴 수 있다. 통가타보우(Tongatabou)는 지면이 낮고 평탄하지만 100피트가 되는 곳도 있다. 섬 전체가 산호바위로 되었으며 "아직도 조석의 작용으로 파인 공동(空洞)들과 불규칙한 곳들이 보인다."[13] 에오우아(Eoua)의 고도 200피트와 300피트 사이에서도 같은 곳들이 알려져 있다. 이 그룹의 건너편 또는 북쪽 끝에 있는 바바오(Vavao)섬이 J. 윌리엄스 목사의 말로는 산호바위로 되었다고 한다. 통가타보우는 북쪽 넓은 초와 함께 반이 원래 불완전한 환초를 닮았거나 똑같지 않게 융기한 환초를 닮았다. 아나무카(Anamouka)섬은 똑같이 융기한 환초이다. 후자[14]의 가운데에 소금호수가 있는데, 지름은 약 1.5마일이고 바다와는 연결되지 않으며, 그 둘레에는 땅이 제방처럼 솟아 있다.* 가장 높은 부분이 겨우 20~30피트이다. 그러나 이 부분과 (쿡이 관찰했던 것처럼 진정한 초호도보다는 높게 솟은) 다른 부분

11) 세계일주 항해 관찰기 147쪽.

12) 항해기 2권 163쪽.

13) 쿡의 3차 항해기(4판) 1권 314쪽.

14) 같은 책, 235쪽.

* 아나무카섬 가운데에 있는 소금호수는 위치와 설명으로 보아, 바닷물로 된 호수가 증발되어 소금호수가 된 것으로 여겨진다.

에서도 해안에 있는 산호바위와 같은 바위들이 발견된다. 쿠투이 씨[15]는 내비게이터 제도에 있는 마누아(Manua)섬 80피트 높이의 "해양생물의 유해가 많은 낮은 모래평지에서 안쪽으로 반 마일 솟아난 가파른 언덕사면에서" 대단히 큰 석회조각을 많이 발견했다. 석회조각들은 풍화된 용암과 모래가 섞인 곳에 묻혀 있었다. 석회조각들과 함께 조개껍데기가 나오는지 또는 산호가 최근의 종을 닮았는지는 이야기하지 않았다. 산호의 유해들이 묻혀 있기 때문에 이들이 오래되었을 수 있다. 그러나 내가 추정하기로는 이는 쿠투이 씨의 의견이 아니다. 이 제도에서는 지진이 아주 자주 일어난다.

더 서쪽으로 가면 우리는 뉴헤브리데스(*New Hebrides*)에 오는데, 이 군도에서 (뉴사우스웨일스New South Wales 주유기의 저자인) G. 베넷(Bennett) 씨가 높은 곳에서, 현재 살아 있다고 생각되는 산호를 많이 발견했다고 알려준다. 산타크루스와 살로몬 제도에 관한 정보는 나에게 없다. 그러나 라빌라르디에르(Labillardière)와 르송(Lesson)은 그 제도의 북쪽 끝인 뉴아일랜드에서 산호의 모양이 거의 변하지 않은, 마드레포라질 바위로 된 아주 최근의 넓은 지층을 기재했다.

후자의 저자[16]는 이 지층이 오래된 해안을 감싸는 더 새로운 해안이라고 말한다. 태평양에 있는 마리아나 군도에서는 초가 둘려진 섬들이 휘어진 선을 만드는데, 이제 이야기하겠다. 여기에서 괌(Guam), 로타(Rota), 티니안(Tinian), 사이판(Saypan)과 멀리 북쪽에 있는 작은 섬들*을 쿼 씨와 가이마르 씨[17]와 차미소[18]

---

15) 산호체에 관한 의견 50쪽.

16) 코키유호 항해기 동물학 부분.

* 사이판 멀리 북쪽에서 휘어진 선을 만드는 섬들은 164쪽 옮긴이 주석에서 이야기한 북부 마리아나 군도의 섬들을 가리킨다. 그러나 이 섬들이 생긴 직접적인 이유는 화산폭발이다. 따라서 본문대로 석회암도 있지만 기본이 화산 분출물이다.

17) 프레시네(Freycinet)의 세계일주 항해기와 수로조사기 215쪽을 보라.

18) 코체부에(Kotzebue)의 1차 항해기.

가 설명했는데, 주로 마드레포라로 된 석회암으로 되어 있다. 이 석회암은 꽤 높은 곳에까지 있으며, 침식작용으로 생긴 계단식 절벽들이 몇 곳에 발달되어 있다. 앞의 두 박물학자가 산호와 조개를 살아 있는 종과 비교한 것으로 보이며, 그 종들은 지금 살아 있다고 말한다. 마리아나 군도를 연장한 선에 있는 파이스(*Fais*)는 이 지역에 거초가 있는 유일한 섬이며, 완전히 마드레포라 바위로만 되어 있다.[19)]

많은 저자들이 동인도제도가 최근에 융기한 증거들을 나열했다. 르송 씨[20)]는 뉴기니 북쪽 해안의 포트도리(Port Dory) 부근은 해안이 높이 150피트까지 요사이 마드레포라로 된 층이라고 말한다. 그는 와이기우(Waigiou), 암부아나(Amboina), 부루(Bourou), 세람, 손다(Sonda), 티모르에도 비슷한 지층이 있다고 말한다. 티모르에서 쿼 씨와 가이마르 씨[21)]는 상당한 높이까지 산호로 덮인 아주 오래된 바위가 있음을 이야기했다. 콜프(Kolff)의 항해기를 따르면[22)] 티모르의 동쪽에 있는 작은 섬 몇 개는 해면 위로 몇 피트 솟아난 작은 산호섬들을 닮았다. 맬콤슨(Malcolmson) 박사가 나에게 알려주기로는 하디(Hardie) 박사가 자바에서 대부분이 살아 있는 종으로 보이는 조개들의 껍데기가 많은 넓은 지층을 발견했다고 한다. 잭 박사[23)]도 수마트라 앞 풀로니아스(Pulo Nias)에서 분

---

19) 루트케(Lutké)의 항해기 2권 304쪽.
20) 코키유호 항해기 동물학 부분.
21) 프랑스 자연과학연보 6권 281쪽.
22) 윈저 얼(Windsor Earl)이 번역한 6장과 7장.
23) 지질학회 회보 시리즈 2, 1권 403쪽. 맬콤슨 박사가 나에게 알려주기로는, 북위 5도30분 피낭(Pinang) 앞의 말라카(Malacca)반도에서 워드(Ward) 박사가 조개껍데기 몇 개를 채집했는데, 살아 있는 종과 비교하지는 않았지만 최근의 종으로 보인다. 워드 박사가 이 부근의 바닥에서 바다조개 껍데기역암이 하나 들어 있는, 물에 침식되어 마모된 바위 하나를 기재했는데(아시아학회 회보 18권 2부 166쪽), 그 바위는 내륙으로 6마일 들어간 곳에 있었으며, 원주민의 전설로는 한때 바다로 둘러싸였던 곳이다. 로 함장은 이 해안에서 내륙으로 2마일 들어가 있는 조개껍데기 둔덕을 설명했다(아시아학회 회보 1부 131쪽).

명히 지금 살아 있는 조개와 산호가 융기된 것을 기재했다. 마르스덴(Marsden)은 수마트라(Sumatra)섬을 이야기하면서 많은 갑(岬)들이 원래는 섬이었다고 말한다. 보르네오(*Borneo*) 서해안 일부와 술루(*Sulu*) 군도에서는 (이런 애매한 증거를 이야기할 가치가 있는지는 의심스럽지만) 땅의 모양, 토질, 물에 침식된 바위가 바다로 덮였다가 나타난 모양을 보인다.[24] 술루 군도의 주민들은 그렇다고 믿는다. 필리핀 군도의 박물학을 최근에 아주 많이 연구한 큐밍 씨는 루손(Luzon)섬 카바간(Cabagan) 부근에서 카가얀(Cagayan)강 고도보다 약 50피트 높고 하구에서 70마일 떨어진 곳에서 큰 조개화석 층을 발견했다. 이 조개들은 현재 이웃 섬의 해안에서 살고 있는 종과 같은 종이라고 그가 나에게 알려주었다. 바질 홀(Basil Hall) 함장과 비치 함장[25]의 루추(*Loo Choo*) 군도에서 줄을 지은 내륙의 초들과 현재 파도가 닿는 곳보다 높은 곳에 있는 산호바위 벽이 침식되어 동굴이 된 이야기를 들으면, 그들이 그렇게 멀지 않은 옛날에 융기했다는 것이 확실하다.

데이비(Davy) 박사[26]는 실론의 북부는 아주 낮고, 현생 조개와 산호가 들어 있는 석회암으로 되었다고 말한다. 그는 그 지역에서 바다가 물러간 것을 모든 사람이 기억해, 조금도 의심하지 않는다고 덧붙인다. 실론(Ceylon)의 북쪽인 인도 서해안이 최근에 솟아올랐다고 믿을 이유들도 있다.[27]

---

24) 싱가포르에서 1828년에 발간된 동인도제도 소식지 6쪽과 부록 43쪽.

25) B. 홀 함장의 루추 항해기 부록 21쪽과 25쪽과 비치 함장의 항해기 496쪽.

26) 실론 여행기 13쪽. 코르디에 씨가 연구소에 제출한 슈브레트(Chevrette)호 항해보고서(1839년 5월 4일)에서 이 마드레포라질 지층이 대단히 넓고 시대가 제3기 아주 최근이라고 말했다.

27) 벤자(Benza) 박사는 북부 시르카르스(Circars) 여행기에서 현재 해안에서 3~4마일 떨어진, 담수와 해수에서 현생 조개의 껍데기가 나오는 지층을 이야기했다(마드라스Madras 문학과 과학 학술지 5권). 벤자 박사가 나와 이야기하면서 조개껍데기들이 나타난 곳이 땅이 솟아오른 곳이라고 말했다. 그러나 (인도의 지질에 관한 최고 권위자인) 맬콤슨 박사는 이 지층들이 퇴적물을 퇴적시키는 파도와 해류의 작용으로 생겼다는 생각이 든다고 나에게 말한다. 내가 비슷한 지층을 보아, 나는 벤자 박사의 의견에 많이 기울어졌다.

모리셔스는, 내가 거초에 관한 장에서 말했던 것처럼, 분명히 최근에 융기했다. 마다가스카르의 북쪽 끝은 오언 함장[28]이 이야기한 대로 마드레포라질 바위로 되어 있으며, 적도 약간 북쪽에서 남쪽으로 900마일에 이르는 광대한 동아프리카를 따라 외곽에 발달되어 있는 섬들과 해안도 마찬가지이다. "마드레포라질 바위"라는 표현보다 더 애매한 표현도 없을 것이다.* 그러나 동시에 해도에서 적도부터 남위 2도에 이르는 해안에서는 산호의 성장으로 설명되는 고도보다 더 높이 솟아 있는 선처럼 늘어선 섬들을 거의 볼 수 없어, 선을 이룬 거초들이 최근에 융기했다는 확신이 없기 때문에, 이 지역의 표면에서는 거대한 변화가 일어나지 않았다고 생각된다. 이 해안에 있는 마드레포라질 바위로 된 상당히 높은 섬 가운데, 예컨대 펨바(Pemba)섬처럼 아주 괴상한 형태도 있어서, 이 현상은 물에 잠긴 뱅크 둘레에서 성장한 산호와 이후 융기작용이 결합된 결과를 보여준다고 생각된다. 우리의 분류로 거초에 속하는 세이셸(*Seychelles*)에서는 융기된 생물체의 흔적을 전혀 보지 못했다고 앨런 박사가 나에게 말했다.**

여러 저자들이 설명한 홍해 연안 지층들의 본질이 그 지역 전체가 제3기에서

28) 마다가스카르에 관한 내용은 오언의 아프리카 2권 37쪽에 있고, 남아프리카에 관한 내용은 1권 412쪽과 426쪽에 있다. 보텔러(Boteler) 대위의 이야기 1권 174쪽과 2권 41쪽과 54쪽에는 특별히 산호바위에 관한 아주 충분한 내용이 있다. 또 루셴베르제(Ruscheberger)의 세계일주 항해기 1권 60쪽을 보라.

* "마드레포라질 바위"의 의미는 몇 가지 해석이 가능하다. 예컨대, "마드레포라로 된 바위"라거나 "마드레포라 조각들이 섞인 바위"가 먼저 떠오른다. 이 경우에도 얼마나 많은 마드레포라가 들어 있느냐에 따라 다시 나눌 수도 있을 것이다. 이런 문제 때문에 다윈은 이 표현이 애매하다고 생각했던 것으로 보인다.

** 케냐에서 동쪽으로 1,600km 떨어진 세이셸(Seychelles) 군도는 116개의 크고 작은 섬들로 되어 있다. 그 가운데 가장 큰 마헤(Mahé)섬을 중심으로 한 40개가 넘는 섬들이 화강암으로 되어 있으며, 최근에 융기하거나 침강하지 않았다. 그러나 멀리 떨어진 섬들은 지각변동에 따라 최근에 상당히 융기했으며 산호초도 있다. 그러므로 앨런 박사가 찾아갔던 섬들은 가장 큰 마헤섬이나 부근의 섬들로 생각되며, 융기된 생물체의 흔적을 보지 못했다는 것을 이해할 수 있다.

도 아주 최근에 융기했다는 것을 보여준다. 첨부된 지도에 있는 이 지역의 일부는 파랗게 칠해져 보초가 있다는 것을 나타내며, 그에 관한 이야기를 곧 하겠다. 뤼펠(Rüppell)[29)]은 그가 화석을 조사한 제3기층이 수에즈만 입구에서 위도 약 26도까지 해안을 따라, 높이가 30~40피트로 일정하다고 말한다. 그래도 26도 남쪽에서는 제3기층이 겨우 12피트에서 15피트밖에 되지 않는다. 그러나 이는 아주 정확하지 않을 수 있다. 왜냐하면 홍해연안 가운데에서 높이가 낮아질지라도, 맬콤슨 박사는 (나에게 말한 대로) 카마란(Camaran)섬(남위 15도30분)[*]의 절벽 30~40피트 높이에서 분명히 현재 살아 있는 것으로 보이는 조개의 껍데기와 산호의 조각을 채집했기 때문이다.

또 솔트(Salt) 씨가 암필라(Amphila)에 있는 맞은편 해안의 약간 남쪽에서 비슷한 지층을 발견했다(아비시니아 여행기). 나아가 수에즈만 입구 가까이에서 뤼펠 박사가 말하기로는 최근의 지층이 겨우 높이 30~40피트가 된다고 말한 곳의 건너편 해안에서, 버턴(Burton) 씨[30)]가 200피트 높이에서 현생 조개의 껍데기가 많은 층을 발견했다고 한다. 모레스비 함장이 잘 그린 연속된 그림들로 보아, 이 층이 발달된 절벽으로 둘러져 있는 낮은 평지가 거의 같은 높이로 동쪽과 서쪽 연안에서 함께 발달된 것을 알 수 있다. 아라비아의 남쪽 해안도 같은 융기운동을 받은 것으로 보이는 것이, 맬콤슨 박사가 사하르(Sahar)에서 분명히 현생으로 보이는 조개의 껍데기와 산호의 조각을 낮은 절벽에서 발견했기 때문이다.

페르시아만에는 산호초가 많다. 그러나 이 얕은 바다에서 모래 뱅크와 산호초를 구분하는 것이 쉽지 않아, 나는 입구 근처만 색깔을 칠했다. 만의 안쪽으로

---

29) 뤼펠의 아비시니아(Abyssinia) 여행기 1권 141쪽.

* 원전에는 남위 15도30분으로 되었으나 내용으로 보아 북위 15도30분이다.

30) 라이엘의 지질학의 원리들 5판 4권 25쪽.

가면서 에인스워스(Ainsworth) 씨[31]는 땅이 침식되어 테라스가 되고, 땅에는 현생 생물의 화석이 있다고 말한다. 이제 "초가 가까이 두른" 섬들인 서인도제도만 설명하면 된다. 이 지역 거의 전체가 제3기 후기에 융기했다는 증거를 그곳을 찾아간 거의 모든 박물학자의 기록에서 발견할 수 있을 것이다. 주요한 참고자료[32]만 주석에 쓰겠다.*

이런 세세한 사실들을 들여다보면, 해안을 두르는 많은 거초들이 융기된 화석들이 있는 육지와 일치하는 것은 대단히 놀라운 일인데, 그런대로 충분한 증거들로 미루어, 제3기의 후기에 해당하는 것으로 보인다.

그러나 융기를 가리키는 비슷한 증거들이 나의 지도에서 파란색으로 칠한 해안에서 나타나므로, 지도에 이의를 제기할 수도 있다. 그러나 이 이의가 다음 몇 가지 의심스러운 예외에는 절대 해당되지 않는다.

홍해 지역은 전체가 최근에 융기된 것으로 보인다. 그런데도 나는 (부록에 있는 것처럼 증거가 불완전해도) 가운데 있는 산호초들을 억지로 보초로 분류했다. 그러나 만약 가운데 지역 제3기층이 북쪽이나 남쪽에 비해 덜

---

31) 에인스워스의 아시리아(Assyria)와 바빌론(Babylon) 217쪽.

32) 로저스(Rogers)가 영국협회에 제출한 플로리다와 멕시코만 북쪽 해안에 관한 보고서 3권 14쪽—훔볼트가 신 스페인 정치담론 1권 62쪽에 쓴 멕시코 해안에 관한 내용(나에게는 멕시코 해안에 관한 몇 가지 확증할 만한 사실들이 있다)—라이엘의 원리들 5판 4권 22쪽에 있는 온두라스(Honduras)와 안틸레스(Antilles)—호비(Hovey) 교수가 실리먼의 학술지 35권 74쪽에 쓴 산타크루스와 바르바도스(Barbadoes)—쿠로졸르(Courrojolles)가 프랑스 물리학회지 54권 106쪽에 쓴 산토도밍고(Santo Domingo)—바하마 군도(Bahamas), 통합 공사학술지 71호 218쪽과 224쪽—드 라 베쉬(De La Beche)가 지질학 매뉴얼 142쪽에 쓴 자메이카(Jamaica)—테일러(Taylor)가 런던과 에든버러 철학 학술지 6권 17쪽에 쓴 쿠바. 도바니(Daubeny) 박사는 지질학회 모임에서 쿠바의 북서쪽에 있는 아주 최근의 지층을 구두로 발표했다. 나는 덜 중요한 다른 참고문헌을 많이 추가할 수도 있지만 하지 않았다.

* 원전의 본문과 달리 작은 자체의 본문이 원전 137쪽 아래 여기에서 끝난다.

높다는 말이 옳다면, 전 지역이 융기된 다음에 그 지역이 침강했다고 생각할 수도 있다. 몇몇 저자들[33)]이 보초로 둘러싸여—따라서 침강했다고 가정하는 소사이어티 군도의 높은 산에서 조개껍데기와 산호를 보았다고 말했다. 스텃치베리(Stutchbury) 씨는 해발 5,000피트에서 7,000피트 사이의, 타히티에서 가장 높은 산 가운데 하나의 꼭대기에서 "분명하고도 규칙적인 반쯤 화석이 된 산호의 층"을 하나 발견했다. 그러나 타히티에서 나 자신을 포함하여 다른 박물학자들이 해안 가까이 낮은 곳에서 융기된 조개나 산호초 덩어리를 찾아 헤맸으나 실패했으며, 만약 있었다면 못 보고 넘어갔을 리가 거의 없다. 이 사실에서 나는 지면 높은 곳에 흩어져 있는 생물체의 유해들은 원래 화산 층에 묻혀 있다가 훗날 비에 씻겨 나왔을 것이라고 결론지었다. 나는 그 후 W. 엘리스 목사한테서 그가 발견한 화석은 (그가 믿는 대로) 진흙이 섞인 응회암 사이에 끼어 있었다는 말을 들었다. D. 티어먼 목사가 우아앤(Huaheine)에서 관찰한 조개껍데기들도 마찬가지였다. 이 화석들을 종까지는 조사하지 않았다. 그러므로 그 화석들은 소사이어티 군도에 쌓인 최초의 지층과 같은 시기이고 상당히 오래되었을 것이며, 그중에서도 특별히 스텃치베리씨가 아주 높은 곳에서 관찰한 층은 더욱 그럴 수 있을 것이다. 만일 그렇지 않다면 이 층들은 그 후에 쌓였을 것

33) 엘리스는 폴리네시아 연구(1권 38쪽)에서 이 흔적들과 그에 관련된 원주민들의 전설에 가장 먼저 주의한 사람이다. 윌리엄스의 선교이야기 21쪽을 보라. 항해잡지 1권 213쪽의 티어먼과 G. 베넷을 보라. 또 쿠투이의 의견 51쪽을 보라. 그러나 쿠투이의 주요한 사실, 곧 좁은 티아루부(Tiarubu)반도에 융기된 산호 덩어리가 있다는 것은 풍문이다. 또 서부 잉글랜드 학술지 1권 54쪽에 있는 스텃치베리 씨의 글을 보라. 천문학 문서 10권 266쪽에는 과거에는 지나다니지 못했던 통로가 지금은 길로 쓰이는 데서, 타히티에 있었던 융기현상을 유추할 수 있는 폰 자흐(Von Zach)의 문장이 하나 있다. 그러나 나는 원주민 추장 몇 사람에게 그런 유의 변화가 있었는지 특별히 물어보았는데, 한 사람도 빠짐없이 그런 일이 없었다고 답변했다.

이나, 아주 최근에 융기하지는 않았을 것이다. 왜냐하면 만약 그 시기가 최근이라면, 초가 그렇게 많은 이 군도의 해안지방 지면 전부가 융기된 산호로 뒤덮여야 하는데, 사실은 그렇지 않기 때문이다. 하비 군도 또는 쿡 군도의 두 개의 섬, 곧 아이투타키(Aitutaki)와 마노우아이(Manouai)는 초로 둘러싸였는데, 초가 육지에서 아주 멀어, 나는 아주 주저하면서 그들을 파란색으로 칠했다. 왜냐하면 초의 안쪽 수심이 아주 얕고 육지의 윤곽이 가파르지 않기 때문이다. 이 두 섬은 산호바위로 되어 있다. 그러나 나에게는 이 두 섬이 최근에 융기했다는 증거는 없으며, 그 밖에 같은 그룹에 있지만, (170마일이나 떨어졌고) 융기한 뒤 얼마인지도 모를 긴 시간 동안 거의 완전한 환초 같은 구조를 유지하였으며, 초로 둘러싸인 섬인 망가이아도 최근에 융기했다는 증거는 없다. 그러므로 홍해가 최근에 일부가 융기한 분명한 증거가 있는 유일한 지역이지만, 나의 이론대로 하면 (보초의 특징은 홍해에서는 잘 나타나지 않지만) 그 지역은 최근에 침강했다. 그러나 이런 종류의 융기와 침강에 우리가 놀랄 필요가 없다. 새비지섬, 오로라섬,[34] 망가이아섬과 프렌들리 군도에 있는 섬 몇 개는 원래 환초였다가, 이후 해수면 위로 어느 정도 융기했다는 것을 의심해서는 안 된다. 그래서 우리의 이론을 따르면, 여기에서도 땅이 오르내렸다—홍해 가운데 지역과 하비(Harvey) 군도처럼, 최근에 융기한 다음에 침강한 대신, 침강한 다음에 융기했다.

---

34) 쿠투이 씨가 오로라섬을 설명했다(의견 58쪽). 이 섬이 타히티의 북동쪽 120마일에 있다. 첨부된 지도에는 색깔을 칠하지 않았는데, 현생 산호로 둘러싸인 것으로 보이지 않았기 때문이다. 쿠투이 씨는 그 섬의 꼭대기를 "우리가 초호가 있었다고 상상한 중심 쪽으로 몇 피트 기울어지는 넓은 테이블 같은 땅"이라고 설명했다. 꼭대기의 높이는 200피트 정도이며, 현생 산호의 조각이 안에 들어 있는 산호바위와 역암으로 되어 있다. 그 섬은 두 번 이어서 융기했으며, 절벽 가운데쯤에 있는 물에 깊게 침식된 반듯한 줄이 눈에 띄었다. 오로라섬의 구조는 로 제도의 남쪽 끝에 있는 엘리자베스섬의 구조와 아주 비슷하다.

조성, 형태, 높이, 캐롤라인 제도 서쪽 끝에 있는 위치로 보아, 융기하기 전에는 환초였다는 생각이 강하게 드는 파이스(Fais)가, 최근에 융기한 것으로 알고 있는 휘어진 마리아나 그룹이 연장되는 선 위에 정확하게 있다는 것은 아주 흥미롭다. 덧붙이면, 로 제도의 남부에 있는 엘리자베스섬이 파이스와 같은 연유로 생긴 것으로 보이며 핏케언섬 가까이 있는바, 핏케언섬은 태평양의 이 지역에서는 높은 섬인 동시에 초로 둘러싸이지 않은 유일한 섬이다.*

활화산이 침강지역에는 없고 융기지역에 흔해—파란색을 칠한 곳과 붉게 칠한 곳의 관계에 관한 결론을 내리기 전에 역사상 활동했던 화산들의 위치를 지도에서 찾아보면 좋을 것이다. 먼저 파란색이나 파란색을 진하게 칠한 광대한 침강지역—곧 인도양 중부와 중국해와 오스트레일리아 보초와 뉴칼레도니아 보초 사이와 캐롤라인 제도와 마셜 제도와 길버트 제도와 로 제도에, 화산이 없다는 사실에 놀랄 것이다. 둘째, 주요한 화산대와 붉게 칠한 곳이 일치하는 곳에는 거초가 있다는 사실에 놀랄 것이다. 또한 우리가 방금 보았던 대로, 대부분의 경우 현생 생물체의 유해가 융기되어 있다. 내가 여기에서 말하면, 화산을 지도에 표시하기 전에 또는 화산 몇 개의 존재를 알기 전에, 모든 초를 칠했다.

오스트레일리아의 북쪽 토레스(Torres) 해협에 있는 화산은, 실제 보초

---

* 핏케언(Pitcairn) 그룹은 영국영토로, 타히티섬과 이스터(Easter)섬의 대략 가운데에 있으며, 수백 km 떨어진 두 개의 환초와 두 개의 화산섬으로 되어 있고, 전체면적은 47km²이다. 그러나 주민이 살고 있는 핏케언섬은 남위 25도04분, 서경 130도06분에 있으며, 면적은 4.6km²이고 거의 직사각형의 화산섬이며 최고봉은 335m이다. 핏케언섬은 1790년 타히티섬에서 빵나무를 가지고 오던 영국해군 바운티(Bounty)호에서 함장 윌리엄 블라이(William Bligh 1754~1811)에 반항해서 무혈폭동을 일으킨 선원들이 정착한 섬으로 유명하다. 초로 둘러싸이지 않은 이 섬에는 현재 50~60명의 주민이 있는 것으로 알려졌다.

의 가장자리에서 125마일이나 되어도, 넓은 침강지역에서 가장 가깝다. 화산이 있다고 생각되는 큰 코모로섬은 모힐라(Mohila) 보초에서 단 25마일 떨어져 있다. 필리핀에 있는 암빌(Ambil) 화산은 환초가 된 아푸(Appoo) 초에서 겨우 60마일 좀 더 떨어져 있다. 또 지도에는 파란색을 칠한 동그라미에서 90마일 안에 화산이 두 개 더 있다. 몇 안 되는 이 경우는, 화산은 침강지역에서 멀어야 한다는 규칙에서 예외가 되어, 단 하나의 고립된 환초에 가까이 있거나 둘러싸인 작은 섬들 가까이에 있다. 나아가 이들이 나의 이론을 따르면, 깊이와 넓이가 환초 그룹처럼 침강한 몇 되지 않는 경우이다. 산호초제도나 작은 환초 그룹에서도 수백 마일 안에는 활화산이 하나도 없다. 그러므로 환초 그룹이 융기해서 생긴 프렌들리 제도에서 화산 두 개와 어쩌면 다른 화산들[35]이 활동한다는 것은 놀라운 사실이다. 반면 나의 이론을 따르면, 침강했다고 상상되는 태평양에 있는 둘러싸인 섬 몇 개에는 오래된 화구나 용암류가 있어, 과거 분출현상의 결과를 보여준다. 이런 경우들은 당시 우세했던 융기작용이나 침강작용에 따라 화산이 폭발했다가 같은 자리에서 꺼진 것으로 보인다.

지도에는 산호초가 섬의 가장자리를 이루어서 붉은색으로 칠해진 해안들 외에도, 활동 중인 화산들이 최근에 융기한 증거와 일치해 붉은색으로 칠한 해안들도 있다. 따라서 나는 다음에 발간할 책에서는, 거의 적도에서 남쪽으로 2,000마일에서 3,000마일 계속되어, 세계에서 가장 큰 화산대를 이루는 남아메리카 서해안 거의 전부가 지질시대로는 최근에 융기운동을 했다는 것을 보여주고 싶다.* 태평양 북서해안의 섬들은 두 번째로 큰 화산

35) 첨부된 지도의 화산들을 채색한 근거를 알려면 162~163쪽에 있는 저자들을 보라.

* 남아메리카 대륙의 서해안은 남동태평양의 해저가 남아메리카 대륙의 아래로 들어가면서 높아졌으며 이때 안데스산맥이 생겼다. 안데스산맥은 약 2,500만 년 전부터 높아지기 시작

대를 만드는데, 알려진 것이 거의 없다. 그래도 필리핀 군도의 루손과 루추 군도는 최근에 융기했다. 또 캄차카[36]에는 최근에 융기된 제3기 지층이 아주 넓게 펼쳐져 있다. 화산 두 개가 있는 뉴질랜드 북부에서 충분하지는 않지만 본질은 같은 증거가 발견될 것이다. 다른 지역에서는 활화산과 최근에 융기된 제3기층이 함께 나온다는 것을 모든 지질학자가 알게 될 것이다.[37] 그럼에도 불구하고 침강하는 지역에서는 화산이 활동을 정지했거나 없다는 것을 보여줄 때까지는, 화산의 분포가 지하의 움직임에 의존한다는 결론은 위험할 것이다. 그러나 첨부된 지도를 보면, 지각 내 동력이 최근에 힘을 받았거나 지각 밖으로 분출되는 곳에 화산들이 종종(언제나

해서, 지구역사 46억 년의 시간에 비하면 최근이라고 말할 수 있다. 다윈도 그 사실을 잘 알고 있었다고 생각된다.

36) 북위 58도 세당카에서(폰 부흐의 카나리아 군도 설명 455쪽).** 곧 발간될 부분에서 내가 뉴질랜드 융기에 관한 증거를 보여줄 것이다.

** 세당카(Sedanka)섬은 알래스카 알류샨 열도 동부의 폭스(Fox) 군도에 있다. 길이가 16.6km이고 면적은 100km^2 정도이다. 나아가 알류샨 열도와 캄차카는 상당히 떨어져 있다. 크리스천 레오폴드 폰 부흐(Christian Leopold von Buch 1774~1853)는 주로 유럽 중부지역, 스칸디나비아반도, 카나리아 군도, 대서양을 탐험했다. 그러므로 저자 주석 36)에서 보듯이 폰 부흐가 세당카가 있는 북태평양과 연관되는 내용을 기록했는지는 옮긴이가 알 수 없다.

37) 1835년 칠레에서 지하가 요동쳤을 때, 넓은 지역이 융기되는 바로 그 순간에 멀찍이 떨어진 여러 곳에 있는 새로운 분출구와 오래된 분출구로부터 화산물질이 터져 나오는 것을 나는 보여주었다(지질학회 회보의 두 번째 시리즈의 5권 606쪽).***

*** 다윈이 말하는 1835년 지하요동은 칠레 발디비아(Valdivia)에서 1835년 2월 20일에 일어난 큰 지진을 말한다. 이 지진이 다윈이 비글호를 타고 지구를 일주하면서 받았던 가장 큰 충격 가운데 하나이다. 같은 날 북쪽으로 480마일 떨어진 아콩카과(Aconcagua)산이 폭발했다(높이 6,962m인 아콩카과가 서반구와 남반구에서 가장 높은 산이다). 또 아콩카과의 북쪽 2,700마일 떨어져 니카라과에 있는 높이 859m의 코세기나(Coseguina) 화산도 아콩카과 폭발 6시간 후에 폭발했으며, 1,000마일 안에서도 느낄 수 있는 지진도 일어났다. 당시의 상황과 광경, 그리고 다윈의 감정과 추론 등이 비글호 항해기 제14장 "칠로에섬과 콘셉시온: 대지진"에 잘 나와 있다. 코세기나의 요사이 이름은 코시기나(Cosiguina)이다.

그런 것은 아니지만) 있지만, 지면이 최근에 침강했거나 아직도 침강하는 곳에는 화산이 없다는 게 거의 정설이라고 생각된다.[38)]

침강지역과 융기지역의 관계—나의 이론과 해양생물의 유해가 융기되어 있는 평범한 증거에 따라, 지도에 있는 방대한 지역이 최근에 내려갔거나 올라갔음이 가장 놀라운 사실이다. 대륙들의 존재는 때로는 융기했던 지역이 아주 광대하다는 것을 보여준다. 우리는 남아메리카가 지금 융기되거나 아주 최근에 융기했다는 것을 확실히 느끼며, 인도양 북서해안에서도 마찬가지이다. 내 이론을 따르면, 자주 일어나는 지진이나 다른 것들을 보아서, 우리는 방대한 지역이 최근에 침강했거나 지금 침강한다고 결론을 내려도 된다. 내 지도의 축척이 작은 것을 소홀하게 생각해서는 안 된다. 지도의 네모 한 칸은 (지구의 곡면을 무시하면) 81만 mi^2이다.* 로 제도의 남쪽 끝 부근부터 마셜 제도 북쪽 끝까지—길이 4,500마일이 지금까지 알려지기로는 로 제도를 살짝 벗어난 오로라섬을 빼고는 모든 섬이 환초로 되어 있다. 내 지도의 동쪽과 서쪽 경계는 대륙이며, 솟아오르는 지역이다. 광대한 인도양과 태평양의 가운데가 가장 많이 침강되었다. 그 사이에 지구에서 가장 복잡하게 오르내린 지역이 오스트레일리아의 북쪽이며, 그곳에서 침강지역들이 솟아오르는 부분을 둘러싸고 파고들어,[39)] 현재 진행되

---

38) 우리는 이 규칙에서, 분출된 물질이 끼어 있는 모든 오래된 지층에는, 그때 그 지층이 형성된 시기와 지역에서, 지표가 위로 올라가는 경향이 있었고 침강운동은 확실히 없었던 때가 있었다고 추론할 수 있다.

* 지도의 네모 한 칸 81만 mi^2은 위도 15도(900마일)와 경도 15도(900마일)의 곱하기로 적도에서 가능하다. 그러나 잘 알다시피 위도 1도 사이 거리는 극 쪽으로는 갈수록 대단한 양은 아니지만 커지고, 경도 사이 거리는 적도를 벗어나 남북방향으로 가면서 크게 작아진다. 그 결과 네모 한 칸의 면적이 줄어든다. 다윈이 이를 모를 리 없고, 그가 이야기하는 지역이 주로 적도 부근이라 그렇게 말했다고 믿는다.

39) 아루(Arru) 군도와 티모르-라우트(Timor-laut) 군도는 중국해처럼 작은 침강지역에 포함된

는 주요 움직임들이 지구를 크게 나눈 지표의 상태와 일치하는 것으로 보인다.

지도에 있는 파란 공간은 거의 모두 길게 늘어나 있지만, 반드시 침강지역들이 늘어난 것은 아니다(라이엘 씨 덕분에 알게 된 조심할 사항이다). 왜냐하면 이는 환초가 올라앉아 있는 가로지른 산맥을 포함해서 좁고 긴, 침강된 대양 바닥이 지도에서는 가로지른 파란 가로띠로 그려져 있기 때문이다. 그러나 정지했거나 융기해서 붉게 칠해진 지역 사이에 있는 사슬 모양의 환초와 보초가 길게 늘어나 있는 지역에 있는 것은, 원래 늘어났던 곳이 (지각이 침강하는 경향 때문에) 침강했거나, 원래 불규칙했던 지역이 침강했거나, 또는 길이와 폭이 넓었는데 주변지역이 융기해서 좁아진 지역에서 생겨났음에 틀림없다. 따라서 인도양의 남북방향으로 된 거대한 선 같은 환초들이 생기는 동안 침강했던 지역과—동서방향의 캐롤라인 환초들과—뉴칼레도니아와 루이시아드(Louisiade)의 북서-남동방향의 보초들은 원래 길게 연장되어 있던 것이 분명하다. 또는 만약 그렇지 않다면, 이후에 융기 때문에 늘어나게 된 것이 확실한데, 시기로 말하면 최근이다.

나는 홉킨스(Hopkins) 씨의 연구[40]에서 옆으로 크게 발달하지 않는 긴 산맥이 생기려면, 산맥과 같은 방향으로 늘어난 지역이 융기해야만 한다고 추론한다. 그러나 이미 아주 다른 방향으로 형성된 산맥일지라도, 넓게 작용하는 힘에는 모두 함께 융기할 수 있는 것으로 보인다.[41] 그래서 산맥

다고 의심된다. 그러나 부록에서 보듯이 자료가 충분하지 않아서 내가 감히 색깔을 칠하지 못했다.

40) 케임브리지 철학학회 회보 6권 1부 물상지질학 연구.

41) 예를 들면, 남아메리카 남위 34도에서 남쪽으로 몇 도 사이에서 그 대륙의 대서양과 태평양 쪽에 현생 조개들의 껍데기가 나오는 융기된 지층이 있고, 또 땅에서 천천히 올라가면서 경사는 크게 달라도 안데스산맥을 향하여 양쪽 사면에도 융기된 같은 지층이 있어, 나는 그

은 아마 함께 침강할 수도 있을 것이다. 따라서 우리는 방향이 달라도 서로 접해 있는 두 그룹의 환초인 캐롤라인 제도와 마셜 제도가, 두 지역이 침강해서 형성되었는지 또는 두 방향의 다른 산맥들이 있는 넓은 지역이 침강해서 형성되었는지를 알 수 없다. 그러나 마리아나 군도가 남쪽으로 연장된 곳에서 최근에 융기한 선과 침강한 선이 교차했다는 그럼직한 증거가 있다. 지도를 보면, 보통 평행한 지역들이, 마치 한 지역이 가라앉으면 다른 지역이 솟아올라 균형을 이루는 것처럼, 교대로 운동을 하는 경향이 있다는 것을 알 수 있을 것이다.

거의 모든 나라에 있는 최고봉은 뒤집힌 지층들이나 분출물로 되어 있을지라도,** 지구에 탁자처럼 생긴 높은 땅이 많다는 것은 넓은 표면이 대양의 수면 이상 상당한 높이까지 한 덩어리로 솟아올랐다는 것을 증명한다. 또한 해면 위에 뾰족한 봉오리가 한 개도 남아 있지 않을지라도, 원래 땅이 있었다는 것을 가리키는 환초들이 흩어져 있는 방대한 지역이 존재하는 것으로 미루어, 우리는 탁자 모양의 땅뿐 아니라 부서진 지층들이나 분출된 물질로 된 높은 곳들을 덮기에 충분할 정도로 아주 넓은 지역이 가라앉았다고 결론을 내릴 수 있다. 훗날 융기운동으로 육지에 생긴 효과들,

---

전체 지역이 한꺼번에 최근에 융기했다고 생각하지 않을 수 없다. 이 경우 두 방향의 산맥인 서북서-동남동방향, 곧 벤타나산맥과 타팔겐산맥*과 남북방향의 거대한 안데스산맥은 함께 융기했다. 서인도제도에서는 남북방향인 안틸 군도(Antilles)와 동서방향인 자메이카가 아주 최근 지질시대에 함께 솟아오른 것으로 보인다.

* 벤타나(Ventana)산맥은 부에노스아이레스에서 먼 남쪽이자 팜파스(Pampas)의 항구도시인 바이아블랑카(Bahia Blanca) 바로 북쪽에 있는 작은 산맥이다. 타팔겐(Tapalguen)산맥은 벤타나산맥의 북동쪽에 있는 크지 않은 산맥이다. 비글호 항해기 제6장을 보라.

** "뒤집힌 지층들"은 지각변동으로 지층이 습곡되거나 역전(逆轉)된 것을 말하며, "분출물"은 화산암을 말한다. 전자가 최고봉이 된 예로는 에베레스트산이 있다. 후자의 예로는 백두산이나 한라산이 있고, 아콩카과와 침보라조를 포함한 안데스산맥의 여러 봉우리들이 있다.

곧 연달아 솟아오른 절벽들, 침식된 선들, 바다에서 사는 조개들과 자갈들로 된 지층, 이 모두가 생기려면 긴 시간이 필요하므로, 융기운동이 대단히 느리다는 것을 증명한다. 그래도 우리는 마지막 수백 피트를 융기한 경우에만 틀리지 않고 이런 것을 유추할 수 있다. 그러나 광대한 지역에 널리 흩어진 많은 환초들을 만들어내기에 필요한 엄청난 양의 전체 침강량을 이미 제시하였으며(이것이 아마 이 책의 가장 흥미로운 결론일 것이다), 이 운동이 일정하고 대단히 느리거나 아주 긴 시간간격을 두면서 조금씩 침강해야 하는데, 그동안 초를 만드는 폴립으로 된 동물들은 단단한 건축자재를 수면까지 올릴 수 있어야 한다.* 우리에게는 넓은 지역이 융기하는 동안 그 지역의 높이가 상당히 여러 번 변했는지를 판단할 방법이 많지 않다. 그러나 우리는 명백한 지질학적 증거에서 이런 일이 자주 일어났다는 것을 알고 있다. 또 우리는 지도에서 같은 섬이 침강했다가 솟아올랐다는 것을 알고 있다. 그러나 나는 넓은 파란 지역의 대부분은 큰 융기작용들이 자주 없어, 침강했다고 결론을 내리는데, 솟아오른 환초는 겨우 몇 개밖에 관찰되지 않았기 때문이다. 그런 융기작용들이 있었지만 솟아오른 부분이 큰 파도에 침식되어 관찰되지 않는다는 가정이 무시되었는데, 이는 큰 환초들에 있는 초호들의 수심이 실제로 상당히 깊기 때문이다. 왜냐하면 만약 그런 큰 환초들이 반복해서 융기하고 침식당했다면, 초호들의 수심이 그렇게 깊을 리가 없기 때문이다. 이 장의 뒷부분에 있는 관찰사항들을 비교하면, 한 지역을 솟아오르게 하고 다른 지역을 가라앉게 하는 지하의 변화는 아주 비슷한 방식으로 진행된다고 우리가 마지막으로 결론을

* 산호가 "조금씩 침강해야 하는데 … 건축자재를 수면까지 올릴 수 있어야 한다"는 말은 바다의 바닥이 천천히 침강하면서 산호가 위로 성장하는 것을 말한다. 그래야 산호가 죽지 않고 살 수 있으며, 석회조각들이 쌓여서 초를 만들 수 있다.

내릴 수 있다.

요약—이 책의 처음 세 장에서 주요한 산호초 세 가지를 상세히 설명했으며, 그 세 가지 산호초는 실제 초의 표면에 관한 한 거의 다르지 않다. 환초는 가운데 넓은 공간에 육지가 없다는 것이 보초와 큰 차이이다. 보초가 거초와 다른 점은, 바다 아래 산호초 바탕의 경사에 비추어 땅에서 아주 멀다는 점과 초 안에 초호 같은 깊고 넓은 공간 또는 해자가 있다는 점이다. 제4장에서는 초를 만드는 군체동물들이 성장하는 힘을 논의했고, 그 동물들이 아주 일정한 깊이보다 깊은 곳에서는 번성할 수 없다는 것을 알았다. 이런 제약에도 거초의 바탕과 관련해서는 어려움이 없다. 반면 보초와 환초에서는 어려움이 많아 보인다—보초에서는 해안의 바위나 퇴적물로 된 뱅크가 필요한 깊이 내에서 바다로 멀리 뻗어나갈 가능성이 없다는 점이 어려운 점이며—환초에서는 첫째, 환초들이 흩어진 공간이 너무 방대하고, 둘째, 모든 환초가 산꼭대기 위에 있다는 것을 믿어야 하는바, 그 꼭대기들은 해수면 아주 가까이 올라와 있지만, 단 한 개도 해수면 위로 솟아나와 있지 않다는 점이 어려워 보인다. 후자의 설명, 곧 거의 같은 높이의 해저산맥이 수천 제곱마일에 걸쳐 있어야 한다는 아주 받아들이기 힘든 점을 극복하려면, 단 한 가지 해결책밖에 없다. 곧 환초가 처음에 기초를 둔 바탕이, 초를 만들면서 위로 성장하는 산호와 함께, 모두 계속해서 가라앉는 것이다. 이 견해를 적용하면 모든 어려움이 사라진다. 거초가 그렇게 보초로 바뀌며, 나아가 섬을 둘러싼 보초는 육지의 마지막 봉우리가 대양 수면 아래로 가라앉으면서 환초로 바뀐다.

따라서 환초와 보초의 구조에 나타나는 일반적인 모양과 몇 가지 특이성들이 설명된다—곧 벽 같은 초의 내부구조—말디바 환초의 가장자리와 중앙에 있는 분지 또는 반지 같은 지형—리본으로 연결되는 것처럼 이어진 환초—분할된 것처럼 보이는 환초—환초뿐 아니라 보초에서도 초의 일부나 어떤 초에서는 초 전체가, 살아 있는 산호초의 윤곽을 유지한 채, 죽어 물에 잠긴 채 노출되는 것이 쉽게 설명된다. 따라서 육지의 골짜기들 맞은편에 있는 보초들의 터진 곳들이 아주 깊고 넓어도 설명된다. 나아가 환초 그룹들의 일반적인 윤곽과 개개로 분리된 환초들의 상대적인 모양 특성들이 설명된다. 따라서 침강하는 동안 생긴 두 종류 초들이 가까이 있고, 그들이 거초가 많은 지역에서 멀다는 점이 설명된다. 내 이론에서 제안된 운동의 증거들을 찾다 보면, 환초와 보초의 변화와 그 아래 지하에서 요동된 흔적들이 발견된다. 그러나 몇 가지 눈에 보이는 것이 침강작용을 강력히 지지할지라도, 만사의 본질 때문에,* 침강작용의 직접증거를 찾기란 거의 불가능하다. 그래도 현생 해양생물체가 거초의 해안에서 솟아올라 있다는 것이, 그 해안이 내 이론에서 직접 추론할 수 있듯이, 정지한 게 아니라 대개 융기했다는 것을 분명히 보여준다.

마지막으로 산호초 구조의 큰 분류 두 가지, 곧 한편으로는 보초와 환초, 다른 한편으로 거초를 내 지도에 각각 다른 색깔로 칠하면, 지각이 최근에 당한 운동이 장대하고도 조화로운 그림으로 우리 앞에 나타난다. 우리는 이 그림에서 광대한 지역이 융기하면서 화산물질이 그 지역을 가로지르는 화도(火道)와 균열에서 때때로 분출하였다는 것을 알고 있다. 또 아무

---

* "만사의 본질"이란 "모든 일에서 보통 기대할 수 있는 현상"을 말한다. 예컨대, "사람은 일정 시간 살아 있지만 영원히 사는 사람은 없다"거나 "술을 많이 마시면 잘 잊어버린다"는 것 같은 것들이 만사의 본질이다. 다윈은 침강작용의 직접증거가 있어야 했지만 찾기가 쉽지 않아, "만사의 본질"이라는 생각을 했다고 믿는다. 그러므로 다윈이 다음 문장에서 침강현상의 반대인 융기현상의 직접증거를 이야기한다. 융기현상의 직접증거가 있으므로, 그가 침강현상의 직접증거를 찾기란 거의 불가능해도, 증거가 있다고 믿었다. 그러므로 "만사의 본질"이라는 표현을 썼다고 생각된다.

런 화산폭발 없이 넓은 지역이 천천히 가라앉았다는 것도 알고 있다. 나아가 이 침강작용이 넓은 지역에 걸치고 깊이도 위낙 어마어마해서, 광대한 대양을 덮었으며 환초가 꼭대기에 기념물처럼 올라앉아, 과거에 그 산들이 있던 자리를 표시한다는 것을 우리는 확실히 느낀다. 삭박작용이 얼마나 강력한 인자인가를 생각하고, 그 결과 쌓이는 퇴적층의 특성과 두께를 생각하면, 천천히 융기하거나 침강하는 육지에 오랜 기간 작용하려면, 바다는 언제나 반드시 강력한 인자가 되어야만 한다. 또 육지와 대양이 번갈아 바뀌는 이 운동이 지구의 기후와 생물의 분포에 끼치는 최후의 효과를 생각하면서, 내가 원래는 단순히 산호초의 특이한 형태를 설명하려던 산호체 연구로부터 유추한 결론들을 지질학자들이 관심을 가지면 좋겠다.*

---

* 1960년대부터 밝혀진 바로는, 대양의 바닥에 있는 산맥인 해령(海嶺)에서 1년에 수 cm를 솟아나 만들어지는 현무암 때문에 대양의 해저는 넓어진다. 이 주장을 현대지질학에서는 해저확장(海底擴張 sea-floor spreading)이라고 한다. 해령에서 형성된 현무암이 양쪽으로 이동하면서 수축하고 수심이 깊어진다. 또 대양의 해저에서 현무암이 솟아나고 해산이 솟아올라 조건이 맞으면 산호가 서식한다. 그러나 솟아난 현무암은 시간이 지나 식어서 수축된다. 그에 따라 해산은 가라앉으면서 보초가 되고 환초가 되며 그런 지역이 대양해저의 상당한 부분을 차지한다. 그러므로 다윈이 190쪽에서 "… 원래 땅이 있었다는 것을 가리키는 환초들이 흩어져 있는 방대한 지역이 존재하는 것으로 미루어, … 아주 넓은 지역이 가라앉았다고 결론을 내릴 수 있다 …"고 말했다.
나아가 지구가 크고 작은 지판(地板)들로 덮여 있고 이들이 움직여 여러 현상들이 생긴다는 주장이 나왔다. 그 주장이 판구조론(板構造論 plate tectonics)이다. 예컨대, 지구의 표면이 유라시아 대륙에 걸치는 유라시아 지판이나 북아메리카 지판, 아프리카 지판, 태평양 지판 등을 포함하여 크고 작은 지판들로 덮여 있다는 이론이다. 유라시아 지판 같은 대륙지판은 화강암질 암석으로 되어 꽤 가볍고, 태평양 지판 같은 해양지각은 현무암질 암석으로 되어 꽤 무겁다. 나아가 암석권인 지판의 아래에는 약권(弱圈)이 있어, 지판은 약권에 실려 천천히 옆으로 움직인다. 이와 같은 지판들의 움직임에 따라 대륙이 이동하고 수륙의 분포가 달라지며, 해류와 풍계(風系)와 기후와 생물이 달라진다. 또 해저와 육상에 특이한 지형이 생기고 화산이 폭발하고 지진이 일어난다.
확장된 대양의 해저는 해양지각 자체와 퇴적물의 무게로 수천 km 떨어진 섭입대(攝入帶)로 기울어져 들어간다. 섭입대는 45도 정도로 기울어지며 지하 700km 정도까지 들어가는 것으로 알려졌다. 해양지각과 해양퇴적물이 섭입대로 들어가 해저의 지각 아래에서 강한 압력과 열 때문에 녹아 마그마가 되어 지각을 뚫고 솟아올라 활화산이 되며, 지진도 일어난다. 다윈이 말하는 남아메리카 서해안과 태평양 북서해안, 필리핀 군도와 알류샨 열도 같은 곳들이 그런 곳이다. 또한 해양지각이 섭입하면 위에서 볼 때 섭입하는 쪽으로 휘어진 분포를 보이는 화산섬들이 만들어진다. 다윈이 위에서 말한 북부 마리아나 군도가 그런 경우이다. 그렇게 휘어져 분포하는 섬들을 호상열도(弧狀列島)라고 한다. 북부 마리아나 군도도 마찬가지이지만, 일본과 알류샨 열도와 캄차카반도도 호상열도에 해당한다. 나아가 활화산과 지진이 태평양의 주위에 많으며, 이런 곳을 현대지질학에서는 "불의 고리(Ring of fires)" 또는 "활화산의 고리"라고 부른다.

칠레 서해안의 칠레 해구와 알류샨(Aleutian) 해구와 쿠릴(Kuril) 해구처럼 아주 깊은 해구(海溝) 같은 곳은 모두 해양지각이 대륙지각의 아래로 들어가면서 아주 깊어진 곳이다. 반면 마리아나 해구는 태평양지판이 아주 작은 마리아나 지판 아래로 들어가면서 깊어진 곳이다.

대륙의 가장자리에 있는 안데스산맥은 해양지각이 대륙지각 아래로 들어가면서 높아졌다. 로키산맥은 해양지각이 섭입할 때 높아졌고 이어서 생겨난 산맥들이 겹쳐졌다. 또한 히말라야 산맥은 대륙이동에 따라 인도를 실어온 해양지각이 아시아 대륙 아래로 들어간 다음, 같은 대륙지각인 인도와 아시아 대륙이 서로 부딪치면서 높아진 결과이다. 이렇게 대륙지각과 해양지각의 움직임-활화산과 지진-해저의 해구들과 대륙의 산맥 같은 지형들은 우연히 생긴 것이 아니라 서로 긴밀하게 연결되어 있다.

해저에는 위에서 말한 섬 외에도 하와이처럼 지구 내부 수천 km에서 열기(熱氣)가 솟아오르는, 지질학에서 말하는 이른바 "열점(熱點 hotspot)" 위에 놓여 있는 섬들도 있다. 예컨대, 하와이 군도와 갈라파고스 제도는 마그마가 분출하는 열점이며, 타히티섬은 분출하던 현상이 멈춘 곳이다. 따라서 광대한 대양의 해저는 해령에서 멀어지면서, 대부분 침강하지만 지역에 따라서는 융기하는 수도 있다. 또한 해저에는 해저화산들이 많다.

이런 현상들을 일으키고 지형들을 만드는 근본 힘이 바위 속에 있는 우라늄(U)이나 토륨(Th) 같은 방사능원소가 천천히 붕괴하면서 생기는 열이다. 이 열이 지구 내부에 축적되어 열대류(熱對流) 작용으로 지면 쪽으로 올라가며 열점이나 대양저나 해령에서 천천히 솟아오른다.

산호초는 알다시피 산호라는 동물의 생태(生態)와 해수의 상태, 해저의 지각운동이 서로 결합된 결과이다. 곧 따뜻하고 깨끗하고 염분이 적당한 대양의 일정한 깊이에서만 살아가는 산호는 지각변동에 따라 오르내리는 해저에서, 본능에 따라 살기 좋은 환경을 찾아가면서 번성하거나 쇠퇴한다. 그러므로 다윈이 말한 대로 해저가 침강하는 경우, 일정한 깊이에서만 사는 산호는 생물의 생태에 따라 위로 솟아오르며, 죽은 산호는 조각이 되어 대양의 파도에 따라 쌓여 산호초의 일부가 된다. 그때 산호초 안의 넓은 바다에 가라앉던 육지가 남아 있으면 보초이고, 완전히 침강해 산호초만 반지처럼 둥글게 남아 있으면 환초이다. 반면 섬이 융기한다면, 산호는 살기 좋은 수심을 찾아 점점 아래로 내려가겠지만, 섬에서 아주 멀어지지 못할 것이다. 이런 산호초가 거초이다.

다윈이 산호초의 구조와 그 형성과정을 만족스럽게 설명한 다음, 그 감격을 "산호초를 만드는 산호들은 지하에서 일으키는 지표의 오르내림에 관한 놀라운 기억들을 간직하고 있다. 우리는 보초 하나하나에서 육지가 침강했다는 증거를 보고, 환초 하나하나에서는 지금은 사라진 섬이 기념물을 보고 있다. 그러므로 우리가, 1만 년을 살면서 지나간 변화를 기록하는 지질학자처럼, 지구표면이 갈라지고 땅과 육지가 뒤바뀌는 거대한 세계를 들여다볼 통찰력을 얻는다"고, 1860년에 발간된 비글호 항해기 제20장 "킬링섬-산호초 형성과정"의 말미에다 적었다.
다윈은 20세기 중엽부터 밝혀지기 시작한 지질학-지구물리학에 바탕을 둔, 위에서 말한 새로운 현상들과 이론들을 몰랐지만, 남아메리카 대륙의 파타고니아와 안데스산맥과 태평양과 산호를 연결시켜, 산호초가 형성되는 과정을 인류사상 최초로 올바르게 설명했다. 다윈의 위대함과 그가 천재임을 다시 한 번 알 수 있다.

부록

채색한 지도, 도판 III에 있는 초와 섬들의 상세한 설명

제6장의 모두에서 나는 지도의 색깔에 관한 원칙을 설명했다. 지도는 프랑스 일반해양자료보관소가 1835년 발행한 지도를 C. 그레시어(Gressier) 씨가 똑같이 복사한 지도이다. 이름들을 영어로 바꾸었고, 경도만 그리니치 경도에 맞추었다. 처음으로 큰 축척의 정확한 해도에 색깔을 칠했다. 역사상 알려진 활화산들은 새빨갛게 칠했으며 마지막 장에서 설명했다. 지도의 동쪽부터 설명할 것이며, 순서대로 설명해 서쪽으로 가서 태평양과 인도양을 가로지른 다음, 서인도제도에서 끝맺겠다.

아메리카 대륙의 서해안에는 산호초가 전혀 없는 것으로 보인다. 비글호가 조사한 적도 남쪽과 그 북쪽이 그렇다. 산호들이 번성하는 파나마만에서조차도 로이드(Lloyd) 씨의 말로는 참된 산호초가 없다. 내가 손수 조사한 갈라파고스 제도에도 산호초가 없다. 내가 믿기로는 코코스 군도와 레비야-히헤도 군도와 부근의 다른 군도에도 산호초는 없다. 북위 10도, 서경 109도의 클리퍼턴 바위는 최근에 벨처(Belcher) 함장이 조사했는데, 화산의 화구처럼 생겼다. 해군성에 있는 발간되지 않은 평면도에 첨부된 그림에서 그 섬은 분명히 환초가 아니다. 광대한 동태평양에는 이스터섬과 살라섬과 고메스섬 말고는 섬이 하나도 없는데, 이 섬들도 초로 둘러싸인 것으로는 보이지 않는다.

로 제도—이 그룹은 약 80개의 환초들로 되어 있다. 이들을 일일이 설명한다는 것은 정말 불필요할 것이다. 뒤르빌(D'Urville)과 로탱(Lottin)의 해도에서는 (월촌스키)섬 하나가 앞 장에서 설명했다시피 높은 섬이라고 대문자로 씌였는데, 이는 분명히 틀린 것이, 벨링스하우젠(Bellingshausen)의 해도원본에서는 그 섬이 환초이기 때문이다. 비치(Beechey) 함장의 말로는 (내가 해군성에서 본, 발간되지 않은 좋은 해도의 더 많은 환초에서) 그가 조사한 32개의 그룹 가운데 29개 그룹에는 지금 초호가 있고, 나머지 세 개 그룹에도 원래 있었다고 믿는다. 벨링스하우젠의 말에 따르면 그가 발견한 섬 17개는 구조가 비슷했고, 그 섬 모두를 큰 축척의 해도에다 그렸다(항해기 도서관에서 1834년에 발간된 이 러시아 항해기의 443쪽을 보라). 코체부에(Kotzebue)는 섬 몇 개의 평면도를 그렸다. 쿡(Cook)과 블라이(Bligh)도 섬 몇 개를 이야기했다.* 비글(Beagle)호를 타고 항해했을 때에도 몇 개가 보였고,** 환초들에 대한 이야기가 몇 가지 발간물에 흩어져 있다. 이 제도에 있는 **악태온**(*Actaeon*) 그룹은 최근에 발견되었다(지리학 학술지 7권 454쪽). 이 그룹은 세 개의 작고 낮은 섬들로 되었는데, 섬 하나에는 초호가 있다. 남위 22도4분, 서경 136도20분에서 초호가 있는 섬이 발견되었다(항해잡지 1839년 770쪽). 이 그룹의 남동쪽에는 다르게 형성된 섬들이 있다. 비치는 (4판, 46쪽에서) **엘리자베스섬**이 해안에서 200~300야드 떨어져 산호초로 둘러싸여 있다고 말했다. 이 섬을 붉은색으로 칠했다. **핏케언섬**이 바로 근처에 있는데, 비치에 따르면 해안에 석회조각들은 많아도 초는 없다. 이 섬의 해안 가까이도 아주 깊으며(비치의 항해기 동물학 부분 164쪽을 보라), 이 섬은 색칠을 하지 않았다. **갬비어 군도**는 보초로 둘러싸여 있다(도판 I 그림 8을 보라). 초호에서 가장 깊은 곳은 38패덤이다. 이 군도는 파란색을 연하게 칠했다. 지도에서 파란색을 진하게 칠한 넓은 자리 바로 가까이 타히티의 북동쪽에 있는 **오로라섬**은 쿠투이(Couthouy) 씨를 믿고 이미 이야기했다(130쪽). 이 섬이 융기한 환초이지만, 살아 있는 초로 싸이지 않은 것으로 보여, 색칠을 하지 않았다.

소사이어티 제도는 로 제도에서 조금 떨어져 있다. 이 제도들의 방향이

---

* 쿡은 제임스 쿡(James Cook 1728~1779) 함장을 말하며 블라이는 윌리엄 블라이(William Bligh 1754~1817) 함장을 말한다. 두 사람 다 영국군함의 함장이다.

** 비글호가 갈라파고스 제도를 떠나 타히티로 가면서 로 제도를 지나갔다.

평행해서 서로 관계가 있다고 생각된다. 나는 초로 둘러싸인 아름다운 이 섬들의 일반적인 초의 특징을 벌써 말했다. 코키유(Coquille)호 항해기 지도책에는 이 그룹의 일반해도와 섬 몇 개의 평면도가 있다. 이 그룹에서 가장 큰 **타히티**는 쿡의 해도에서 보듯이, 해안에서 0.5마일에서 1.5마일 떨어진 초로 거의 둘러싸여 있고, 초호는 깊이가 10~30패덤이다. 섬의 북동쪽 해안에서 해안에 평행하게 물에 잠긴 상당한 규모의 초가 최근에 발견되었는데(1836년 발간 항해잡지 264쪽), 그 초에는 넓고 깊은 곳이 있으며, 쿡 말고는 아무도 정박하지 않았다. **에이메오**(*Eimeo*)에서는 초가 "그 섬을 둘러싸는 반지 같으며, 몇 군데에서는 초가 해안에서 1~2마일 떨어졌지만, 해변과 붙은 곳도 있다."(엘리스 폴리네시아 연구 12판 1권 18쪽) 쿡은 초안의 포구에서 깊이가 (20패덤인) 깊은 곳을 발견했다. 그러나 쿠투이 씨는 (의견 45쪽에서) 타히티와 에이메오에서 보초와 해안 사이는 거의 메워졌다고 말한다—"섬을 둘러싸는 거의 끊어지지 않은 거초와 폭이 수 야드에서 1마일이 좀 넘게 변하는 초호는, 이 초와 바다 초," 곧 보초 "사이에서 수로를 만드는 초호"라고 말한다. **타파마노아**(*Tapamanoa*)는 해안에서 상당히 떨어진 초로 둘러싸여 있다. W. 엘리스(Ellis) 목사가 나에게 알려준 바로는, 이 작은 섬에는 좁고 굽어진 보트 수로가 터져 있을 뿐이다. 이 섬이 그 그룹에서 가장 낮은 섬이며, 높이는 500피트를 넘지 않을 것이다. 타히티의 조금 북쪽으로 작은 산호섬들인 **테투로아**가 있다.* (선교이야기의 저자인)

* **테투로아**(*Teturoa*)는 나무가 우거진 크고 작은 산호섬 12개와 물에 잠겨 거의 보이지 않는 섬 하나로 된 환초이다. 그런 점에서 D. 티어먼 목사와 G. 베넷 씨의 설명이 그 환초에 가장 가까운 설명이다. 또 환초를 이루었다는 다윈의 생각도 정확하다. 스텃치베리 씨가 그 작은 섬들을 단순히 한 개의 좁은 마루로 설명한 것도 전체가 환초이기 때문일 것이다. 이름이 하나인 것도 그런 것과 관련이 있다고 생각된다. 지금 이름은 테티아로아(Tetiaroa)이며 개인공항이 있는 휴양지이다. 미국 영화배우 말론 브랜도(Marlon Brando 1924~2004)가 1960년대에

J. 윌리엄스(Williams) 목사의 이야기에서, 나는 그 섬들이 작은 환초를 이루고 있다고 생각했다. 또 D. 티어먼(Tyerman) 목사와 G. 베넷(Bennett) 씨의 (항해와 여행 전문지 1권 183쪽) 설명도 마찬가지여서, 그들은 그 열 개의 낮고 작은 산호섬들이 "보통 초 안에 있으며 연결되는 초호들로 나뉘었다"고 말한다. 그러나 스텃치베리(Stutchbury) 씨는 (서부 잉글랜드 학술지 1권 54쪽에서) 단순히 한 개의 좁은 마루로 되어 있다고 설명해서, 나는 색칠을 하지 않았다. 포스터(Forster)는 그 그룹의 동쪽에 있는 마이테아(*Maitea*)를 초로 둘러싸인 높은 섬으로 분류했다. 그러나 D. 티어먼 목사와 G. 베넷 씨의 (1권 57쪽) 이야기로는, 초 없이 바다에서 아주 급한 경사로 솟아오른 원추형 지형으로 보이지만, 나는 색칠을 하지 않았다. 이 그룹의 북쪽에 있는 섬들은 쿡의 항해기 4판에 있는 해도와 코키유호 항해기에 있는 지도책에서 아주 잘 나오기 때문에, 설명할 필요는 없을 것이다. 북쪽에 있는 섬 가운데, 초에서 수심 4.5패덤으로 물이 깊지 않은 단 하나의 섬이 마우루아(*Maurua*)이다. 그러나 (코키유호 항해기에 있는 지도책에는 물속으로 급하게 깊어지는 그림이 있어) 초의 폭이 섬의 남쪽에서는 3.5마일로 커지고, 6장의 서두에서 설명한 원리로는, 그 섬이 보초에 속한다. 여기에서 W. 엘리스 목사가 나에게 알려준 바로는, 우아앤(*Huaheine*)의 북동쪽에는 폭이 대략 1/4마일인 모래 뱅크가 있는데, 해안에 평행하며 해안과는 넓고 깊은 초호로 나뉜다고 한다. 이 모래 뱅크는 산호바위 위에 있으며, 원래는 틀림없이 살아 있는 산호로 된 초였다. 볼라볼라(Bolabola) 북쪽에는 (코키유호 지도책에서는 모토우-이티Moutou-iti인) 토우바이(*Toubai*) 환초가 있는데, 진한 파란색이고, 보초로 둘러싸인 다른 섬들은 연한 파란색이다. 그 가운

구입했으나 죽은 이후 타히티회사가 관리한다.

데 셋은 도판 I에 있는 그림 3, 그림 4, 그림 5이다. 소사이어티 제도의 약간 동쪽에 낮은 산호 그룹 세 개가 있고, 거의 그 제도의 일부를 이룬다. 곧 벨링스하우젠이 코체부에 말로는 (2차 항해기 2권 255쪽에서) 초호도이다. 모페하(*Mopeha*)는 쿡이 (2차 항해기 3책 1장에서) 설명한 바로는 틀림없이 환초이다. 또 스킬리(*Scilly*) 군도가 월리스(Wallis)의 말로는 (항해기 9장에서) 낮고 작은 섬들과 사주로 된 로 그룹을 만들며, 그들이 한 개의 환초일 것이다. 앞의 두 개는 파랗게 칠했지만 후자는 칠하지 않았다.

멘다나 그룹 또는 마르케사스 그룹—이 군도에는 초가 하나도 없으며, 크룬센슈테른(Krunsenstern)의 지도책에서 보듯이, 소사이어티 제도의 이웃에 있는 군도와 아주 다르다. F. D. 베넷 씨가 지리학 학술지 7권에서 이 그룹에 관한 이야기를 했다. 그의 말로는 섬들의 일반적인 특징들은 같으며, 해안 가까이가 아주 깊다고 한다. 그는 그 섬들 가운데 세 개, 곧 도미니카나(*Dominicana*)섬과 크리스티아나(*Christiana*)섬과 로아포아(*Roapoa*)섬을 찾아갔다. 그 섬들의 해안에는 마모가 된 산호 덩어리들이 흩어져 있었고, 일반적으로 말하는 초는 없어도 해안 많은 곳에 산호바위가 줄처럼 늘어 있어서, 보트들이 이 바위에 얹히곤 한다. 따라서 이 섬들은 아마 거초에 속해야 할 것이므로 붉게 칠해야 했다. 그러나 조심하다가 꼭 틀릴 것 같아서 칠하지 않고 내버려두었다.

쿡섬 또는 하비섬과 남방군도—쿡 함장이 1774년 항해기에서 파머스톤(*Palmerston*)섬이 환초라고 짧게 설명하여, 나는 파랗게 칠했다. 아이투타키섬은 비글호 항해 때에 일부를 조사했다(어드벤처호*와 비글호 항해기의 지도를

* 어드벤처(Adventure)호는 비글호 1차 항해(1826~1830)에서 비글호와 함께 남아메리카 수로를 조사한 영국해군 군함으로, 380톤이며 비글호보다 더 크다. 당시 탐험대장이자 어드벤처호 함장이 필립 파커 킹(Philip Parker King 1791~1856)이다. 이 항해에서 아이투타키

보라). 땅에는 구릉이 있는데 해안까지 완만하게 기울어져 있다. 가장 높은 지점은 360피트이고, 남쪽에서 초가 육지로부터 5마일을 뻗어 나와 있다. 이 부근에서 비글호는 길이 270패덤 로프를 가지고도 바닥에 닿지 못했다. 초에는 낮고 작은 산호섬들이 많다. J. 윌리엄스 목사의 이야기로는, 초안에서는 물의 깊이가 수 피트를 넘지 않아 아주 얕아도, 이 초가 뻗어나간 곳에서는 아주 깊다. 그러므로 최근 이야기한 원리대로 하면, 이곳의 섬은 아마 보초에 속하리라 믿어, 나는 아주 주저하면서 파란색을 연하게 칠했다—**마노우아이**(*Manouai*)섬 또는 **하비섬**. 가장 높은 지점은 약 50피트이다. J. 윌리엄스 목사는 이 초가 땅에서는 멀지만 아이투타키보다는 덜 멀고, 초 안의 물은 오히려 더 깊다고 말한다. 나는 매우 의심했지만 파란색을 연하게 칠했다—윌리엄스 씨의 말로는 초가 **미티아로**(*Mitiaro*)섬의 해안을 따라 붙어 있어서, 붉게 칠했다. —**마우키**(*Mauki*) 섬 또는 마우티(Maouti) 섬. (왕립해군 블론드H.M.S. Blonde호 항해기 209쪽의 패리Parry섬인) 이 섬을 두르는 초의 폭은 겨우 50야드이며 물의 깊이가 2피트인 산호평지로 설명되어 있다. 윌리엄스 씨가 이 내용을 입증했는데, 그는 초가 붙어 있었다고 말해서, 붉게 칠했다. —**아티우**(*Atiu*)섬 또는 와티오(Wateeo)섬. 이 그룹의 다른 섬들처럼 꽤 솟아올라 있고 구릉이 있는 섬이다. 초는 쿡의 항해기에서 해안에 붙어 있다고 했으며 폭이 약 100야드이다. 붉게 칠했다. —**페누아-이티**(*Fenoua-iti*)섬. 쿡은 이 섬을 높이가 6~7피트가 되지 않는 아주 낮은 섬이라고 기록했다(1권 2책 3장 1777). 코키유호 지도책에 있는 해도에는 초가 해안 가까이에 있다. 이 섬이 윌리엄스 씨의 선교

(Aitutaki)섬을 조사했다. 다윈이 참가한 비글호 2차 항해(1831~1836)에서는 로버트 피츠로이(Robert Fitzroy 1805-1865)가 함장이었으며 그 섬을 찾아가지 않았다.

이야기(16쪽)에 있는 목록에는 없다. 섬의 본질이 의심스럽다. 아티우섬에 아주 가까워 어쩔 수 없이 붉게 칠했다. —라로통가(*Rarotonga*) 섬. 윌리엄스 씨가 이 섬은 현무암으로 된 높은 섬이라고 나에게 알려주었다. 초가 붙어 있다기에 붉게 칠했다. —루루티(*Rourouti*)섬과 록스버르(*Roxburgh*)섬과 헐(*Hull*)섬은 내가 자료를 구할 수 없어서 아무 색깔도 칠하지 않았다. 프랑스 해도에 헐섬은 작은 글자로 높이가 낮다고 씌어 있다. —망가이아(*Mangaia*)섬은 높이가 약 360피트이며, (윌리엄스의 선교이야기 18쪽에는) "섬을 둘러싸는 초가 해안에 닿는다"고 기록되어 있어, 붉은색으로 칠했다. —리메타라(*Rimetara*)섬은 윌리엄스 씨의 말로는 초가 해안에 상당히 가깝지만, 엘리스 씨의 말을 들으면 초들이 앞의 섬들처럼 그렇게 가까이 붙은 것으로는 보이지 않는다. 이 섬의 높이는 약 300피트이며(1839년 발간 항해잡지 738쪽), 붉은색으로 칠했다. —루루투(*Rurutu*)섬은 윌리엄스 씨와 엘리스 씨의 말로는 초에 붙어 있다. 나는 이 섬을 붉은색으로 칠했다. 쿡은 이 섬을 오헤테로아(Oheteroa)섬이라고 불렀으며, 그의 말로는 부근 섬들처럼 초로 둘러싸이지 않았다. 그는 분명히 멀리 있는 초를 말한다. —투부아이(*Toubouai*)섬. 쿡의 (2차 항해기 2권 2쪽) 해도에서 초가 해안에서 1마일인 곳도 있고 2마일인 곳도 있다. 엘리스 씨는 (폴리네시아 연구 3권 381쪽에서) 이 섬의 바닥을 따르는 낮은 땅이 아주 넓다고 말했다. 그가 나에게 말한 바로는 초 안의 물이 깊게 보인다고 한다. 파랗게 칠했다. —라이바이바이(*Raivaivai*)섬 또는 비비타오(Vivitao)섬. 윌리엄스 씨의 말로는 초가 이 섬에서는 멀다. 그러나 엘리스 씨는 분명히 섬의 한쪽은 그렇지 않다고 말했다. 그는 초 안의 물이 깊지 않다고 믿는다. 그래서 내가 아무 색깔도 칠하지 않았다. —랑카스터(*Lancaster*)초는 1833년에 발간된 항해잡지(693쪽)에서는 아주 넓은 초승달 모양의 산호초라고 되어 있으나, 내가 아무 색깔도 칠하지 않았다. —**라파**(*Rapa*)섬 또는 오파레(Oparree)섬은 엘리스와 뱅쿠버(Vancouver)의 말로는 초가 없는 것으로 보인다. —**배스**(*Bass*)섬이 부근에 있으며 어떤 것도 알 수 없었다. —**케민**(*Kemin*)섬. 크룬센슈테른은 이 섬의 위치를 거의 모르는 것 같았고 특별한 이야기도 없다.

로(Low)제도와 길버트(Gilbert)제도 사이의 섬들

캐롤라인(*Caroline*)섬(남위 10도, 서경 150도)은 F. D. 베넷 씨가 (지리학 학술지 7권 225쪽에서) 아름다운 초호가 있다고 해서 파랗게 칠했다. —**플린트**(*Flint*) 섬(남위 11도, 서경 151도). 크룬센슈테른은 이 섬을 키로스(Quiros)가 (버니Burney의 역사연대기 2권 283쪽에서) "초로 연결된 작은 섬들의 그룹이며 가운데에는 초호가 있다"라고 기록한 **페레그리노**(*Peregrino*)섬과 같은 섬으로 믿었으며, 내가 이 섬을 파랗게 칠했다. —**워스톡**(*Wostock*)섬은 직경이 반 마일 조금 넘는 섬이며 매우 평탄하고 낮으며 벨링스하우젠이 발견했다. 이 섬은 캐롤라인섬의 약간 서쪽에 있으나 프랑스 해도에는 없다. 벨링스하우젠의 해도로 보아 원래 그 섬에는 작은 초호가 있었다고 좀 의심되지만, 색깔을 칠하지 않았다. —**펜린**(*Penrhyn*)섬(남위 9도, 서경 158도), 코체부에 1차 항해기의 지도책에 있는 이 섬은 환초이다. 파랗게 칠했다. —**스타벅**(*Starbuck*)섬(남위 5도, 서경 156도)은 바이런(Byron) 경의 블론드호 항해기(206쪽)에는 나무가 없는 평탄한 산호바위라고 기록되어 있으며 높이는 기록되어 있지 않다. 나는 색칠을 하지 않았다. **몰덴**(*Malden*)섬(남위 4도, 서경 154도)은 블론드호 항해기(205쪽)에 산호체이며 높이는 40피트를 넘지 않는다고 기록되어 있다. 내가 색칠을 하지는 않았으나, 산호체이므로 산호초들이 아마 섬 가까이 있을 것이다. 그렇다면 붉은색으로 칠해야 한다. —**자르비스**(*Jarvis*)섬 또는 **벙커**(*Bunker*)섬(남위 0도20분, 서경 160도)은

F. D. 베넷 씨가 (지리학 학술지 7권 227쪽에서) 좁고 낮은 산호체라 기록했다. 나는 색을 칠하지 않았다. —브룩(*Brook*)은 후자 둘 사이에 있는 작고 낮은 섬이다. 섬의 위치가 의심스럽고 이 섬이 실제 있는지조차도 의심스럽다. 색을 칠하지 않았다. —페스카도(*Pescado*)섬과 험프리(*Humphrey*)섬. 나는 후자가 작고 낮게 보인다는 것 말고는, 이 섬 두 개에 관한 어떤 기록도 찾아내지 못했다. 색을 칠하지 않았다. —리어슨(*Rearson*)섬 또는 알렉산더 대공(Alexander 大公)섬(남위 10도, 서경 161도)은 벨링스하우젠이 평면도를 그린 환초이며, 파랗게 칠했다. —수보로프(*Souvoroff*) 군도(남위 13도, 서경 163도)는 크룬센슈테른(Krunsenstern) 제독이 고맙게도 이 군도에 관한 이야기를 이 군도를 발견한 라자레프(Lazareff) 제독한테 들어서 전해주었다. 이 군도는 산호가 모여서 된 다섯 개의 아주 낮은 섬들로 되어 있으며, 그중 두 개는 초로 연결되고 부근의 수심이 깊다. 이 군도에 초호는 없지만, 섬 사이로 줄을 그으면 달걀꼴이 되며 그 일부 지역의 수심은 얕다. 그러므로 이 작은 섬들은 아마 한때 (캐롤라인 제도에 있는 작은 섬들처럼) 환초한 개였을 것이다. 그러나 나는 색깔을 칠하지 않았다. —데인저(*Danger*)섬(남위 10도, 서경 166도)은 바이런(Byron) 해군준장이 낮다고 기록했으며, 최근에는 벨링스하우젠이 조사했다. 이 섬은 작은 섬 세 개가 있는 작은 환초로, 파랗게 칠했다. —클레어런스(*Clarence*) 섬(남위 9도, 서경 172도)은 판도라(Pandora)호에서 발견했으며 (G. 해밀턴Hamilton의 항해기 75쪽), 항해기에는 "육지를 따라 항해하면서 우리가 초호를 가로지르는 카누 몇 척을 보았다"는 내용이 있다. 이 섬은 다른 낮은 섬들과 아주 가깝다. 원주민들은 이 섬의 오래된 야자나무로 저수장치를 만든다고 한다. (이 사실이 이 섬의 본질을 보여준다고 생각되며)* 이 섬이 환초라는 데 의심이 없어 파랗게 칠했다. —요크(*York*)섬(남위 8도, 서경 172도)은 바이런 해군준장이 (그의 항

해기 10장에서) 환초라고 기록했으며, 파랗게 칠했다. —시드니(*Sydney*)섬(남위 4도, 서경 172도)은 직경이 약 3마일이며, 안에는 (트로멜린Tromelin 함장의 1829년 해운연보 297쪽에서 보는 것처럼) 초호가 있고 파랗게 칠했다. —피닉스(*Phoenix*)섬(남위 4도, 서경 171도)은 (트로멜린의 1829년 해운연보 297쪽에서 보는 것처럼) 거의 원형이며 낮고 모래가 섞여있다. 직경은 2마일이 되지 않으며, 바깥은 경사가 매우 급하다. 이 섬에는 원래 초호가 하나 있었다고 추정된다. 그러나 나는 색깔을 칠하지 않았다. —뉴난타켓(*New Nantucket*)섬(북위 0도15분, 서경 174도). 프랑스 해도를 보면 이 섬은 아주 낮은 섬이 틀림없으며, 이 섬이나 마리아(*Mary*)섬에 관한 내용은 아무것도 알 수 없었고, 둘 다 색깔을 칠하지 않았다. —가드너(*Gardner*)섬(남위 5도, 서경 174도)은 위치로 보아 (1827년에 발간된 크룬센슈테른Krunsenstern의 회고록의 부록 435쪽에) 중앙에 초호가 있다고 기록된 케민(*Kemin*)섬과 확실히 같으며, 파랗게 칠했다.

샌드위치 제도의 남쪽에 있는 섬들

크리스마스섬(북위 2도, 서경 157도). 쿡 함장이 3차 항해기(2권 10장)에서 이 환초를 자세히 이야기했다. 이 환초의 초에 있는 작은 섬들의 폭은 보통과 달리 매우 넓으며, 부근의 바다는 일반적인 경우처럼 그렇게 급하게 깊어지지 않았다. 최근에는 F. D. 베넷(Bennett) 씨가 이 섬을 찾아갔으며, 나에게 이 섬이 낮고, 산호체로 되었다고 장담했다(지리학 학술지 7권 226쪽). 내가 특별히 이 말을 하는데, 뒤르빌(D'Urville)과 로탱(Lottin)의 해

* 야자나무로 저수(貯水)장치를 만든 것을 보아, 이 섬에서는 물이 귀하다고 생각된다. 적도지역에 있어 물이 모자라지 않을 것 같아도 모자랄 때가 있을 것이다. 그러나 다윈이 이 섬에서만 이런 이야기를 하는 것으로 보아, 그런 일이 흔하지는 않은 것으로 생각된다.

도에는 이 섬이 높다고 대문자로 씌어 있기 때문이다. 하와이안 스펙테이터(Hawaiian Spectator)호를 타고 간 쿠투이(Couthouy) 씨 또한 (의견 46쪽에서) 이 섬 이야기를 했다. 그는 이 섬이 최근 약간 융기했다고 믿지만, 그의 증거가 나에게는 만족스럽지 않다. 초호의 가장 깊은 부분은 겨우 10피트라고 한다. 그런데도 나는 이 섬을 파랗게 칠했다. —**패닝**(*Fanning*) 섬(북위 4도, 서경 158도)은 트로멜린 함장의 말로는 환초이다(1829년 해운연보 283쪽). 크룬센슈테른(Krunsenstern)의 이야기는 패닝(Fanning)의 항해기(224쪽)와는 다른데, 패닝의 항해기가 아주 명확한 것은 아니다. 나는 이 섬을 파랗게 칠했다. —**워싱턴**(*Washington*)섬(북위 4도, 서경 159도)은 뒤르빌의 해도에는 낮은 섬으로 그려져 있으나, 패닝의 기록(226쪽)으로는 패닝섬보다 훨씬 높으므로 환초라고 생각되지 않는다. 나는 이 섬을 색칠하지 않았다. —**팔미라**(*Palmyra*)섬(북위 6도, 서경 162도)은 둘로 나뉜 환초로 (크룬센슈테른의 회고록 보충본 50쪽과 패닝의 항해기 233쪽) 파랗게 칠했다. —**스마이스 군도**(*Smyth's Islds.*) 또는 존스턴 군도(Johnston's Islds.) (북위 17도, 서경 170도). 왕립해군 스마이스(Smyth) 함장이 친절하게도 이 군도가 아주 낮은 두 개의 섬들로 이루어져 있으며, 동쪽 끝 부근의 초는 아주 위험하다고 알려주었다. 스마이스 함장은 이 작은 섬들이 초와 함께 초호를 둘러싸는지는 기억하지 못했다. 색칠하지 않았다.

샌드위치 제도—**하와이**. 프레시네(Freycinet)의 지도책에 있는 해도에는 이 제도의 해안에 초가 약간 있다. 그 지도와 함께 있는 수로조사기의 여러 곳에도 초 이야기가 있으며, 산호가 해저 케이블에는 해롭다고 기록되어 있다. 작은 섬 코하이하이(Kohaihai)의 한쪽에는 수심 5피트에 모래와 산호로 된 뱅크가 있는데, 해안에 평행하며 이 뱅크에는 수심 약 15피트의 수로가 있다. 나는 이 섬을 붉은색으로 칠했으나, 초로 싸인 것은 그 그룹의 다른 섬들보다 훨씬 못하다. —마우이(*Maui*). 프레시네의 라헤이나(Raheina) 포구 해도에서는 해안 2~3마일이 초로 싸여 있다. 수로조사기에는 "해안을 따라 발달한 산호 뱅크"가 있다고 기록되어 있다. F. D. 베넷 씨는 초가 해변에서 평균 약 1/4마일 뻗어나가 있음을 알려주었다. 육지는 경사가 급하지 않으며 초 바깥에서 바다는 그렇게 갑자기 깊어지지 않는다. 붉은색으로 칠했다. —모로토이(*Morotoi*)섬은 내 상상으로는 초로 싸여 있다. 프레시네는 해안을 따라 해안에서 약간 떨어진 암초 이야기를 했다. 내가 해도를 보고 초로 싸여 있다고 믿었다. 나는 이 섬을 붉은색으로 칠했다. —오아후(*Oahu*)섬. 프레시네는 그의 수로조사기에서 이 섬의 초 이야기를 했다. F. D. 베넷 씨는 해안 40~50마일이 초로 싸여 있다고 알려주었다. 초로 이루어진 포구가 하나 있으나, 골짜기의 입구에 있다. 붉은색으로 칠했다. —아투이(*Atooi*)가 라 페루즈(La Peyrouse)의 해도에서는 오아후나 모로토이처럼 초로 둘러싸여 있다. 엘리스 씨가 알려준 바에 따르면 해안의 적어도 일부는 산호에서 생긴 물질로 되어 있다. 초에 있는 수로는 깊지 않다. 이 섬을 붉은색으로 칠했다. —오니하우(*Oneehow*). 엘리스 씨는 이 섬 역시 산호초로 둘러싸였다고 믿는다. 다른 섬들과 가까운 점으로 보아, 나는 이 섬을 감히 붉은색으로 칠했다. 내가 쿡과 뱅쿠버(Vancouver)와 라 페루즈와 리샨스키(Lisiansky)의 발간물에서 샌드위치 그룹의 북서쪽으로 흩어져 있는 작은 섬들과 초에 관하여 쓸 만한 이야기를 찾으려고 했으나 찾지 못해, 한 개를 빼놓고는 색깔을 칠하지 않았다. 그 한 개가 F. D. 베넷 씨가 알려준, 1837년 글레드스테인스(Gledstanes)호가 좌초한 위도 28도 22분, 서경 178도30분에 있는 환초 모양의 초이다. 이 초는 분명히 큰 초로 생각되며, 북서-남동방향으로 발달한다. 이 초에는 작은 섬들이 아주 드물다. 초호는 얕은 것으로 보이며, 적어도 수심을 조사한 곳에서 가장 깊은 곳이 겨우 3패덤밖에 안 된다. 쿠투이 씨는 (의견 38쪽에서) 이 섬을 오션(*Ocean*)섬이라는 이름으로 설명했다. 초호가 아주 얕고 다른 환초에서는 아주 먼 이런 종류의 초의 본질에는, 화구나 수면 아래 적절한 깊이에 평탄한 뱅크나 바위가 있을 수 있으며, 반지를 닮은 산호초의 기초가 될 가능성이 있기 때문에, 초의 본질이 상당히 의심스럽다. 그러나 초가 크고 윤곽이 대칭이어서 억지로 파랗게 칠했다.

사모아 그룹 또는 내비게이터 그룹—코체부에(Kotzebue)는 2차 항해기에서, 배가 정박할 포구가 없고 멀리 떨어져 있는 산호초들로 되어 있다는 점에서, 이 군도와 태평양에 있는 많은 군도들의 구조를 비교했다. 그래도 J. 윌리엄스 목사의 말로는 산호초들이 이 섬들의 해안을 따라 불규칙하게 분포되어 있지만, 망가이아(Mangaia)와 초로 완전히 싸인 다른 섬들처럼, 산호초들이 계속 발달하며 연속되는 띠를 만들지는 못한다. 라 페루즈 항해기에 있는 해도를 보면 사바이이(*Savaii*)섬, 마오우나(*Maouna*)섬, 오로센가(*Orosenga*)섬, 마누아(*Manua*)섬의 북쪽 해안은 초로 싸인 것으로 보인다. 라 페루즈는 (126쪽에서) 마오우나섬을 이야기하면서, 그 섬의 해안을 두르는 산호초가 해변에 거의 닿아 있다고 말했다. 또 산호초가 작은 만과 개천 앞에서는 부서져서 수로가 되어, 카누가 지나갈 수 있고 보트도 지나갈 것 같다고 말했다. 나아가 (159쪽에서는) 그가 찾아본 모든 섬이 똑같다고 말했다.—윌리엄스 씨는 그의 선교이야기에서 오욜라바(*Oyolava*)에 붙어 있는 작은 섬을 돌아 다시 그 섬으로 돌아오는 초에 관한 이야기를 했다. 이 섬 모두를 붉은색으로 칠했다. —그 그룹의 아주 서쪽 끝에 있는 장미(*Rose*)섬의 해도를 프레시네가 만들었는데, 나는 그 해도를 보고 그 섬이 환초였다고 생각했다. 그러나 쿠투이 씨에 따르면 (의견 43쪽) 그 섬이 둘레가 1리그밖에 되지 않는 초이며 아주 작고 낮은 섬 몇 개가 있고, 초호는 대단히 얕으며, 이곳에는 큰 화산암 덩어리들이 많이 흩어져 있다. 그러므로 이 섬은, 윗면의 바깥 가장자리에 산호초가 있는, 아마 물에 몇 피트 잠기는, 바위 뱅크로 되어 있을 것이다. 따라서 이 섬을 환초로는 분류할 수가 없는데, 환초에서는 초의 기초가 초를 만드는 군체동물들이 살 수 있는 깊이보다 언제나 더 깊은 곳에 있다고 생각되기 때문이다. 나는 색칠을 하지 않았다.

베버리지 초(*Beveridge Reef*)는 남위 20도, 서경 167도에 있으며, (1833년 5월 442쪽) 항해잡지에는 남북방향 길이가 10마일이며 폭은 8마일로 되어 있다. "초 안에는 물이 깊어 보인다"고 씌어 있으며, 남서쪽 구석 가까이에 통로가 있다. 그러므로 이 초는 물에 잠긴 환초로 보이며, 파랗게 칠했다.

새비지(*Savage*)섬은 남위 19도, 서경 170도에 있으며 쿡과 포스터가 설명했다. 포스터의 아들은 (2권 163쪽에서) 높이가 약 40피트라고 말했다. 그는 낮은 평지가 전에는 초호였다고 의심한다. J. 윌리엄스 목사는 해안을 두르는 초가 망가이아를 두르는 초를 닮았다고 알려주었다. 나는 이 섬을 붉은색으로 칠했다.

프렌들리(Friendly) 제도—필스타트(*Pylstaart*)섬. 프레시네 해도에서 판단하건대 이 섬이 초로 제대로 싸여 있다고 상상해야 한다. 그러나 (그 섬 발견자인 태즈먼Tasman의 항해기나) 수로조사기에는 산호초에 관한 내용이 하나도 없어, 색칠하지 않고 그대로 두었다. —통가타보우(*Tongatabou*). 아스트롤라베(Astrolabe)호 항해기에 있는 지도책에서는 이 섬의 북쪽에 넓은 평지를 만든 초가 남쪽에서는 좁게 나타난다. 보초라고 잘못 생각할 수도 있는 이 섬의 기원을 최근에 융기했다는 증거들을 가지고 이미 설명했다. —쿡의 해도에서 바깥에 있는 작은 섬 에오아이기(*Eoaigee*)도 초로 싸여 있다. 나는 이 섬을 붉은색으로 칠했다. —에오우아(*Eoua*). 부근의 해저는 산호들인 것 같으며, 섬 자체가 산호바위로 되어 있을지라도, 쿡 함장의 해도와 설명에서 이 섬이 초인지 확인하지 못했다. 그러나 포스터는 (관찰기 14쪽에서) 분명히 이 섬을 초가 있는 높은 섬으로 분류했으나, 확실히 보초는 아니다. 또 포스터의 아들은 (항해기 1권 426쪽에서) "산호바위로 된 층이 상륙지점 해안을 둘러쌌다"고 말했다. 그러므로 나는 그 섬을 거초로 분류했고 붉은색을 칠했다. 통가타보우의 북서쪽에 있는 **아나무카**(*Anamouka*), **코만고**(*Komango*), **코투**(*Kotou*), **레푸가**(*Lefouga*), **포아**(*Foa*) 외 몇 개의 섬이 쿡 함장의 해도에서는 초로 둘러싸여 있고, 그 가운데 몇 개는 연결된다. 쿡의 3차 항해기 1권, 그중에서도 4장과 6장에 있는 여러 이야기들로 보아, 이 초들이 산호에서 생긴 물체들로 만들어진 것으로 보이며, 확실히 보초는 아니다. 나는 이 섬들을 붉은색으로 칠했다. —**토우포아**(*Toufoa*)와 **카오**(*Kao*)는 이 그룹의 서쪽에 있으며, 포스터에 따르면 초가 없다. 전자는 활화산이다. —**바바오**(*Vavao*). 에스피노사(Espinoza)가 이상하게 생긴 이 섬의 해도를 만들었다. 윌리엄스 씨에 따르면, 이 섬은 산호바위로 되어 있다. 슈발리에 디옹(Chevalier Dillon) 씨가 이 섬은 초로 둘러져 있지 않았다고 나에게 말했다. 나는 이 섬을 색칠하지 않았다. **라테**(*Latte*) 섬과 **아마르구라**(*Amargura*)섬도 색칠하지 않았는데, 큰 축척으로 된 그 섬들의 평면도를 본 적이 없고, 초로 둘러져 있는지도 모르기 때문이다.

니오우하(*Niouha*)는 남위 16도, 서경 174도에 있는 섬이며, 월리스의 **케펠**(*Keppel*)섬 또는 **코코스**(*Cocos*)섬이라고 한다. 월리스의 항해기(4판)에 있는 이 섬의 전경과 해도로 보아, 이 섬은 분명히 초로 둘러싸여 있다. 나는 이 섬을 파랗게 칠했다. 그러나 바로 옆에 붙어 있는 **보스카웬**(*Boscawen*)섬에는 초가 전혀 없다는 것이 놀랍다. 이 섬은 색을 칠하지 않았다.

월리스(*Wallis*)섬은 남위 13도, 서경 176도에 있으며, 월리스 항해기(4판)

에 있는 해도와 전경으로 보아, 초로 둘러싸여 있다. 항해잡지 1833년 7월호 336쪽에 있는 전경도 미친기지이다. 나는 이 섬을 파랗게 칠했다.

알루파투(*Alloufatou*)섬 또는 **혼**(*Horn*)섬, 또는 **오누아푸**(*Onouafu*)섬 또는 **프로비**(*Proby*)섬과 **헌터**(*Hunter*) 군도는 내비게이터(Navigator) 그룹과 피드지(Fidji) 그룹* 사이에 있다. 이들에 관한 특별한 설명을 찾아내지 못했다.

피드지 그룹 또는 비티(Viti) 그룹. —이 그룹의 많은 섬들이 아주 잘 표시된 최고의 해도가 아스트롤라베호 항해기에 있는 지도책이다. 이 지도책과 또 함께 나온 수로조사기에 있는 설명들로 미루어, 이 섬 가운데 많은 섬들의 지형은 가파르고 높아, 3,000~4,000피트가 되는 것으로 보인다. 섬의 대부분이 땅에서 아주 멀리 떨어져 있는 산호초로 둘러싸였고, 초 바깥의 대양은 대단히 깊어 보인다. 초에서 약 1마일 떨어진 몇 군데에서 아스트롤라베호의 90패덤 측심용 로프가 바닥에 닿지 않았다. 초 안의 깊이는 재어보지 못했지만, 여러 표현들로 보아, 뒤르빌 함장이 바깥의 초를 지나갈 수로만 있다면 배들이 초 안에 정박할 수 있다고 믿는 것이 분명하다. 슈발리에 디옹 씨도 그렇다고 나에게 알려주었다. 그래서 나는 이 그룹을 파랗게 칠했다. 남동쪽에는 **바토아**(*Batoa*)섬 또는 쿡이 (2차 항해기 4판 2권 23쪽과 해도에서) 말하는 **거북**(Turtle)섬이 산호초로 둘러싸여 있는바, "산호초가 어떤 곳에서는 해안에서 2마일이나 뻗어나가 있다." 초의 안은 물이 깊어 보이며, 초의 바깥 수심은 모른다. 나는 이 섬을 파란색으로 연하게 칠했다. 수 마일 되는 거리에서 쿡 함장이 (2차 항해기 24쪽에서) 주위가 4~5리그(league) 되는 둥그스름한 산호초를 발견했는데, 초 안의 물이 깊

---

* 피드지(Fidji)는 오늘날 피지(Fiji) 군도를 말한다.

었다. "간단히 말해서 뱅크는 작은 섬 몇 개만 있다면, 그렇게 자주 이야기 했던 물에 반쯤 빠져죽은 섬과 완전히 같아진다."—곧 환초를 말한다. 바토아(Batoa) 남쪽에는 높은 섬인 오노(*Ono*)섬이 있는데, 벨링스하우젠의 지도책에서는 초로 둘러싸인 것으로 보인다. 남쪽에 있는 작은 섬 몇 개도 그렇게 보인다. 나는 이 섬들을 파란 색으로 연하게 칠했다. 오노섬 가까이에 쿡 함장이 방금 설명한 섬과 아주 비슷한 둥그스름한 초가 하나 있는데, 나는 파란색을 진하게 칠했다.

로투마(*Rotuma*)는 남위 13도, 동경 179도에 있으며—뒤페리(Duperrey) 지도책의 해도를 보고 이 섬이 초로 둘러싸였다고 생각해서, 나는 파랗게 칠했다. 그러나 슈발리에 디옹 씨는 초는 해안 일부나 약간을 두르는 정도라고 장담했다. 그렇다면 붉은색을 칠해야 한다.

인디펜던스(*Independence*)섬은 남위 10도, 동경 1.9도에 있으며, G. 베넷 씨는 (1831년 통합공사학술지 2부 197쪽에서) 산호에서 생긴 물체들로 된 낮은 섬이라고 설명했다. 섬은 작으며 초를 지나가는 통로 이야기는 있지만, 초호는 없는 것으로 보인다. 아마 초호가 한때 있었으나, 메워진 것으로 보인다. 아무 색깔도 칠하지 않았다.

엘리스(Ellice) 그룹. —오스카(*Oscar*) 그룹과 파이스터(*Peyster*) 그룹과 엘리스 그룹이 애로스미스(Arrowsmith)의 (1832년까지 수정된) 태평양해도에 환초로 나오는데, 대단히 낮다고 한다. 나는 이 그룹들을 파랗게 칠했다. —네덜란드섬(*Nederlandisch* Is.). 나는 이 섬에 관계된 원본기록을 보내준 크룬센슈테른 제독에게 큰 신세를 졌다. 이그(Eeg) 함장과 크렘셴코(Khremtshenko) 함장이 준 평면도와 전자가 준 자세한 설명서로 보아, 이 섬은 길이 약 2마일에 작은 초호가 있는 좁은 산호섬으로 보인다. 가파른 산호바위가 있는 해안 가까이의 바다는 대단히 깊다. 이그 함장은 이 섬에 있는 초호를 다른 산호섬에 있는 초호와 비교했다. 또 그는 땅이 "대단히 빛난다"고 분명하게 말했다. 그러므로 나는 이 섬을 파랗게 칠했다. 크룬센슈테른 제독이 (1835년에 발간된 태평양 연구논문집 부록에서) 해안은 80피트 높이라고 말했다. 이 높이는 아마 그 섬을 덮고 있는 야자나무의 높이인 것 같은데, 그 높이를 땅의 높이로 착각한 것으로 보인다. —그랑 코칼(*Gran Cocal*)은 크룬센슈테른의 논문집에서는 낮고 초로 둘러싸여 있다고 한다. 그 섬은 작으며 따라서 아마 한때 초호가 있었을 것이다. 나는 아무 색깔도 칠하지 않았다. —세인트오거스틴(*St. Augustin*). 코키유호 항해기의 지도책에 있는 해도와 전경으로 보아, 이 섬은 초호의 일부가 메워진 작은 환초로 보인다. 나는 이 섬을 파랗게 칠했다.

길버트 그룹. —코키유호 항해기의 지도책에 있는 이 그룹의 해도를 보면, 이 그룹은 특징이 뚜렷한 열 개의 환초로 되었다는 것을 곧 알 수 있다. 뒤르빌과 로탱의 해도에서는 사이든함(*Sydenham*)을 높이가 높다는 뜻으로 대문자로 썼으나, 사실은 이와 다른 것이, 완전한 특징을 가진 환초이고 코키유호 항해기의 지도책에는 얼마나 낮은가를 잘 보여주는 스케치가 한 장 있기 때문이다. 좁고 띠 같은 초들이 드러몬드(*Drummond*) 환초의 남쪽에서 튀어나와 이 섬은 불규칙한 형태가 된다. 이 그룹의 남쪽에 있는 섬이 체이스(*Chase*)(또는 로치스*Rotches*라고 하는 해도들도 있는데)이며, 내가 이 섬에 관한 기록을 찾아내지 못했지만, F. D. 베넷 씨는 (지리학 학술지 7권 229쪽에서) 로치스섬의 경도라고 한 경도에서 서쪽으로 약 3도쯤 간, 거의 같은 위도에서 낮고 넓은 섬 하나를 발견했는데, 아마 같은 섬일 가능성이 대단히 높다. 베넷 씨는 돛대 꼭대기에 있는 사람이 그 섬의 가운데에서 초호로 보이는 물을 보고했다고 나에게 알려주었다. 그러므로 그 섬의 위치로 보아, 그 섬을 파랗게 칠했다. —피트(*Pitt*)섬은 이 그룹의 북쪽 아주 끝에 있으며, 정확한 위치와 땅의 본질을 몰라 나는 아무 색깔도 칠하지 않았다. —바이런(*Byron*)섬은 약간 동쪽에 있다. 바이런 해군준장의 항해 이후 아무도 찾아가지 않은 것으로 생각되며, 그때에도 18마일 거리에서 보았을 뿐이다. 그 섬이 낮다고 하며, 나는 아무 색깔도 칠하지 않았다.

오션(*Ocean*) 군도와 플레즌트(*Pleasant*) 군도와 아틀란틱(*Atlantic*) 군도. —모두 길버트 그룹으로부터 상당히 서쪽에 있다. 나는 이들 군도에 관한 분명한 설명들을 찾아낼 수 없었다. 프랑스 해도에는 오션섬이 소문자로 씌어 있으나, 크룬센슈테른의 논문집에서는 높다고 한다.

마셜 그룹. —코체부에가 두 차례 항해하면서 각각의 섬에 관한 아주 좋은 해도를 만들어 우리는 이 그룹을 잘 알고 있다. 크룬센슈테른의 지도책과 코체부에 2차 항해기에서 전체 그룹을 축소한 해도를 쉽사리 볼 수 있다. 이 그룹은 (초호가 메워졌다고 생각되는 작은 섬 두 개를 빼고는) 두 줄로 된 23개의 크고 특징이 잘 나타난 환초들로 되어 있는데, 이 환초들을 조사한 차미소(Chamisso)가 이 산호체를 아주 잘 설명했다. 나는 이 그룹에 가스파르-리코(*Gaspar-Rico*) 또는 콘윌리스(*Cornwallis*)섬을 포함시키며, 차미소의 (코체부에 1차 항해기 3권 179쪽의) 설명에 따르면 이 섬들은 "낫처럼 생긴 높이가 낮은 그룹으로 바람 불어오는 쪽에만 땅이 있다." 가스파르섬이 이 그룹의 북동쪽에 있는 별개의 섬이라고 생각하는 지리학자들이 있지만, 크룬센슈테른의 해도에는 그 섬이 없다. 나는 아무 색깔도 칠하지 않았다. 이 그룹의 남서쪽에는 알려진 것이 거의 없는 배링(*Baring*)섬이 있다 (1835년에 나온 크룬센슈테른의 부록 149쪽을 보라). 나는 보스턴(*Boston*)섬 이외의 다른 섬들은 아무 색깔도 칠하지 않았다. 코키유호 지도책에 있는 해도에서 나타난 것처럼 초호를 둘러싸는 14개의 작은 섬들로 되어 있다고

(위와 같은 문헌에서) 설명되어, 나는 보스턴섬을 파랗게 칠했다. —아우르 기웬(*Aur Kawen*)섬과 가스파르-리코섬은 프랑스 해도에는 대문자로 씌어 있으나, 이는 틀린 것이, 코체부에 1차 항해기에 있는 차미소의 이야기를 들으면 이 섬들은 분명히 낮은 섬들이다. 사주들과 작은 섬들의 본질과 위치로 미루어, 마셜(Marshall) 그룹의 북쪽에 이러한 사주들과 작은 섬들이 있는지조차도 의심스럽다.

뉴헤브리데스. —이 군도*를 나타낸 어떤 해도, 심지어 소축척의 해도라도, 이 그룹의 해안에는 초가 거의 없어, 뉴칼레도니아(New Caledonia) 그룹이나 피드지 그룹과 크게 다르다. 그런데도 나는 산호들이 해안에서 왕성하게 자란다는 말을 G. 베넷 씨한테서 들었다. 실제 다음 설명에서 보듯이 몇 곳에서는 그 말이 사실이다. 따라서 이 군도가 산호로 둘러싸여 있지는 않았지만, 산호들이 가까운 해저에서 왕성하게 자라기 때문에, 증거가 더 없어도 우리는 그 섬의 변두리에는 산호초가 있다고 결론을 내릴 수 있으므로, 나는 다른 곳보다 더 자신을 가지고 붉은색으로 칠했다. —매튜바위(*Matthew's Rock*)는 활화산으로 (이 그룹의 평면도가 아스트롤라베호 항해기 지도책에 있으며) 이 그룹의 약간 남쪽에는 어떤 부류의 초도 없는 것으로 보인다. —아나톰(*Annatom*)은 헤브리데스(Hebrides)의 가장 남쪽에 있으며, 통합공사학술지 (1831년 발간 3부, 190쪽의) 베넷 씨의 논문에 있는 조잡한 목판화를 보면, 해안에는 초가 있는 것으로 보인다. 나는 이 섬을 붉은색으로 칠했다. —포스터의 관찰기(22쪽)에서 타나(*Tanna*)의 해안은 산호바위이며 마드레포라(*Madrepora*)속이라고 했다. 포스터의 아들은 그의

---

* 다윈이 말하는 뉴헤브리데스(New Hebrides) 군도는 오늘날의 바누아투(Vanuatu)를 이른다. 다윈이 말한 뉴헤브리데스 군도는 이름이 바뀌었으나, 뉴헤브리데스 해구에는 그 이름이 남아 있다.

항해기(2권 269쪽)에서 타나에 있는 포구 이야기를 하면서, 남동쪽 전체가 산호초로 되어 있으며 밀물에는 물이 넘친다고 했다. 쿡의 해도에서 남쪽 해안 일부에는 초가 그려져 있다. 나는 이 섬을 붉은색으로 칠했다. —베넷 씨의 통합공사학술지(1831년 발간 3부, 192쪽)에 따르면, 이머(*Immer*)에는 사암으로 보이는 꽤 높은 절벽이 있다. 해안에서는 산호가 군데군데 자라지만, 나는 이 섬에 색을 칠하지 않았다. 내가 이 사실들을 특별히 말하는데, 이머는 (관찰사실들 14쪽에 있는) 포스터의 분류로는 낮은 섬일 수 있으며, 심지어 환초로도 생각되기 때문이다. —에로망고(*Erromango*)섬의 경우 쿡이 (2차 항해기 4판 2권 45쪽에서) 해안 전체를 두르는 바위 이야기를 하면서, 원주민들이 그의 보트를 암초 너머 모래해변으로 끌어올려 주겠다는 말을 했다고 한다. 베넷 씨가 싱가포르 신문의 편집장에게 보낸 편지에서 이 섬의 해안에 있는 초 이야기를 했다. 내 생각으로는 이 내용들로 보아 해안의 일부에는 초가 둘려 있다고 생각된다. 나는 이 섬을 붉은색으로 칠했다. —샌드위치(*Sandwich*)섬은 (쿡의 2차 항해기 2권 41쪽에서) 동쪽 해안이 낮으며 연달아 늘어서 있는 암초들로 보호되어 있다고 한다.

쿡의 2차 항해기에 있는 해도에서는 이 섬에 초가 둘러져 있는 것이 보인다. 나는 이 섬을 붉은색으로 칠했다. —마리콜로(*Mallicollo*)는 포스터의 말로는 초로 싸여 있다. 초의 폭이 약 30야드이며 너무 얕아서 보트가 초 위로 지나가지 못한다. 포스터도 (관찰기 23쪽에서) 해안의 바위들이 마드레포라로 되어 있다고 말했다. 샌드위치 포구의 평면도에서 돌출부에는 모두 초가 나타나 있다. 나는 이 섬을 붉은색으로 칠했다. —오로라(*Aurora*)섬과 펜테코스트(*Pentecost*)섬에는 부갱빌(Bougainville)에 따르면 분명히 초가 없다. 큰 산에스피리투(*San Espiritu*)섬과 블라이(*Bligh*)섬과 헤브리데스의 북동쪽에 있는 뱅크스 군도(*Banks'* Islds.)에도 초가 없다. 그러나 나는 이 섬 가운데 어느 섬이라도 해안을 자세히 설명한 해도를 보지 못했고, 큰 축척의 평면도도 보지 못했다. 폭이 30야드 또는 수백 야드라도 항해에서는 의미가 없기 때문에, 앞으로도 우연히 띄면 모를까, 눈에 띄지 않을 수도 있는 것이 분명하다. 따라서 내가 아무 색도 칠하지 않은 이 섬들 가운데 몇 개는 붉은색으로 칠해야 한다는 것을 의심하지 않는다.

산타-크루스 그룹. —(도판 I 그림 1의) 바니코로(*Vanikoro*)는 보초의 뚜렷한 예이다. 이 섬은 슈발리에 디옹 씨의 항해기에서 처음 기록되었으며, 아스트롤라베호에서 수심을 측정했다. 나는 이 섬을 연한 파란색으로 칠했다. —티코피아(*Tikopia*)섬과 파타카(*Fataka*)섬에는 디옹과 뒤르빌의 설명으로는 초가 없는 것으로 보인다. 아누다(*Anouda*)는 (아스트롤라베호 수로조사기와 크룬센슈테른의 논문집 2권 432쪽을 보면) 낮고 평탄한 섬이다. 나는 이 섬들에는 아무 색도 칠하지 않았다. —토우포우아(*Toupoua*, 디옹의 오투보아*Otooboa*)는 (1829년 해운연보 289쪽의) 트로멜린 함장의 말에 따르면 해안에서 2마일 거리에 있는 초로 거의 완전히 둘러싸여 있다. 초가 없는 지역 3마일에는 만들이 옴폭옴폭 있지만 해안 가까이가 너무 깊어서 정박할 곳이 못 된다. 디옹 함장은 또 초들이 이 섬의 앞을 두른다고 말했다. 나는 이 섬을 파랗게 칠했다. —산타-크루스(*Santa-Cruz*). 나는 카르테레(Carteret)와 당트르카스토(Dentrecasteaux)와 윌슨(Wilson)과 트로멜린의 발간물을 주의 깊게 살펴보았는데, 이 섬의 해안에 초가 있다는 말을 아무데서도 찾아내지 못했다. 나는 이 섬에 색깔을 칠하지 않았다. —티나코로(*Tinakoro*)는 초가 없는 활화산섬으로 쉬지 않고 활동한다. —멘다나(*Mendana*) 작은 섬들(디옹이 마미*Mammee*섬이라고 불렀던 섬 외). 크룬센슈테른의 말로는 높이가 낮고 초들 때문에 모양이 복잡하다고 한다. 나는 여기에 초호가 있다고 생각하지 않는다. 이 섬들은 색깔을 칠하지 않았다. —

더프 군도(*Duff's* islds.). 북서-남동방향의 작은 그룹이다. 윌슨은 (선교항해기 4판 296쪽에서) 이 군도의 해안에서 약 반 마일 거리로 뻗어나가 있는 산호초로 둘러싸인, 험준한 봉우리가 있다고 말했다. 그는 초에서 1마일 되는 곳의 깊이가 겨우 7패덤이라는 것을 발견했다. 이 초 내부의 물이 깊다고 가정할 아무런 이유가 없어, 나는 이 군도를 붉은색으로 칠했다. —케네디(*Kennedy*)섬은 더프의 북동쪽에 있는데, 나는 이 섬에 관한 이야기를 찾을 수 없었다.

뉴칼레도니아. —이 섬의 해안에 있는 큰 보초는 이미 설명했다(도판 II 그림 5). 라빌라르디에르(Labillardière)와 쿡이 이 초를 찾아왔으며, 뒤르빌이 북쪽 끝을 찾아왔다. 후자는 환초와 아주 비슷해서 파란색을 진하게 칠했다. 로열티(*Loyalty*) 그룹이 이 섬의 동쪽에 있다. 아스트롤라베호 항해기와 해도와 설명을 보면, 이 그룹에는 초가 없는 것으로 보인다. 이 그룹의 북쪽에는 환초로 발달하지는 않은 것으로 보이는, (아스트롤라베 초*Astrolabe reef*와 보프레 초*Beaupré reef*라는) 낮은 초들이 넓게 펼쳐져 있다. 나는 이 그룹에 색을 칠하지 않았다.

오스트레일리아 보초. —이미 설명한 이 광대한 초의 경계는 플린더스(Flinders)와 킹(King)의 해도를 보고 칠했다. 북쪽에서 보초 바깥에 있는 환초가 된 초는 블라이가 설명했고, 파란색을 진하게 칠했다. 오스트레일리아와 뉴칼레도니아 사이에는 플린더스가 산호해라고 부른 바다가 있고, 초가 무수하게 많다. 크룬센슈테른의 지도책을 보면 이 가운데는 환초 같은 구조를 한 초들도 있다. 곧 뱀턴(*Bampton*) 사주와 프레데릭(*Frederic*) 초와 바인(*Vine*) 초 또는 말굽 초와 얼러트(*Alert*) 초이며, 이 초들을 진한 파란색으로 칠했다.

루이시아드(Louisiade). —소위 섬들로 된 반도와 제도라는 이 초의 서쪽 해안, 남쪽 해안과 북쪽 해안을 둘러싸는 위험한 초들은 분명히 보초 계통이다. 해안에 있는 초는 낮지만 땅은 치솟아 있다. 초는 멀리 있고 초 바깥의 바다는 아주 깊다. 이 그룹에 관한 거의 모든 것이 당트르카스토의 부갱빌의 노력으로 알려졌다. 해안에 평행하고 장소에 따라서는 해안에서 거리가 10마일이 되며, 길이가 90마일에 이르는 끊어져 있지 않은 초가 부갱빌 초이다. 나는 이 초들을 연한 파란색으로 칠했다. 북쪽으로 조금 떨어져 로글란(*Laughlan*) 군도가 있으며, 캐롤라인 제도의 섬들이 초로 둥글게 감싸진 것처럼 아스트롤라베호 항해기 지도책에서도 둥글게 감싸져 있다. 초의 일부는 해안에서 1.5마일이나 되어 초가 해안에 연결되는 것처럼 보이지 않는다. 나는 이 초들을 파랗게 칠했다. 루이시아드의 끝에서 좀 떨어져 웰 초가 있는데, G. 해밀턴의 왕립해군 판도라호의 항해기(100쪽)에 "우리가 곧 섬이 될 이중으로 된 초에 들어온 것을 알았다"고 설명되어 있다. 이 내용은 물에 잠긴 많은 둥그스름한 모양의 초들처럼 그 초가 초승달 모양이거나 말굽처럼 생겼다고 가정을 해야만 이해된다. 나는 용기를 내어 이 초를 파랗게 칠했다.

살로만(Saloman) 제도. —크룬센슈테른의 지도책에 있는 해도에서는 이 섬들이 초로 둘러싸이지 않았고, 쉬르빌(Surville)과 부갱빌과 라빌라르디에르의 발간물을 보면 산호들이 이 섬들의 해안에서 자라는 것처럼 보이는바, 뉴헤브리데스처럼 초로 싸였다고 추정된다. 당트르카스토의 항해기에서는 이 그룹의 남쪽에 있는 섬들에 관한 것을 하나도 발견할 수 없어서, 그 섬들에 아무 색도 칠하지 않았다. —말레이타(*Malayta*)섬은 해군성에 있는 초고(草稿)상태의 해도에는 북쪽 해안이 초로 싸여 있다.—이사벨(*Ysabel*)섬의 북동쪽은 같은 해도에서 초로 싸여 있다. 멘다나(Mendana)가 (버니Burney 1권 280쪽에서) 북쪽 해안에 연결된 작은 섬을 이야기하면서, 그 섬이 초로 싸여 있다고 말했다. 포트프라슬린(Port Praslin)의 해안도 초로 규칙적으로 싸여 있다.—부갱빌의 초이즐(Choiseul)만(灣) 해도에서 초이즐섬은 해안의 일부가 산호초로 싸여 있다.—부갱빌섬의 서쪽 해안에는 당트르카스토에 따르면 산호초가 많으며, 작은 섬들이 초로 큰 섬에 연결되어 있다. 나는 앞에서 말한 모든 섬을 붉은색으로 칠했다. —부카(*Bouka*) 군도. 뒤페리 함장이 고맙게도 이 섬의 북쪽 해안을 가까이 돌아보았다고 편지에서 알려주었는데, (그 섬의 평면도가 그의 코키유호 항해기 지도책에 있으며) 편지에다 "해안을 따라 물결이 부서지는 암초로 이루어진 띠로 보호되어 있다"고 썼고, 나아가 부카의 북쪽과 남쪽에 있는 섬에 산호들이 많은 것으로 보아, 그 초가 어쩌면 산호로 되었다고 추정했다. 나는 이 군도를 붉은색으로 칠했다.

살로만 제도의 북쪽 해안 근해에는 알려지지 않은 작은 그룹이 몇 개 있다. 이 그룹들은 낮고 산호로 된 것으로 보인다. 그 가운데 몇 개는 어쩌면 환초 같은 구조를 하고 있을 것이다. 그러나 슈발리에 디옹이 칸델라리아(*Candelaria*)만은 그런 구조를 하고 있지 않다고 말했다. —오우통 자바(*Outong Java*)*는 스페인 항해가 모렐(Maurelle)에 따르면 환초 같은 특징이 있다. 이 섬이 이 군도에서 내가 감히 파랗게 칠한 단 한 개의 섬이다.

뉴아일랜드(New Ireland). —이 섬의 북서쪽 끝의 해안과 인근의 작은 섬 몇 개는 코키유호 항해기 지도책과 아스트롤라베호 항해기 지도책에서 보듯이 초가 있다. 르송(Lesson) 씨는 그 초들이 모두 작은 개천 앞에서는

---

* 장화처럼 생긴 오우통 자바는 남위 5도16분, 동경 159도21분에 있다. 122개의 작은 섬들로 된 환초인 오우통 자바의 면적은 1,500km²이지만, 땅은 겨우 12km²이며, 최고높이가 13m 이다. 솔로몬 군도에 속하며 파푸아뉴기니의 통치를 받으며 주민이 대략 2,000명 정도이다. 요새 이름은 온통 자바(Ontong Java)이다.

열려 있다고 말했다. 듀크 오브 요크섬(*Duke of York's* isld.) 역시 초가 있다. 그러나 뉴아일랜드섬과 뉴하노버(*New Hanover*)섬의 다른 부분과 북쪽에 있는 작은 섬에 관한 것은 하나도 알아낼 수 없었다. 뉴아일랜드의 어느 쪽에도 초가 멀리에라도 있는 것처럼 보이지는 않는다는 말을 덧붙이겠다. 나는 위에서 특별히 말한 부분만 붉은색으로 칠했다.

뉴브리튼(New Britain)섬과 뉴기니(New Guinea)섬의 북쪽 해안. ―아스트롤라베호 항해기에 있는 해도들과 수로조사기를 볼 때, 이 섬들의 해안에는 뉴기니 북쪽 해안에서 가까운 슈텐(*Schouten*) 군도처럼, 초가 하나도 없는 것으로 보인다. 뉴기니의 서쪽과 남서쪽은 동인도제도의 섬들을 설명할 때 다루겠다.

애드미럴티(Admiralty) 그룹. ―부갱빌과 모렐과 당트르카스토의 이야기와 호스버르(Horsburgh)가 수집한 여러 내용들을 종합해볼 때, 이 그룹을 만드는 많은 섬들 가운데 몇 개는 높고 가파르고 나머지 섬들은 대단히 낮고 작으며 초들로 연결된 것처럼 보인다. 높은 섬들이 모두 바다에서 갑자기 솟아나 멀찍이 떨어진 초들을 마주보는 것처럼 보인다. 초 가운데 몇 개는 물이 아주 깊다고 믿을 이유가 있다. 그러므로 이들은 의심할 필요 없이 보초 계통이다. 이 그룹의 남쪽에는 해안으로부터 1마일 거리에서 초로 둘러싸인 엘리자베스섬(*Elizabeth isld.*)이 있다. 이 섬의 2마일 동쪽으로는 (1835년 크룬센슈테른의 부록 42쪽에는) 초호가 있는 작은 섬이 하나 있다. 이 가까이에 원형-초가 있는바, (호스버르 지침서 4판 1권 691쪽에는) "직경이 3~4마일이고 안도 물이 깊으며 북북서 쪽에 통로가 있고, 가파른 바깥쪽도 물이 깊다"고 씌어 있다. 이런 자료를 보고, 이 그룹을 연한 파란색으로 칠했고, 원형-초는 진한 파란색으로 칠했다. ―아나초리테스(*Anachorites*)와 에셰키에르(*Echequier*)와 헤르미테스(*Hermites*)는 산호에서 생긴 물체들로 된 무수히 작은 섬들로 되었으며, 이들은 아마 환초 같은 모양일 것이다. 그러나 이 점을 확인할 수 없어 이들에는 색을 칠하지 않았고, 카르테레가 낮다고 말한 뒤루르섬(*Durour isld.*)도 색을 칠하지 않았다.

캐롤라인(Caroline) 제도. —이 제도는 지금은 주로 루트케(Lutké)의 수로 조사로 유명하다. 이 제도는 약 40개의 환초 그룹과 초로 둘러싸인 섬 세 개로 되어 있는바, 섬 두 개는 도판 I의 그림 2와 7이다. 동쪽 부분부터 시작하자. 우알란(Ualan)을 감싸는 초는 해안에서 겨우 0.5마일 떨어진 것으로 보인다. 그러나 (F. 루트케의 세계일주 항해기 1권 339쪽에서 보듯이) 육지가 낮고 맹그로브로 덮여 있어 실질적인 가장자리는 확인하지 못했을 것이다. 초의 안에 있는 포구에서 가장 깊은 곳은 깊이가 33패덤이며 (코키유호 항해기 지도책에 있는 해도를 보라), 바깥 해안으로부터 반 마일 되는 곳에서는 250패덤짜리 측심용 로프로도 바닥에 닿지 못했다. 초에는 작은 섬들이 많이 올라앉아 있으며, 안에 있는 초호 같은 수로는 아주 얕고, 가운데 높은 산이 그 산을 둘러싸는 낮은 땅으로 많이 잠식된 것처럼 보인다. 이 사실들로 보아 쇄설물이 많이 쌓인 것으로 보였다. 파란색을 연하게 칠했다. —푸이니패트(Pouynipète) 또는 세니아빈(Seniavine). 이 섬의 대부분에서 초는 해안에서 1과 3/4마일 거리에 있다. 북쪽에서는 초가 안에 있는 작지만 높은 섬에서 5마일 떨어져 있다. 초는 여러 곳에서 부서져 있으며, 바로 그 안쪽에서 수심은 30패덤이었고, 다른 곳에서는 28패덤이었으며, 그 너머에는 언뜻 보기에도 "넓고 확실한 입구"가 있다(루트케 2권 4쪽). 파란색을 연하게 칠했다. —호골루(Hogoleu) 또는 루그(Roug). 이 놀라운 그룹에는 적어도 62개의 섬이 있고, 이들을 감싸는 초의 길이는 135마일이다. 이들 섬 중에 겨우 몇 개, 한 6~8개만 높고, 나머지 섬들은 작고 낮으며 초 위에 있다(아스트롤라베호 항해기 428쪽에 있는 수로조사 설명과 주로 뒤페리의 항해기에 있는 큰 해도를 보라). 안에 있는 큰 호수의 깊이는 확인하지 못했다. 그러나 뒤르빌 함장은 프리깃함*을 가지고 가는 데 자신했던 것으로 보인다. 초는 높은 산이 있는 섬의 북쪽 해안에서 적어도 14마일 떨어져 있다. 서쪽 해안에서는 7마일 떨어졌고, 남쪽 해안에서는 20마일 떨어져 있다. 초 바깥의 바다는 깊다. 이 섬을 크게 보면 로 제도에 있는 갬비어(Gambier) 그룹과 비슷하다. 캐롤라인 제도의 대부분을 이루는 낮은 섬들의 그룹 가운데서도[1] 큰 그룹들 모두가 (루트케 함장의 지도책에서 보듯이) 진정한 환초구조를 하고 있으며, 코키유호 항해기 지도책에 평면도가 나와 있는 매카스킬(Macaskill)이나 뒤페리처럼 대단히 작은 섬 몇 개도 마찬가지이다. 그래도 산호로 된 작고 낮은 섬들도 몇 개 있는데, 곧 올라프(Ollap), 타마탐(Tamatam), 비갈리(Bigali), 사타후알(Satahoual)로, 지금은 초호가 없지만 원래는 있었는데, 훗날 메워진 것으로 보인다. 루트케는 (2권 304쪽에서) 낮은 섬 모두가 단 한 개의 예외를 빼고는, 초호가 있었다고 생각했던 듯싶다. 스케치들과 코키유호 항해기 지도책에서 이 섬들의 가장자리가 그려져 있는 것으로 보아, 그 섬들이 낮지 않았다고 생각할 수 있다. 그러나 루트케의 (2권 107쪽에서 비갈리에 관한) 내용과 (우라니에Uranie호 수로조사 항해기 188쪽에서 타마탐과 올라프와 다른 섬에 관한) 프레시네의 내용을 비교해보면, 화가가 이 섬들을 부정확하게 그렸다는 것을 알 수 있을 것이다. 이 그룹에서 가장 남쪽에 있는 섬, 곧 피기람은 색칠을 하지 않

---

* 프리깃(Frigate)함은 빠르고 운용하기 쉬운 군함을 말한다. 18~19세기에 쓰인 프리깃함은 돛대가 3개이며 적어도 28문의 대포로 무장하였고 포가 갑판 한 층에 거치되었다. 현대에는 다른 전함과 수송선을 보호하는 임무를 띠어 잠수함을 추적하고 격침시킨다.

1) 뒤르빌과 로탱의 해도에서는 페세라레(Peserare)가 대문자로 씌어 있다. 그러나 이는 명백한 오류인 것이, 그 섬이 나모누이토(Namonouyto) 초에 있는 낮고 작은 섬의 하나이기 때문이다(루트케의 해도를 보라)—보통 보는 환초이다.

았는데, 그에 관한 내용을 발견하지 못했기 때문이다. 루트케가 찾아가지 않은 누구오르 또는 몬테 베르디손은 베넷 씨가 환초라고 설명하고 그림을 그렸다(통합공사학술지 1832년 1월호). 위에서 말한 모든 섬을 파랗게 칠했다.

캐롤라인 제도의 서쪽 부분. —파이스(Fais)섬은 높이가 90피트이며, 루트케 제독이 나에게 말해주어서 알았지만, 살아 있는 산호로 좁게 둘러져 있으며, 가장 넓은 부분이 해도에서 보는 것처럼 150야드밖에 되지 않는다. 나는 이 섬을 붉은색으로 칠했다. —필립(*Philip*)섬. 나는 이 섬이 낮다고 믿는다. 그러나 헌터는 그의 역사학술지*에서 분명한 이야기를 하지 않았다. 나는 이 섬에 색을 칠하지 않았다. —엘리비(*Elivi*)는 아스트롤라베호 항해기 지도책의 목판화에서 초 위에 작은 섬들로 그려진 것으로 보아, 나는 이 섬들이 평균높이 이상이라고 믿었다. 그러나 루트케 제독은 그렇지 않다고 나에게 장담했다. 이 작은 섬들은 정상적인 환초들이다. 나는 이 작은 섬들을 파랗게 칠했다. —구아프(*Gouap*)는 (차미소의 이아프*Eap*)**이며 해안 대부분에서 1마일 이상 떨어지고, 한 곳에서는 2마일 이상 떨어진 초가 있는 높은 섬이다(아스트롤라베호 항해기 해도를 보라). 뒤르빌 함장은 통로만 찾을 수 있다면, 초 안에는 배가 정박할 곳이 있을 것이라고 믿었다(아스트롤라베호 항해기 수로설명서 436쪽). 나는 이 섬을 연한 파란색으로 칠했다. —굴루(*Goulou*)는 아스트롤라베호 항해기의 지도책에 있는 해도에서는 환초처럼 보인다. 뒤르빌은 (수로설명서 437쪽에서) 그 초에 있는 낮고 작은 섬들을 이야기한다. 나는 이 섬을 진한 파란색으로 칠했다.

---

* 권이나 호의 수가 없는 것으로 보아, 역사학술지는 단행본이며 저자가 헌터로 추정된다.

** 이 섬이 오늘날 미크로네시아의 한 주인 얍(Yap)섬이다. 필리핀해에 있으며 최고지점은 178m이다. 이 섬은 돌을 둥글게 깎은 돌돈으로 유명하다.

펠류(Pelew) 군도. —크룬센슈테른은 이 군도에 있는 섬 몇 개가 산처럼 높다고 말했다. 초는 해안에서 멀고 초 안은 널찍하고 초 맞은편에 골짜기들은 없고 수심은 10~15패덤이다. 해군성의 엘머(Elmer) 대위가 만든 이 그룹의 미발간 해도를 보면, 초 안에는 깊어 보이는 널찍한 곳이 있다. 보통 그렇듯이 초에 견주어 높은 곳이 가운데는 아니지만, 펠류 군도의 초들이 보초에 속한다고 의심하지 않으며, 이 군도의 섬들을 연한 파란색으로 칠했다. 엘머 대위의 해도에는 펠류에서 13마일 북서쪽으로 말굽 모양의 사주가 있는데, 초 안의 깊이는 15패덤이며 그 초에는 물이 빠진 뱅크들도 있다. 나는 여기를 진한 파란색으로 칠했다. —**스페인**(*Spanish*)섬과 **마르티레스**(*Martires*)섬과 **상세롯**(*Sanserot*)섬과 **풀로안나**(*Pulo Anna*)섬과 **풀로마리에르**(*Pulo Mariere*)섬을 색칠하지 않았는데, 나는 이 섬들을 모르기 때문이며, 예외가 있는데, 크룬센슈테른에 따르면 둘째, 셋째, 넷째 섬은 낮고 산호초에 있어, 초호가 있다고 생각된다. 그러나 풀로마리에르가 약간 더 높다.

마리아나 제도 또는 라드로네스 제도.* —과한.** 이 섬 거의 전체가 초로 둘러싸여 있으며, 초의 대부분이 육지에서 1/3마일 뻗어 있다. 초가 아주 넓어도 초 안의 물은 얕다. 초 안에서도 몇 곳에는 보트와 카누가 갈만한 수로가 있다. 이 초들에 관한 이야기가 프레시네의 수로조사기에 있고, 지도책에 이 초들의 대축척 지도가 있다. 나는 이 섬을 붉은색으로

---

* 라드로네스(ladrones)는 스페인말로 도둑을 뜻한다. 마젤란 탐험대가 1531년 3월 6일 수요일 괌에 왔을 때, 원주민들이 배에서 많은 것들을 훔쳐갔다. 따라서 선원들이 그 섬을 "도둑섬(Islas de los Ladrones)"이라고 불렀다. 그러나 원주민이 훔쳐간 것이 아니고, 자기네 방식대로 가져갔다는 설명도 있다. 그렇다면 일종의 문화 차이라고 볼 수도 있지만, 마젤란 탐험대가 원주민들의 행위를 이해하기는 쉽지 않았을 것이다.

** 오늘날의 괌(Guam)을 말한다.

칠했다. —로타(*Rota*). "거의 완전히 초로 둘러싸인 섬"(프레시네의 수로조사기 212쪽)으로, 초가 해안에서 1/4마일 정도 나와 있다. 나는 이 섬을 붉은색으로 칠했다. —티니안(*Tinian*). 동쪽 해안이 절벽이며 초가 없다. 그러나 서쪽 해안은 로타섬처럼 초로 싸여 있다. 나는 이 섬을 붉은색으로 칠했다. —사이판(*Saypan*). 북동쪽 해안과 서해안이 초로 싸인 것으로 보인다. 그러나 서해안에서 멀리 뻗어나가 있는 뿔 같은 크고 불규칙한 초가 있다. 나는 이 섬을 붉은색으로 칠했다. —파랄론데메디니야(*Farallon de Medinilla*)*는 프레시네의 해도에서는 초가 아주 규칙적이고 치밀하게 싸여 있어서, 수로조사기에서는 아무 말이 없을지라도, 나는 감히 붉은색으로 칠했다. 이 그룹의 북쪽을 이루는 섬 몇 개는 (섬의 모양이 마드레포라로 된 메디니야섬과 비슷한 토레스Torres섬은 어쩌면 예외가 될지 모르지만) 화산섬으로, 초가 없는 것처럼 보인다. —망스(*Mangs*)는 스페인 해도를 바탕으로 "수많은 초 가운데에" 있는 작은 섬들로 되어 있다고 (프레시네의 수로조사기 219쪽에) 씌어 있다. 이 초들은 그 그룹이 나타나는 보통 해도에서는 1마일도 뻗어나가지 못한다. 또 초가 이중인 것을 보고, 초 안에 있는 물이 깊어 보이지 않아서, 많이 주저했지만, 나는 감히 붉은색으로 칠했다. 마리아나에서 동쪽으로 좀 떨어진 폴거섬(*Folger Isld.*)과 마셜섬(*Marshall Isld.*)에서는 아마 그 섬들이 낮을지 모른다는 것 말고는 알아낸 것이 아무것도 없다. 크룬센슈테른은 마셜섬이 낮다고 말한다. 뒤르빌의 해도에는 폴거섬이 소문자로 씌어 있다. 나는 이 섬들을 색칠하지 않았다.

보닌(Bonin) 그룹 또는 아르조비스포(Arzobispo) 그룹. —필섬(*Peel Isld.*)

* 이 섬이 사이판섬의 바로 위 북쪽에 있는 북부 마리아나 군도의 섬이다. 그 북쪽으로 화산섬들이 계속된다. 제6장의 옮긴이 주석을 보라.

은 비치 함장이 조사했는데, 친절하게도 그가 이 섬에 관한 내용을 많이 가르쳐주어, 큰 신세를 졌다. 비치 함장의 편지에 따르면 "포트로이드(Port Lloyd)에는 산호가 아주 많다. 또 포구의 내부가 전부 산호초로 되었으며, 산호초가 해안을 따라 포구 바깥으로 뻗어나가 있다." 비치 함장이 편지 다른 곳에서는 초가 섬의 전체를 둘러싼다고 말했다. 그러나 동시에 큰 파도가 섬 거의 전체 해안에서 화산암으로 된 해안에 들이친다. 이 제도의 다른 섬들도 초로 싸여 있는지는 모른다. 나는 필섬을 붉은색으로 칠했다. —**그람푸스섬**(*Grampus Isld.*)은 동쪽에 있으며, (미어Meare 항해기 95쪽에서) 초가 있는 것으로 보이지 않는다. 서쪽으로 있는 **로사리오섬**(*Rosario Isld.*)도 (루트케의 해도를 보면) 마찬가지이다. 이 바다에 있는 섬들, 곧 **유황군도**(*Sulphur Islds.*)*는 활화산으로 보닌 그룹과 일본 사이에 있으며, (일본은 초가 생기는 한계위도 부근에 있으며) 어떠한 명확한 내용을 찾을 수 없었다.

뉴기니의 서쪽 끝. —**포트도리**(*Port Dory*)는 코키유호 항해기에 있는 해도를 보면, 포트도리 부분이 산호초로 싸인 것처럼 보인다. 그러나 르송씨에 따르면 산호가 병이 들었다. 나는 여기를 붉은색으로 칠했다. —**와이기오우**(*Waigiou*). 프레시네의 지도책에 있는 (큰 축척의) 해도를 보면, 이 군도 북쪽 해안의 상당한 부분에 산호초가 있는 것을 알 수 있다. 포레스트(Forrest)는 (뉴기니 항해기 21쪽에서) 피아피스(Piapis)만의 안쪽을 두르는 산호초 이야기를 한다. 그가 (4판 2권 599쪽에서) 댐피어(Dampier) 해협

* 일본에서 "이오 지마(Iwo Jima)"라고 부르는 유황도(硫黃島)는 일본본토에서 1,200km 남쪽에 있다. 면적이 23.73km²에 최고지점이 167m인 불규칙한 4각형 화산섬이다. 남서쪽 끝은 높고 험하지만 대부분 지형은 아주 평탄하다. 2차 세계대전에서 가미가제 특공대의 활주로가 있는 이 섬을 미군이 1945년 3월 점령해, 태평양전쟁에서 이기는 계기를 만들었다. 미 해병대가 미국기를 세우는 장면이 대단히 유명하다.

에 있는 섬들을 이야기하면서 "뚜렷한 산호바위들이 섬들의 해안을 두른다"고 말했다. 나는 이 군도를 붉은색으로 칠했다. —이 군도의 북쪽 바다에는 게데스(*Guedes*)섬(또는 프리윌*Freewill*섬 또는 세인트데이비드*St. David's*섬)이 있는데, 카르테레 항해기 4판에 있는 해도를 보면 환초임이 분명하다. 크룬센슈테른은 이 섬들이 아주 작고 낮다고 말했다. 나는 여기를 파랗게 칠했다. —카르테레 사주는 북위 2도53분에 있으며, 바위로 된 돌출부들이 둘러싸 있고 가운데가 더 깊으며 전체로는 둥글다고 씌어 있다. 나는 여기를 파랗게 칠했다. —아이오우(*Aiou*)의 평면도가 아스트롤라베호 항해기의 지도책에 있으며, 이곳은 환초이다. 포레스트 항해기에 있는 해도를 보면 둥근 초 안의 깊이는 12패덤으로 보인다. 나는 이 섬을 파랗게 칠했다. —뉴기니 남서쪽 해안은 낮고 펄로 되어 있으며 초가 없는 것처럼 보인다. 콜프(Kolff) 함장이 아루(*Arru*) 그룹과 티모르 라우트(*Timor laut*) 그룹과 테님버(*Tenimber*) 그룹을 최근에 조사했는데, W. 얼(Earl) 씨가 번역한 발간하지 않은 원고를 영국해군 워싱턴 함장의 호의로 내가 읽어볼 수 있었다. 이 섬들은 대부분 낮고 멀리에서 초로 둘러싸였다(그러나 키Ki 군도는 높고, 스탠리Stanley 씨의 조사로는 초가 없는 것으로 보인다). 바다가 얕은 곳도 있고, (라라트Larrat 가까이처럼) 아주 깊은 곳도 있다. 발간된 해도들이 불완전해서, 나는 이 초들이 어느 부류에 속하는지 모르겠다. 바다가 대단히 깊은 곳에서 초가 육지에서 뻗어나간 거리를 보아, 이 군도들이 보초에 속해서, 파랗게 칠해야 한다는 생각이 강하게 들었다. 그러나 나는 할 수 없이 색을 칠하지 못하고 내버려두었다. —마지막으로 이야기할 그룹이 세람(Ceram)의 동쪽 끝과 작은 섬들로 연결되는데, 그 가운데에서 작은 그룹인 세람-라우트(*Ceram-laut*)와 고람(*Goram*)과 케핑(*Keffing*)이 굉장히 넓은 초로 둘러싸여 있고 초들이 깊은 바다로 뻗어 나와, 바로 앞의 경우처럼 보초라는 생각이 강하다. 그러나 나는 색을 칠하지 않았다. 케핑이 남쪽에서는 초가 5마일이나 뻗어나가 있다(윈저 얼Windsor Earl의 아라푸라Arafura해 항해지침서 9쪽).

세람. ―내가 조사한 여러 해도에서 해안의 몇 곳에 초가 있었다. ―마니파(*Manipa*)섬은 세람과 부루(Bourou) 사이에 있으며, 해군성에 있는 발간되지 않은 오래된 해도에는 아주 불규칙한 초가 있고, 일부는 썰물에서 노출되는데, 그 부분이 산호로 되었다는 것이 확실하다. 나는 세람섬과 마니파섬을 붉은색으로 칠했다. ―부루섬의 일부, 곧 동쪽 해안은 프레시네 해도에서 보듯이, 산호초로 둘러진 것으로 보였다. 카젤리만(*Cajeli Bay*)은 (2권 630쪽의) 호스버르의 말로는, 약간 뻗어나가 있고 수면 아래 겨우 수 피트로 잠긴 산호초로 둘러져 있다. 몇 개의 해도에서는 암부아나(Amboina) 그룹을 만드는 섬들의 일부가 초로 둘려 있었다. 예컨대, 프레시네 해도에 있는 노에사(*Noessa*), 하렌카(*Harenca*), 우카스터(*Ucaster*)이다. 증거는 아주 충분치 않았지만, 위에서 말한 섬들을 붉은색으로 칠했다. ―부루의 북쪽으로 술라(*Xulla*) 군도가 평행하게 뻗어 있다. 호스버르에서 (2권 543쪽) 북쪽 해안이 2~3마일 거리에서 초로 둘러싸였다는 것 말고는 나는 아무것도 발견할 수 없었다. 나는 색을 칠하지 못했다. ―미솔 그룹. 포레스트에 따르면 (항해기 130쪽) 카나리 군도는 섬들이 깊은 해협으로 나뉘고 산호바위로 둘러졌다.* 나는 미솔 그룹을 붉은색으로 칠했다. ―게베

* 미솔(Mysol)은 요사이 이름이 미술(Misool)이며, 파푸아 뉴기니 북서쪽 끝에 있는 라자암팟(Raja Ampat) 군도의 큰 섬 4개 가운데 하나이다. 면적은 2,034km²이며 최고봉이 561m이다. 암팟 군도는 미솔섬 외에 살라와티(Salawati)섬, 바탄타(Batanta)섬, 와이게오(Waigeo)섬으로 되어 있다. 카나리 군도(Kanary Islands)는 미솔섬의 북쪽에 있는 평평하고 숲으로 덮여 있는 작은 섬들을 말한다. 오늘날에는 라자암팟 군도에 속한다.

(*Guebe*)는 와이기오우(Waigiou)와 길롤로(Gilolo) 사이에 있으며 초로 둘러진 것처럼 그려졌다. 프레시네에 따르면 5패덤이 되지 않는 모든 바닥이 산호로 되어 있다. 나는 붉은색으로 칠했다. —길롤로. 달림플(Dalrymple)이 발간한 해도에서 서쪽과 남쪽과 (바치안*Batchian*과 파치엔시아 해협*Strait of Patientia*) 동쪽에 있는 많은 섬들은 좁은 초로 싸인 것으로 보인다. 이 초들은, 내가 산호로 되었다고 상상하는 것이, 말테 브룅(Malte Brun)이 (12권 156쪽에서) "이 제도에 있는 대부분의 섬들처럼 (바치안의) 해안이 아름답고 무한히 변하는 마드레포라로 된 바위로 되어 있다"라고 말했기 때문이다. 포레스트 역시 (50쪽에서) 바치안 근처의 셀란드(Seland)는 산호초가 있는 작은 섬이라고 말했다. 나는 붉은색으로 칠했다. —모르티(*Morty*)섬(길롤로의 북쪽). 호스버르는 (2권 506쪽에서) 북쪽 해안은 2~3마일 돌출된 산호초로 둘렀고, 초 가까이에서는 수심을 측정하지 않았다고 말했다. 앞의 몇 경우처럼 연한 파란색으로 칠해야겠으나, 나는 아무 색깔도 칠하지 않았다. —셀레베스(*Celebes*)의 서쪽과 북쪽 해안이 해도에서는 가파르고 초가 없는 것처럼 보인다. 그러나 아주 북쪽 돌출된 곳 가까이 림베 해협(*Straits of Limbe*)에 있는 작은 섬과 인근 사주 일부에는 초가 있는 것처럼 보인다. 마나도(*Manado*)만 동쪽은 (아스트롤라베호 항해기 수로조사 부분 453~454쪽에서) 물이 깊고 모래와 산호로 둘려졌다. 그러므로 나는 이 심한 돌출부를 붉은색으로 칠했다. —이 돌출부에서 마긴다나오(Magindanao)에 이르는 곳에 있는 섬 중에서, 좁은 초로 둘러싸인 것으로 보이는 세랑가니(*Serangani*)를 빼고는 아무것도 알 수 없었다. 그래도 포레스트는 (항해기 164쪽에서) 그 섬의 해안에 산호가 있다고 한다. 따라서 나는 이 섬을 붉은색으로 칠했다. 섬들이 사슬처럼 연결된 동쪽으로 섬이 몇 개 있다. 그중에서 카르칼랑(*Karkalang*)에 관한 이야기 말고는 어느 섬에 관한 이야기도

들을 수 없었다. 호스버르의 (2권 504쪽에 있는) 말로는 이 섬이 북쪽 해안에서 수 마일을 뻗어 나온 위험한 초로 둘려져 있다고 한다. 나는 아무 색도 칠하지 않았다.

티모르(Timor) 부근의 섬들. —다음에 있는 섬들의 이야기는 네덜란드어로 쓰인 1825년 D. 콜프 함장의 항해기를 W. 얼 씨가 번역한 번역본에서 인용했다. —레테(*Lette*)는 "육지에서 반 마일 거리에 해안을 따라 뻗어 있는 초"가 있다. —모아(*Moa*)는 남서부에 초가 있다. —라코르(*Lakor*)에는 해안을 두르는 초가 있다. 나는 이 섬들을 붉은색으로 칠했다. 한층 더 동쪽의 루안(*Luan*)에는 앞에서 이야기한 섬들과는 달리, 넓은 초가 있다. 바깥은 가파르고 안에는 깊이 12피트 되는 곳이 있다. 이 사실들로 보아, 이 섬이 무슨 부류의 산호초인지 판단하기는 불가능하다. —키사(*Kissa*)는 티모르곶(Point of Timor) 부근으로 "해안 앞에는 초가 있는데, 바깥이 가팔랐지만 물이 높았을 때는 작은 범선들이 넘어갈 수 있었다." 나는 붉은색으로 칠했다. —티모르는 프레시네의 해도에서 돌출된 곳의 대부분과 북쪽 해안에 산호초가 표시되어 있다. 또 그 해도에 따르는 수로조사기에 초 이야기가 있다. 나는 붉은색으로 칠했다. —사부(*Savu*)는 티모르의 남동쪽에 있으며, 플린더스의 해도에는 초가 있는 것으로 보이지만, 나는 아무 색도 칠하지 않았는데, 그 초가 산호로 되었는지 몰랐기 때문이다. —샌덜-우드(*Sandal-wood*)섬은 호스버르에 따르면 (2권 607쪽에서) 남쪽 해안에는 육지에서 4마일 떨어져 초가 있다. 부근의 바다가 깊고 보통은 거칠어서, 보초라는 생각이 들었으나, 나는 아무 색도 칠하지 않았다.

오스트레일리아 북서쪽 해안. —킹 함장의 (수로조사 이야기 2권 325~369쪽의) 항해지침서에는 해안에서 상당히 떨어져 있는 오스트레일리아 북서쪽 해안에 큰 산호초가 많이 있는데, 이들은 작은 섬들을 둘러싼다. 해도에서 이 초들과 육지 사이는 깊지 않다. 따라서 초들은 아마 거초 계통에 속할 것이다. 그러나 초들은 보통 얕은 바다로 멀리 뻗어 있고, 땅이 꽤 절벽인 곳으로도 뻗어 있다. 나는 아무 색깔도 칠하지 않았다. 최근 (1841년 항해잡지 511쪽에서 설명한 대로) 위컴(Wickham) 함장이 (서쪽 해안 남위 28도의) 후트만 아브롤호스(Houtman's Abrolhos)를 조사했다. 이 군도는 급하게 기울어진 뱅크의 가장자리에 있으며, 이 뱅크는 바다 쪽으로 30마일 정도 뻗어나가 있다. 남쪽에 있는 두 개의 초 또는 섬은 깊이가 5~15패덤인 초호 같은 곳을 둘러싸는데 그 초호의 한 곳에서는 깊이가 23패덤이다. 육지의 대부분은 섬의 안쪽에서 산호조각들이 퇴적되어 형성되었다. 바다 쪽은 생물체가 거의 없는 바위들로 이루어져 있다. 위컴 함장이 고국으로 가져온 표본 몇 개에는 바다에서 사는 조개껍데기 조각들이 들어 있는 것도 있었고 없는 것도 있었다. 이 표본들은 킹조지 협만(King George's Sound)* 지층의 암석과 비슷하다. 이 지층은 석회질 가루들이 바람에 날려 형성되었으며, 다음에 나올 책에서 설명할 것이다. 이 초들과 초호들은 대단히 불규칙하고 깊이가 보통 30패덤밖에 되지 않는 뱅크에 있는 것으로 보아, 감히 환초로는 분류할 수 없었고, 따라서 나는 아무 색깔도 칠하지 않았다. —**롤리 사주**(*Rowley Shoals*). 이 사주들은 오스트레일리아 북서쪽 해안에서 좀 떨어져 있다. 킹 함장에 따르면 (수로조사 이야기 1권 60쪽에서) 이 사주들은 산호층으로 되어 있다. 이 사주들은 바다에서 갑자기 솟아 있으며, 킹 함장은 사주 가까운 곳에서도 170패덤짜리 측심 로프가 바닥에 닿지 않았다고 한다. 사주 가운데 셋은 초승달 모양이다. 라이엘(Lyell) 씨

* 킹조지 협만은 오스트레일리아 남해안의 서쪽 끝에 있는 만으로 다윈이 비글호를 타고 1836년 3월에 찾아갔다.

가 킹 함장을 믿고, 사주들의 열린 쪽 방향에 관한 이야기를 했다. "같은 그룹의 세 번째 담갈꼴 사주는 완전히 물에 잠겼다."(지질학의 원리들 3책 18장) 나는 이 사주들을 파란색으로 칠했다. —스콧 초(*Scott's Reef*)는 롤리 사주의 북쪽에 있으며, 위컴 함장이 (1841년 항해잡지 440쪽에서) 간단히 설명했다. 이 초들은 매우 크며 모양이 둥글고 "안에 있는 물이 고요해서 아주 큰 초호를 만드는 것"으로 보인다. 서쪽에는 터진 곳이 있는데 아마 입구일 것이다. 이 초 부근의 물은 아주 깊다. 나는 이 초를 파란색으로 칠했다.

동인도제도의 거대한 화산열도를 따라 서쪽으로 가면서, 네덜란드의 미발간 해도를 바탕으로 달림플이 발간한 해도에서는 솔로르 해협(*Solor Strait*)에 초가 있는 것으로 표시되어 있으며, 플로레스(*Flores*)의 일부, 아데나라(*Adenara*)의 일부, 솔로르의 일부도 마찬가지이다. 호스버르는 이들의 해안에서 자라는 산호 이야기를 했으며, 따라서 나는 그 초들이 산호로 되었다는 것을 의심하지 않았고, 그 초들을 붉은색으로 칠했다. 호스버르는 (2권 602쪽에서) 산호 평지가 사피만(*Sapy* Bay)에 닿는다고 말했다. 그는 티모르-영(*Timor-Young*)섬과 숨바와(Sumbawa)섬의 북쪽 해안이 초로 싸였다고 말했다. 또 그는 (600쪽에서) 롬복(*Lombock*)에 있는 발리(*Bally*) 동네도 해안을 따라 100패덤 거리에서 초로 싸여 있으며, 초에는 보트가 지나갈 수 있는 수로들이 있다고 말했다. 그러므로 나는 여기를 붉은색으로 칠했다. —발리섬. 호스필드(Horsfield) 박사가 발간되지 않은 네덜란드의 대축척 자바 해도를 발리섬에서 가져와 인도의 집*에서 나에게 보여준 바로

* 동인도회사가 18세기부터 인도에서 사업을 하자, 인도에 중산층이 생기고 식민지체제가 잠식되기 시작했다. 그러면서 회사가 영국인들에게 인도의 자연과 사회를 소개하려고 런던에 지은 건물이 "인도의 집(India-House)"이다. 영국인뿐 아니라 나중에는 인도출신 지식인과 학생

는, 발리섬의 서쪽과 북쪽, 남쪽의 해안이 초로 아주 규칙적으로 싸인 것으로 보였다(호스버르의 2권 593쪽을 보라).

또한 산호들이 그곳에서 아주 많이 발견되어, 나는 그 초가 산호로 되었다는 것을 조금도 의심하지 않았다. 따라서 나는 그 섬을 붉은색으로 칠했다.

자바(Java). —방금 이야기한 해도에서 이 큰 섬의 초를 알게 되었다. 그 해도를 보면 마두라(*Madura*)의 대부분이 초로 규칙적으로 싸였고, 바로 그 남쪽 자바 해안의 일부도 마찬가지이다. 호스필드 박사는 수라바야(*Sourabaya*) 부근에는 산호가 굉장히 많다고 알려주었다. 포인트부앙(*Point Buang*) 또는 자파라(*Japara*)의 서쪽인 자바의 북쪽 해안에 있는 작은 섬들과 해안 일부가 초로 싸여 있으며 산호로 되었다고 한다. 자바 해안에서 좀 떨어진 루벡(*Lubeck*)섬 또는 바비안(*Bavian*)섬은 산호초로 규칙적으로 싸여 있다. 초가 산호라는 직접적인 표현은 없어도 카리몬자바(*Carimon Java*)도 똑같아 보인다. 이 섬들의 부근에는 깊이가 30~40패덤인 곳이 있다. 여러 해도에서 물 깊이가 40~80패덤인 순다(*Sunda*) 해협의 일부 해안과 바타비아(*Batavia*) 부근의 작은 섬들이 초로 싸여 있다. 네덜란드 해도에서 섬의 가장 좁은 부분인 남쪽 해안에는 두 곳에 산호초가 있다. 세고로워디(*Segorrowodee*)만의 서쪽과 남동쪽 끝과 동쪽에도 산호초가 있다. 위에서 이야기한 모든 곳을 붉은색으로 칠했다.

마카사르(*Macassar*) 해협. —보르네오(*Borneo*) 동해안 대부분에는 초가 없는 것처럼 보이며, 파마룽(*Pamaroong*) 해안처럼 초가 나타나는 곳은 바

들이 "인도의 집"으로 모여들었다. 19세기 들어서는 "인도의 집"에 모인 인도인 사이에서 민족주의사상이 싹텄으며 식민지를 벗어나려는 움직임이 생겼다.

다가 대단히 얕다. 따라서 아무 색깔도 칠하지 않았다. 남위 약 2도인 마카시크 해협 가체에는 섬에서 멀리 뻗어 있는 산호 사주들이 있는 작은 섬들이 많이 있다. (달림플의 오래된 해도에는) 수면까지 솟아올라 있지 않고 수심 5패덤부터 50패덤으로도 바닥에 닿지 않는, 갑자기 기울어지는 작은 산호 평지들도 많이 있다. 이들에는 초호처럼 생긴 구조가 없는 것으로 보인다. 조금 남쪽으로 가면 비슷한 산호사주들이 있다. 위도 4도55분에는 두 개가 있는데, 최근의 조사에 따라 초 안의 물은 깊고 초는 둥글게 표시하는 식으로 목판화로 인쇄되었다. 그러나 과거에 이 바다에서 일했던 모레스비 함장이 이 사실을 의심해서, 나는 그 사주들을 아무 색깔도 칠하지 않았다. 또 이 두 사주는 동인도제도에 있는 어떤 사주보다 더 환초처럼 되어간다고 말할 수 있다. 이 사주들의 남쪽에는 낮은 섬들과 불규칙한 산호초들이 있다. 티모르에서 자바에 이르는 큰 화산열도 북쪽 바다에는 포스틸리온스(*Postillions*)와 칼라토아(*Kalatoa*)와 토칸베세스(*Tokan Bessees*) 같은 섬들이 있는데, 아주 낮고 불규칙하며 멀리 떨어진 초들로 둘러싸여 있다. 내가 본 불완전한 해도에서 이들이 환초인지 보초인지 또는 단순한 해저뱅크를 감싸면서 얌전하게 기울어지는 땅인지 알 수 없었다. 셀레베스의 남쪽 가지 두 개 사이에 있는 보닌만(Bay of *Bonin*)에는 산호초가 아주 많다. 그러나 환초 같은 구조를 한 초는 하나도 없는 것으로 보인다. 그러므로 나는 이 바다에 있는 섬에는 아무 색도 칠하지 않았다. 그러나 몇 개는 파란색으로 칠해야 할 것이라는 생각이 아주 강하다. 부톤(*Bouton*)의 남동쪽 해안에는 포구가 하나 있는데, 옛날 해도를 보면, 그 안에 깊은 물이 있었고 해안에 평행한 초도 있었다. 또 코키유호 항해기를 보면 그 부근에 있는 섬 몇 개에는 상당히 먼 곳에 초들이 있는데, 초 안의 물이 깊은지는 모르겠다. 증거들이 충분하지 않아서 나는 이 섬들을 색칠하지 않았다.

수마트라(Sumatra). —서해안과 바깥에 있는 섬에서 시작하자. **엥가노 섬**(*Engano Isld.*)은 발간된 해도에서는 좁은 초로 둘러싸였고, 네이피어(Napier)는 그의 항해지침서에서 산호로 된 초 이야기를 한다(호스버르의 2권 115쪽도 마찬가지이다). 나는 이 섬을 붉은색으로 칠했다. **쥐섬**(*Rat Isld.*)은 남위 3도51분이며 산호초로 둘러싸였고 일부는 썰물에 드러난다(호스버르 2권 96쪽). —**트리에스테섬**(*Trieste Isld.*)(남위 4도2분). 내가 인도의 집에서 본 해도에서는, 이 섬의 해안이 초가 산호로 되어 있다고 확신할 정도로 초로 둘러싸여 있었다. 그러나 (댐피어 항해기 1권 474쪽에서 보듯이) 섬이 너무 낮아 바닷물이 때로는 아주 그 위로 넘쳐서, 나는 아무 색도 칠하지 않았다. —**풀로두아**(*Pulo Dooa*)는 위도 3도이며, 옛날 해도에는 이 섬을 두르는 초에는 보트가 샘으로 갈 수 있을 정도로 큰 틈들이 있었고, 남쪽에 있는 작은 섬은 모래와 산호로 되었다고 한다. —**풀로피상**(*Pulo Pisang*). 호스버르는 (2권 86쪽에서) 이 섬의 해안에서 약 40야드 뻗어나간 바위 같은 산호 뱅크의 둘레가 모두 가파르다고 말한다. 내가 본 해도에서도 이 섬은 초로 규칙적으로 싸여 있다. —**풀로민타오**(*Pulo Mintao*). 서쪽은 초로 둘려져 있다(호스버르 2권 107쪽). —**풀로바니악**(*Pulo Baniak*). 호스버르가 (2권 105쪽에서) 이 섬의 일부를 이야기하면서 이 섬이 산호바위로 되어 있다고 말한다. —**밍긴**(*Minguin*), 북위 3도36분. 산호초가 이 섬을 마주하며, 바다로 거의 1/4마일을 뻗어나간다(싱가포르에서 발간된 인도제도 공지,* 105쪽).

---

* 인도제도와 인근 동남아시아에 관련된 논문과 항해기와 여행기와 경제와 정치를 포함한 사회 전반에 걸친 글들을 모은 책이다. 저자는 J. H. 무어이지만 다른 사람의 글도 있으며, 1837년 싱가포르에서 발행되었다. 국제수로기구의 정의에 따르면, 인도제도에는 12개의 바다와 2개의 만과 해협 하나가 포함된다. 인도네시아가 반 이상을 차지하며 말레이시아와 필리핀이 포함된다. 인도제도와 동인도제도와 말레이 제도는 같은 곳이다.

—풀로브라사(*Pulo Brassa*), 북위 5도46분. 초가 (호스버르 2권 60쪽에서 보듯이) 1케이블 길이*로 이 섬을 둘러싼다. 나는 위에서 명기한 모든 지점을 붉은색으로 칠했다. 덧붙이면 호스버르와 무어(Moor) 씨는 (방금 말한 공지에서) 수마트라의 서쪽 해안에 있는 수많은 초와 산호 뱅크를 자주 이야기한다. 그러나 이들은 어느 것도 보초 구조는 아니며, 마르스덴(Marsden)은 (수마트라 역사에서) 해안이 평탄할 경우 해안을 두르는 초들이 해안에서 아주 멀리까지 뻗어 있다고 말한다.

북쪽과 남쪽의 돌출된 곳과 동쪽 해안 대부분에 펄로 된 낮은 뱅크가 있어서 산호는 없다.

니코바르(Nicobar) 군도. —해도를 보면 이 그룹은 초로 둘러져 있다. 모레스비 함장이 나에게 알려주기로는 큰 니코바르(*Great Nicobar*)는 해안에서 200~300야드까지 산호초로 둘러졌다. 북부 니코바르(*Northern Nicobar*)는 발간된 해도에서는 초로 규칙적으로 싸인 것처럼 보여, 나는 이 초들이 산호로 되었다는 데 의심이 없다. 그러므로 나는 이 그룹을 붉은색으로 칠했다.

안다만(Andaman) 군도.—해군성에 있는 아치볼드 블레어(Archbald Blair) 함장이 만든, 발간되지 않은 이 섬의 대축척 해도를 보면, 해안의 여러 곳이 초로 싸여 있는 것으로 보인다. 호스버르가 이 군도의 부근에는 산호초가 많다고 이야기했으므로, 내가 이 군도를 붉은색으로 칠해야 했었지만, 아시아연구 (4권 402쪽에 있는) 논문에서 본 몇 가지 표현들 때문에 산호초의 존재를 의심하여, 이 군도를 색칠하지 않았다.

말라카(*Malacca*) 해안과 타나세림(*Tanasserim*) 해안과 북쪽의 해안 대부

---

* 1케이블(cable)은 1해리의 1/10이다.

분은 낮고 펄로 된 것으로 보인다. 말라카 해협의 일부와 싱가포르 부근은 초가 변두리를 감싼다. 그러나 물이 너무 얕아서 나는 색칠을 하지 않았다. 그래도 말라카와 보르네오 서해안 사이 수심이 40~50패덤인 바다에서 규칙적으로 초로 감싸진 그룹의 일부를 나는 붉은색으로 칠했다. 페이버리트(Favourite)호 항해기 지도책에 있는, 북쪽의 나투나스(*Natunas*)섬과 아남바스(*Anambas*)섬의 대축척 해도에서는 이 섬들이 산호초로 둘려졌고 안에는 아주 얕은 물이 있다. —툼벨란(*Tumbelan*)섬과 부노아(*Bunoa*)섬은 (북위 1도이며) 잉글랜드 해도에서는 대단히 규칙적인 초로 둘러싸여 있다. —세인트바르베스(*St. Barbes*)섬이 (북위 0도15분이며) 호스버르의 말로는 초를 마주보며, 물이 높을 때만 그 위에 보트가 닿을 수 있다. – 보르네오의 툰종아피(*Tunjong Apee*) 해안도 육지에서 그렇게 멀지 않은 곳에 초가 있다(호스버르 2권 468쪽). 물이 얕아서 나는 약간 망설였지만 붉은색으로 칠했다. 가스파르 해협(Gaspar Strait)의 풀로레아트(*Pulo Leat*)와 루세파라(*Lucepara*)와 카리마타(*Carimata*)도 붉은색으로 칠해야 했는데, 바다가 좁고 얕고 초가 아주 규칙적이지 않아, 나는 이들을 아무 색칠도 하지 않았다.

물은 보르네오 서해안 전체로 가면서 점차 얕아진다. 그곳에 산호초가 있는지는 모르겠다. 그러나 북쪽 끝에 있는 섬들과 팔라완(*Palawan*) 남서쪽 부근에 가까이 있는 섬들로부터 아주 멀리에는 산호초가 있다. 그래서 발라박(*Balabac*)의 경우 초가 육지에서 최소 5마일은 된다. 그러나 이 지역 전체의 바다가 얕아서 초들이 바다에서 아주 멀리까지 있을 것으로 예상된다. 그러므로 나는 이 초들을 색칠하지 못했다. 물이 대단히 얕은 보르네오 북동쪽 끝은 술루(*Sooloo*) 제도라 불리는 열도로 마긴다나오와 연결되는데, 그에 관한 정보를 거의 얻지 못했다. 다만 팡구타란(*Pangootaran*)은 (동인도제도 공지 58쪽을 보고)* 길이는 10마일이지만 완전히 산호바위로

만 되었다는 것을 알았다. 나는 이 섬이 아주 낮다는 호스버르의 말을 믿는다. 나는 이 섬을 색칠하지 않았다. —타호우 뱅크(*Tahow Bank*)를 물에 잠긴 환초처럼 그린 옛날 해도들도 있다. 나는 이 섬을 색칠하지 않았다. 포레스트는 (항해기 21쪽에서) 술루 부근에 있는 섬들 가운데 한 개는 초로 둘러싸였다고 말했다. 그러나 먼 곳에는 초가 없었다. 포레스트 항해기의 해도에서 바셀란(*Basselan*)의 남쪽 끝 부근에 있는 작은 섬 몇 개는 초로 싸인 것으로 보인다. 그래서 나는 마지못해 술루 그룹의 일부를 붉은색으로 칠했다. 보르네오 얕은 해안 가까이에 있는 술루와 팔라완 사이의 바다에는 초들과 사주들이 불규칙하게 흩어져 있다. 나는 여기를 색칠하지 않았다. 그러나 이 바다의 북쪽에는 넓은 초로 둘러싸인 낮고 작은 섬 두 개, 카가야네스(*Kagayanes*)와 카빌리(*Cavilli*)가 있다. (호스버르 2권 513쪽을 보면) 암초들이 후자를 두르는데, 이 암초들이 여기에서는 물에 잠기지 않는 유일한 모래 뱅크로부터 5~6마일 뻗어나가 있다. 이 암초들의 바깥 지역은 급경사이다. 한쪽에 있는 암초에는 통로가 있고 수심이 4~5패덤으로 보인다. 이 설명으로 보아 나는 카빌리가 환초라는 생각이 강하게 든다. 그러나 그 해도를 본 적이 없고 중간 축척의 해도도 본 적이 없어, 나는 이 섬을 색칠하지 않았다. 팔라완 북쪽 끝에 있는 작은 섬들은 남쪽 끝에 있는 섬들과 같아서, 곧 해안에서 약간 떨어진 초로 싸였으나, 물이 굉장히 얕다. 나는 여기를 색칠하지 않았다. 팔라완의 서쪽 해안은 중국해를 이야기할 때 다루겠다.

필리핀 제도. —D. 로스 함장이 민도로 남동쪽 해안에 가까운 아푸 사주(*Appoo shoal*)의 대축척 해도를 만들었다. 아푸 사주가 환초로 된 것처럼

---

* 동인도제도 공지는 "인도제도 공지"와 같은 단행본. 원본의 제목은 인도제도 공지이다.

보이지만 윤곽은 상당히 불규칙하다. 직경은 약 10마일이다. 안에 있는 초호로 들어가는 분명한 통로가 두 개 있으며 열려 있는 것으로 보인다. 초 가까이의 지역에서는 70패덤 로프로도 바닥에 닿지 못했다. 파란색을 칠했다. —**민도로**(*Mindoro*)의 북서쪽 해안에는 여러 해도에서 초가 있는 것으로 그려 있다. **루반섬**(*Luban Isld.*)은 호스버르에 따르면 (2권 436쪽에서) "초로 둘려졌다"고 한다. —**루손**(*Luzon*). 필리핀의 박물학을 최근에 매우 훌륭하게 조사한 큐밍(Cuming) 씨가 생자고곶(Point St. Jago)의 북쪽 해안 약 3마일이 초로 싸였다고 나에게 말해주었다. 시랑긴만(Siranguin Bay) 부근 스리프라이아르스(Three Friars)도 (호스버르 2권 437쪽을 보면) 마찬가지이다. 카포네스곶(Point Capones)과 플라야혼다(Playa Honda) 사이 해안은 (호스버르에 따르면) "장소에 따라서는 거의 1마일이나 뻗어 있는 산호초로 둘려 있다." 큐밍 씨가 이 해안을 감싸는 일부의 초, 곧 푸에블라(Puebla)와 이바(Iba)와 만싱글로르(Mansinglor) 부근의 초를 찾아보았다. 솔롱-솔롱만(Solon-solon Bay) 부근에서는 해안이 (호스버르 2권 439쪽을 보면) 멀리 뻗어 있는 산호초로 둘려 있다. 솔라마게(Solamague) 부근의 작은 섬들에도 초가 있다. 큐밍 씨가 산타카탈리나(St. Catalina)와 그 약간 북쪽에도 초가 있다고 알려주었다. 그는 사마르(Samar) 앞, 이 섬의 남동쪽 끝에도 말라라본(Malalabon)에서 불루산(Bulusan)까지 초가 있다고 알려주었다. 이 초들이 루손의 해안을 감싸는 큰 초로 보인다. 이 초들을 모두 붉은색으로 칠했다. 호스버르에 따르면 몇 곳에서는 초가 해안에서 상당한 거리까지 가야 있는 것처럼 보여도, 큐밍 씨의 말로는, 초에는 깊은 물이 없다. 필리핀 제도의 경우 섬의 해안에서는, **마스바테**(*Masbate*) 남쪽 해안과 **보홀**(*Bohol*) 거의 전체를 빼고는, 보통 초로 싸이지 않는 것으로 보인다. 나는 이 두 곳을 붉은색으로 칠했다. **마긴다나오** 남쪽 해안에 있는 분우트(Bunwoot)섬은

(포레스트 항해기 253쪽을 따르면) 산호초로 둘러싸였는데, 해도에서는 거초의 히니로 보인다. 필리핀 제도 전체의 동해안에 관한 이야기는 아무것도 얻을 수 없었다.

바부얀(Babuyan) 군도. —호스버르는 (2권 442쪽에서) 산호초가 푸가(Fuga)에 있는 포구의 해안을 두른다고 말했다. 해도들을 보면 이 군도 주변에는 다른 산호초들도 있다. 카미긴(*Camiguin*)은 (호스버르의 443쪽을 보면) 일부 해안이 산호초로 둘려 있다. 해안에서 약 1마일 떨어지면 수심이 30~35패덤이다. 산피오킨토(San Pio Quinto) 포구의 평면도를 보면 해안이 산호로 둘려져 있다. 나는 붉은색으로 칠했다. —배시(Bashee) 군도. 호스버르는 (2권 445쪽에서) 이 그룹의 남쪽 해안을 이야기하면서, 바부얀 군도와 배시 군도의 해안에는 초가 있고, 날씨가 좋으면 원주민들이 초에 있는 틈으로 보트를 타고 간다고 말했다. 육지 가까운 바닥은 산호바위이다. 발간된 해도를 보면, 이 군도의 섬 몇 개에는 초가 아주 규칙적으로 있는 것이 분명하다. 나는 붉은색으로 칠했다. 북쪽에 있는 섬들에 관한 이야기는 들은 것이 없어 그 섬들을 칠하지 않았다. —포모사.* 해안, 그중에서도 서해안은 주로 펄과 모래로 된 것으로 보였고, (호스버르 2권 449쪽의) 아주 북쪽 끝에 있는 포구 한 곳을 빼고는, 어디가 초로 둘려졌는지 전혀 알 수 없었다.

따라서 물론 이 섬 전체를 칠하지 않았다. 인접한 작은 섬들도 마찬가지이다. —파초(Patchow) 그룹 또는 마지코-시마(Madjiko-sima) 그룹. 파추손(*Patchuson*)은 브로턴(Broughton) 함장이 (북태평양 항해기 191쪽에서) 설명했다. 해안에서 거의 반 마일 떨어져 있으며, 해안을 따라가는 산호초 사

---

* 포모사(Formosa)는 타이완의 옛이름이다.

이에서 보트들이 통로를 어렵게 발견했다고 말했다. 보트들은 초 안에 잘 있었지만, 그곳의 물이 깊은 것 같지는 않았다. 초 바깥에서는 수심이 아주 불규칙해서 5패덤에서 50패덤이나 되었고, 땅이 아주 가파르지는 않았다. 나는 여기를 붉은색으로 칠했다. —타이핀-산(*Taypin-san*). 브로턴 함장의 (195쪽) 설명을 보면 아주 불규칙한 초가 남쪽의 섬에서는 몇 마일이나 뻗어나가 있는 것으로 보였다. 그러나 초가 깊은 물을 감싸는지는 분명하지 않다. 바깥에 있는 이 초들이 육지에서 더 가까운 초들과 연결되는지도 분명하지 않다. 아무 색도 칠하지 않았다. 또한 라 페루즈(La Peyrouse)의 지도책을 보면, (파초의 서쪽에 있는) 쿠미(*Kumi*)의 해안에는 해안평원에 연결되어 있는 폭이 좁은 초가 표시되어 있다고 말할 수 있다. 그러나 그 초가 산호라는 이야기는 항해기에 없다. 나는 아무 색깔도 칠하지 않았다. —루추(Loo Choo). 지형이 꽤 험한 이 섬의 해안 대부분이 초로 싸여 있는데, 초가 해안에서 그렇게 멀리 뻗어 있지도 않으며 안에 깊은 수로도 없다는 것을 루추까지 간 B. 홀(Hall) 함장의 항해기에 있는 해도를 보면 알 수 있다(또 항해기 부록 21쪽과 25쪽에 있는 의견들을 보라). 그러나 골짜기 앞 초 옆에는, 모리셔스(Mauritius)섬에서 생긴 것과 똑같은 방식으로 만들어진, 깊은 포구들이 있다. 비치 함장은 나에게 보낸 편지에서, 이 초들과 소사이어티 군도를 둘러싸는 초들을 비교했다. 그러나 아마 해저가 기울어져 루추 초가 땅에서 덜 멀고, 땅에 평행한 깊은 해자(垓字)나 수로가 안에 없어서 그 둘 사이에는 현격한 차이가 있는 것으로 보인다. 그러므로 나는 이 초들을 거초로 보았고 붉은색으로 칠했다. —(포모사의 서쪽인) 페스카도레스(Pescadores). 댐피어는 (1권 416쪽에서) 이곳에서 육지가 나타나는 것을 잉글랜드 남쪽 부분에 비교한다. 이 군도에는 산호초들이 복잡하게 얽혀 있다. 그러나 (호스버르 2권 450쪽을 보면) 물이 대단히 얕고 모래와 자갈로 된 모래톱들이 초에서 멀리 뻗어나 있기 때문에, 초의 본질에 관한 어떤 추정도 할 수 없었다.

중국해. ―북쪽에서 남쪽으로 가면 첫 번째로 (북위 20도에서) **프라타스 사주**(*Pratas Shoal*)를 만나는데, 호스버르(2권 335쪽)에 따르면, 이 사주는 산호로 되어 있으며 모양이 둥글고 낮으며 이 사주 위에 작은 섬이 하나 있다. 초는 물가의 수위보다 위에 있고, 바다가 높으면 쇄파가 주위에서 일렁인다. "그러나 안에 있는 물은 어떤 곳에서는 꽤 깊어 보이며, 바깥 대부분이 가파를지라도 암초 바깥에는 배가 정박할 수 있는 곳이 몇 군데 있는 것으로 보인다." 나는 여기를 파란색으로 칠했다. ―**파라셀**(*Paracells*)은 D. 로스(Ross) 함장이 정확하게 조사하여 큰 축척으로 발간했다. 이 사주에는 낮고 작은 섬들이 몇 개 있으며, 이런 양상은 중국해에서는 흔한 것으로 보인다. 초 바깥의 가까운 바다는 대단히 깊다. 초 몇 개에는 초호 같은 구조가 있다. 나아가 (프래틀*Prattle*, 로버트*Robert*, 드러몬드 외) 서로 떨어져 있는 작은 섬들은 이들이 한때 큰 환초를 만들었던 것처럼 얕은 곳의 주위를 두르며 배열되어 있다. ―**봄베이 사주**(*Bombay Shoal*)(파라셀의 하나). 이 사주는 둥그스름한 초 모양이며 "안은 분명히 깊다." (호스버르 2권 332쪽을 보면) 서쪽에 통로가 있는 것으로 보인다. 바깥이 아주 가파르다. ―**디스커버리 사주**(*Discovery Shoal*)는 마찬가지로 안에 초호 같은 자리가 있고, 그곳으로 가는 입구가 세 개 있으며 수심이 2패덤에서 20패덤인 달걀꼴 사주이다. (호스버르 2권 333쪽을 보면) 바깥에서는 초에서 단 20야드밖에 되지 않아도 수심을 알 수 없었다. 나는 파라셀을 파란색으로 칠했다. ―**매클스필드 뱅크**(*Macclesfield Bank*). 이 뱅크는 파라셀의 동쪽에 있는 큰 산호 뱅크이다. 이 뱅크의 경우 모래질 바닥에 평탄한 곳들도 있지만, 대개는 깊이가 아주 불규칙하다. 이 뱅크는 깊은 골들이나 수로들로 잘린다. 발간된 여러 해도를 보아도 (사주의 경계선도 아주 정확하지 않았지만) 인도양 큰 차고스 뱅크(Great Chagos Bank)처럼 중앙부가 더 깊은지조차 알 수 없었다. 나는 아무 색도 칠하지 않았다. —스카버러 사주(*Scarborough Shoal*). 이 산호 사주는 초 가운데가 깊은 것처럼 이중 십자가로 둥글게 그려놓았다. 사주 바깥 가까이에서도 100패덤 측심 로프가 바닥에 닿지 않았다. 파란색으로 칠했다. —팔라완의 서쪽 해안과 보르네오 북부 부근 바다에는 사주들이 흩어져 있다. 제비 사주(*Swallow Shoal*)는 호스버르(2권 431쪽)에 따르면 "여기에 있는 대부분의 사주처럼 안에는 깊은 물이 있는 분지가 있고 산호바위로 되어 있다." —반달 사주(*Half-Moon Shoal*). 이 사주도 비슷한 구조이다. D. 로스 함장은 이 사주를 "가운데 깊은 물이 있는 분지로 되어 있고" 바깥 가까운 곳이 깊은 바다인, 좁은 띠 같은 산호바위라고 설명했다. —봄베이 사주. 이 사주는 (호스버르 2권 432쪽을 보면) "암초들로 둘러싸인, 가운데는 고요한 물로 된 분지"처럼 보인다. 위의 세 사주를 파란색으로 칠했다. —파라콰스 사주(*Paraquas Shoal*). 둥글며 가운데를 지나 흐르는 깊은 골들이 있는 이 사주를 칠하지 않았다. —30패덤까지 점차 얕아지는 뱅크 하나가 보르네오 북부에서 약 20마일이 되고 팔라완 북부에서는 30마일 되는 곳까지 뻗어 있다. 육지 가까이에서는 이 뱅크에 그런대로 위험한 곳이 없어 보이지만, 조금만 더 바깥으로 가면 수면까지 솟아올라 있지 않은 산호사주들이 아주 많아진다. 그중 몇 개는 아주 가파르고, 둘레를 따라 물이 얕은 사주들도 있다. 호스버르가 "이 부근에 있는 대부분의 사주들이 산호 벨트로 되어 있다"는 말을 하지 않았더라면, 이 사주들의 표면이 평탄하다고 생각했을 것이다. 그러나 그 표현이 더 정확하게는 더 앞바다에 있는 사주들에게 해당될 것이다. 만약 산호로 된 이 초들이 초호 같은 구조를 하고 있다면, 파란색을 칠했어야 하고, 이 초들이 팔라완 앞과 보르네오 북부에서는 불완전한 보초가 되었을 것이다. 그러나 물이 대단히 깊지 않기 때문에, 이 초들은 높낮이가 같지 않은 뱅크에서 성장했을 것이다. 나는 이들을 색칠하지 않았다. —중국해의 서쪽 경계를 만드는 지이나(*China*) 해안과 통킨(*Tonquin*) 해안과 코친차이나(*Cochin-China*) 해안에는 초가 없는 것처럼 보인다. 페이버리트호 항해기의 지도책에 있는 대축척 해도들을 본 다음에 마지막 두 해안에 관한 이야기를 하겠다.

인도양. —남킬링(*Keeling*) 환초는 특별히 설명했다. 이 환초 북쪽 9마일 되는 곳에는 비글호가 조사한 아주 작은 환초인 북킬링이 있으며, 썰물에는 초호 바닥이 드러난다. —크리스마스섬(*Christmas Island*). 이 섬은 인도양의 동쪽에 있으며 높은 섬으로, 그곳을 지나간 사람의 말로는 초가 없다. —실론(Ceylon). 이 섬의 남서쪽과 남쪽 약 80마일의 해안을 트위남(Twynam) 씨가 (1836년 항해잡지 365쪽과 518쪽에서) 설명했다. 이 해안의 일부는 해안에서 1/4마일에서 반 마일로 뻗어 있는 산호초로 아주 규칙적으로 싸인 것으로 보인다. 이 초들이 장소에 따라서는 부서져서, 장사하는 작은 배들이 안전하게 정박할 수 있다. 바깥으로는 바다가 점점 깊어진다. 바다 쪽 약 6마일이면 깊이가 40패덤이 된다. 이 부분을 나는 붉은색으로 칠했다. 발간된 실론 해도에는 남동쪽 해안 여러 곳에 초들이 있는 것으로 보이며, 이 부분을 붉은색으로 칠했다. —벤루스만(Venloos Bay)에서도 해안이 똑같이 초로 둘려 있다. 트린코말리(Trincomalee) 북쪽에도 같은 부류의 초가 있다. 실론 북쪽 근해는 굉장히 얕다. 따라서 나는 그 해안의 일부와 인근의 작은 섬들과 인도양 마두라(*Madura*)곶을 감싸는 초를 색칠하지 못했다.

차고스(Chagos) 제도와 말디바(Maldiva) 제도와 라카디브(Laccadive) 제도. —이미 자주 이야기했던 이 세 개의 커다란 그룹이 모레스비 함장과 파월(Powell) 대위가 잘 조사하여 이제는 잘 알려졌다. 해도들은 아주 조심스레 들여다볼 가치가 있는데, 차고스 그룹과 말디바 그룹이 완전히 큰 환초들 또는 작은 섬들이 있는 초호가 된 초들로 되었다는 것을 바로 알 수 있다. 라카디브 그룹에서는 이런 구조가 덜 분명하다. 섬들이 작고 낮아서 산호체의 보통 높이를 초과하지 못하며 (지리학 학술지 6권 29쪽에 있는 우드 Wood 대위의 이야기를 보라), 대부분의 환초들이 출판된 해도에서 보는 것처럼 둥글다. 그 가운데 몇 개에는 모레스비 함장이 말한 대로 깊은 물이 있다. 그래서 나는 이 그룹들을 파란색으로 칠했다. 바로 북쪽이며 대체로 이 그룹의 일부를 이루는, 인도양 깊은 곳에서 솟아오른 길고 좁으며 약간 휜 뱅크가 있는데, 이 뱅크는 모래와 조개껍데기와 썩은 산호로 되어 있으며, 깊이는 23~30패덤이다. 이 뱅크가 라카디브 그룹의 다른 뱅크들과 기원이 같다는 것을 의심하지 않는다. 그러나 중심 쪽으로 깊어지지 않아, 나는 아무 색도 칠하지 않았다. 나는 차고스 제도와 말디바 제도와 라카디브 제도에 관한 내용을 많이 알고 있는 다른 사람들한테서 알아볼 수도 있었다. 그러나 모레스비 함장이 해도를 발간한 다음에는 그럴 필요가 없어졌는데, 그가 준 내용은 충분했다.

사히아 데 말하(*Sahia de Malha*) 뱅크는 수심 8~16패덤으로, 연속된 좁은 뱅크들로 되어 있다. 이 좁은 뱅크들은 남동쪽으로 깊이를 알 수 없는 곳으로 기울어져 있으며, 약 40패덤 깊이에서 반원 모양으로 배열된다. 뱅크의 양쪽이 가파르지만 대양 쪽이 더 가파르다. 따라서 이 뱅크의 구조가 차고스 그룹에 있는 피트 뱅크(Pitt's Bank)와 아주 비슷하며, 조성도 그 뱅크와 비슷하다고 모레스비 함장이 알려주었다. 피트 뱅크는 큰 차고스 뱅크에서 설명한 것처럼, 가라앉고 반쯤 부서진 환초로 보아야 한다. 따라서 파랗게 칠했다. —카르가도스 카라호스 뱅크(*Cargados Carajos Bank*). 이 뱅크의 남쪽 부분은 크고 휘어진 산호사주로 되어 있고, 동쪽 가장자리에는 작은 심들도 있으며 서쪽에도 있고, 그 사이에는 수심이 약 12패덤인 깊은 곳이 있다. 북쪽에는 대단히 큰 뱅크가 펼쳐진다. 나는 (완전한 해도가 없어서) 이 초와 뱅크를 어느 부류에 놓을지 모르겠다. —따라서 색을 칠하지 않았다. —**모래섬**(*Ile de Sable*)은 카르가도스 카라호스의 서쪽에 있는 작은 섬이며, (페이버리트호 항해기 1권 130쪽을 보면) 높이가 겨우 몇 투아즈*이며, 초로 둘러싸여 있다. 그러나 구조는 알 수 없다. 이 섬의 북쪽으로는 작은 뱅크 몇 개가 있는데, 그 뱅크에 관한 명확한 이야기는 찾을 수 없었다. —**모리셔스**. 이 섬 주위에 있는 초들은 거초를 설명하는 장에 설명되어 있다. 나는 이 섬을 붉은색으로 칠했다. —**로드리게스**(*Rodriguez*). 여기의 산호초들은 굉장히 넓다.

한 곳에서는 해안에서 5마일이나 뻗어나가 있다. 내가 알기로는 초 안에는 깊은 수로가 없다. 나아가 바깥 바다도 아주 급하게 깊어지지 않는다. 그래도 (J. 매킨토시Makintosh 경의 일생, 2권 165쪽을 보면) 육지는 약간 높고 울퉁불퉁한 것처럼 보인다. 이 초들이 보초나 거초에 속하는지 결정할 수 없었는데, 그 이유는 매우 크게 커졌기 때문이다. 나는 색칠하지 않았다. —**부르봉**(*Bourbon*). 이 섬 해안의 대부분에는 초가 없다. 그러나 (후커Hooker의 식물학종합을 보면) 카르마이클(Carmichael) 함장에 따르면 남동쪽의 일부 길이 15마일 되는 곳이 산호초로 불완전하게 둘려져 있다. 이 사실만 가지고는 그 섬을 색칠하기에는 부족하다.

세이셸(Seychelles). —이 그룹을 형성하는 제1기 암층의 바위섬들이 수심 20~40패덤인 굉장히 넓고 그런대로 평탄한 뱅크에서 솟아올라 있다.

---

* 투아즈(toise)는 길이를 재는 옛 단위로, 1투아즈가 6피에(pied)이다. 1피에는 32.4cm이다.

오언(Owen) 함장의 해도와 페이버리트호 항해기의 지도책에서는 마헤(*Mahé*)섬과 인근의 작은 섬인 산타앤(*St. Anne*)섬과 염소(*Cerf*)섬의 동쪽이 산호초로 가지런하게 둘려져 있다. 호기심섬(*Curieuse Isld.*)의 남동쪽의 일부, 프라슬린섬(*Praslin Isld.*)의 북쪽 해안 전체, 남동쪽 해안 일부, 그리고 디게섬(*Digue Isld.*) 서쪽 전체를 초가 가까이 두른 것으로 보인다. 해군성에 있는 F. 모레스비 함장의 이 군도에 관한 미발간 원고를 보면, 실루에트(*Silhouette*)에서도 역시 초가 두른 것으로 보인다. 그는 이 군도 전체가 화강암과 규암으로 되었고, 바다에서 솟아올라 험준한 지형을 이루고 있으며, "산호초들이 그 둘레를 따라 커지고 어느 정도 불쑥 솟아 있다"고 말한다. 이 군도를 찾아왔던 포레스(Forres)의 앨런(Allan) 박사는 초와 해안 사이가 깊지 않다고 알려주었다. 위에서 말한 곳들을 붉은색으로 칠했다. 부근에 있는 아미란테스 군도(*Amirantes Islands*)는 작은 섬들로 되어 있으며, F. 모레스비 함장의 이 군도에 관한 미발간 원고에 따르면, 넓은 뱅크 위에 있다. 이 군도는 산호와 패각의 조각들로 되어 있다. 높이는 겨우 약 20피트이며, 초로 둘러싸여 있고 해안에 접하는 초도 있지만, 꽤 멀리 있는 초도 있다. —아미란테스 군도의 남동쪽, 남서쪽에 있는 섬들, 그리고 세이셸 군도의 평면도와 설명을 구하는 데 큰 고생을 했다. F. 모레스비 함장과 앨런 박사에 따르면, 대부분의 섬들, 곧—플라테(*Platte*), 알폰스(*Alphonse*), 코에티비(*Coetivi*), 갈레가(*Galehg*), 프로비던스(*Providence*), 생피에르(*St. Pierre*), 아스토바(*Astova*), 아솜션(*Assomption*), 글로리오소(*Glorioso*)는 낮고 모래나 산호바위로 되어 있으며 모양이 불규칙하다. 이 섬들은 아주 넓은 뱅크 위에 있고, 큰 산호초들로 이어진다. 앨런 박사의 말로는 갈레가는 다른 섬들보다 좀 높다. F. 모레스비 함장은 생피에르에는 섬 전체에 동굴이 많으며, 석회암이나 화강암으로는 되어 있지 않다고 말했다.

아미란테스 군도도 마찬가지지만 이 군도도 환초는 아니며 내가 알고 있는 모든 그룹과 다르다. 나는 이 군도들을 색칠하지 않았지만, 거초에 속할지 모른다. 앨런 박사와 F. 모레스비 함장은 이 군도들이 지질학적으로는 기원이 완전히 다른 뱅크에서 있었던 굉장히 격렬한 해류의 작용으로 형성되었다고 설명했다. 이 군도들은 많은 점에서 서인도제도의 섬들과 뱅크들을 닮았는데, 서인도제도는 전 지역이 융기하면서 이 군도를 형성시킨 요인과 비슷한 요인들이 복합되어 만들어졌다. 이 군도들 아주 가까이에 본질이 완전히 다른 섬이 세 개 있다. 처음이 후안데노바(*Juan de Nova*)로 평면도와 설명을 통해 생각건대, 환초로 보인다. 그러나 그렇게 보이지 않는 평면도와 설명도 있다. 나는 이 섬을 칠하지 않았다. 둘째 섬, 코스몰레도(*Cosmoledo*)는 (호스버르 1권 151쪽을 보면) "이 그룹은 둥근 산호초로 주위가 10리그이고, 몇 곳에서는 멋있는 초호를 감싸는 초의 폭이 1/4마일이 넘는데, 초호로 들어가는 통로가 없는 것으로 보였다"고 씌어 있다. 이 섬을 파란색으로 칠했다. 셋째 섬, 알다브라(*Aldabra*)이다. 알다브라는 (호스버르 1권 176쪽을 보면) 아주 얕은 분지나 초호를 둘러싸는 작은 섬 세 개로 되어 있는데, 높이는 약 25피트이며 붉은 절벽들이 있다. 해안 가까이에서도 바다는 아주 깊다. 해도에서 이 섬을 보았을 때, 환초로 생각되었다. 그러나 앞에서 한 설명을 보면 본질이 무언가 다르다. 앨런 박사 역시 이 섬 바위에는 구멍들이 많다고 말했으며, 산호바위가 유리처럼 보인다고 말했다. 이 섬이 융기된 환초인가? 아니면 화산의 화구인가?—색을 칠하지 않았다.

코모로(Comoro)그룹. —마요타(*Mayotta*)는 호스버르(4판 1권 216쪽)에 따르면 육지에서 3~4마일, 장소에 따라서는 5마일 떨어진 초로 완전히 둘러싸여 있다. 달림플이 발간한 옛날 해도에 따르면 초의 내부에는 깊이가

36패덤과 38패덤 되는 곳이 많다. 같은 해도에는 초 안에 폭 3마일이 넘는 물이 있다. 육지는 가파르며 봉우리가 높다. 그러므로 이 섬은 보초의 특징이 잘 나타나는 초로 둘러싸여 있으며, 연한 파란색으로 칠했다. —요한나(*Johanna*). 호스버르는 (1권 217쪽에서) 이 섬의 북서쪽에서 남서쪽까지 해안에서 2마일 떨어져 있는 곳이 초로 싸여 있다고 말했다. 그러나 초가 해안에 붙어 있는 곳도 있는 것이, 보텔러(Boteler) 대위가 (이야기 1권 161쪽에서) 보트 몇 척밖에 들어갈 여유가 없는 통로를 이야기했기 때문이다. 앨런 박사가 알려주기로는 섬의 높이는 약 3,500피트이다. 이 섬은 굉장히 가파르며 화강암과 녹암과 규암으로 되었다. 나는 파란색으로 칠했다. —모히야(*Mobilla*). (호스버르 1권 214쪽을 보면) 이 섬의 남쪽에는 초와 해안 사이에 깊이 약 30~45패덤 되는 정박할 곳이 있다. 오언 함장의 마다가스카르 해도에는 이 섬이 초로 싸인 것으로 표시되어 있다. 파란색으로 칠했다. —큰 코모로섬(*Great Comoro Isld.*). 앨런 박사를 통해서 알기로는 이 섬의 높이가 약 8,000피트이며, 분명히 화산이다. 이 섬은 가지런하게 초로 싸이지는 않았다. 대신 모양과 크기가 다른 초들이 서쪽과 남쪽과 남동쪽의 해안에 있는 모든 돌출지역에서 뻗어 나와 있고, 초 안에는 가끔 해안에 평행한 깊은 수로들이 있다. 북서쪽 해안에서는 초가 해안에 붙은 것처럼 보인다. 해안 가까이의 땅은 험준한 곳도 있으나, 대체로 평탄하다. 호스버르의 말로는 (1권 214쪽에서) 물이 해안 가까이에서는 아주 깊은데, 그 표현에서 나는 초가 없는 곳도 있다고 상상했다. 이 설명으로 보아, 나는 그 초가 보초라는 것을 알았지만, 색을 칠하지 않았는데, 내가 본 대부분의 해도에서는 이 섬에 있는 초가 코모로 그룹의 다른 섬을 두르는 초보다 아주 작았기 때문이다.

마다가스카르. —내가 알고 있는 것은 주로 오언 함장이 발간한 해도와 그와 보텔러 대위의 이야기 덕분이다. 이 섬의 남서쪽 끝에서 시작하자. (남위 25도인) 스타 뱅크(*Star Bank*)의 북쪽으로 해안 10마일에 초가 있다. 나는 붉은색으로 칠했다. 세인트오거스틴만(*St. Augustin's Bay*) 바로 남쪽에 있는 해안에도 초가 있는 것처럼 보인다. 그러나 바로 북쪽 툴레아르(*Tullear*) 포구는 해안에 평행하며 초 안은 깊이 4~10패덤, 길이 10마일의 좁은 초로 되어 있다. 만약 이 초가 더 크다면 보초로 취급되어야 할 것이다. 그러나 해안선이 여기에서는 안쪽에 있기 때문에, 산호가 자랄 기반이 될 해저의 뱅크가 아마 해안에 평행하게 발달할 것이다. 나는 이 부분을 색칠하지 않았다. 위도 22도16분에서 21도37분까지 해안에는 폭이 1마일이 되지 않는 산호초가 있으며 초에는 얕은 물이 있다(보텔러 대위의 이야기 2권 106쪽을 보라). 난바다 여러 곳에 산호 사주들이 있는데, 사주들과 해안 사이 수심은 약 10패덤이고, 바다 쪽으로 1.5마일 가서는 수심이 약 30패덤이다. 위에서 말한 부분은 대축척으로 인쇄되어 있다. 또 약간 작은 축척의 해도에서는 같은 초가 33도15분까지 계속된다. 나는 이 지역 해안 전체를 붉은색으로 칠했다. (남위 17도인) 후안데노바 군도가 대축척 해도에서는 초가 있는 것처럼 보이지만, 나는 그 초가 산호인지 확인할 길이 없어, 칠하지 않고 내버려두었다. 서쪽 해안의 대부분이 낮으며, 보텔러 대위의 말로는 (2권 106쪽에서) 바깥에 있는 모래 뱅크들이 "깊은 물의 가장자리에는 한 줄로 된 날카로운 산호바위가 있다"고 한다. 그런데도 내가 이 부분을 칠하지 않았는데, 해도만 보아서는 그 해안 자체에 초가 있는지 알 수 없었기 때문이다. 나렌다만(*Narrenda Bay*)과 파산다바만(*Passandava Bay*)의 (14도40분) 돌출 부분들과 라다마 포구(*Radama harbour*) 앞에 있는 섬들은 해도에서는 초가 어김없이 그려져 있어, 붉은색으로 칠했다. 마다가스카르 동해안의 경우, 앨런 박사가 나에게 보낸 편지에서 18도12분의 타마

타베(*Tamatave*)부터 섬의 북쪽 끝인 앰버곶(*Cape Amber*)까지 해안선 전체를 산호초가 두른다고 알려주었다. 육지는 낮고 지형이 고르지 않으며 해안부터 점차 높아진다. 오언 함장의 해도에서도 몇 곳, 곧 영국협만(*British Sound*) 북쪽과 응곤시(*Ngoncy*) 부근에서는 분명히 거초에 속하는 초들이 해안선보다 위에 있다는 것을 유추할 수 있을 것이다. 보텔러 대위가 (1권 155쪽에서) "해안 가까이에서 성모 마리아섬(*St. Mary's island*)을 둘러싸는 초"에 관한 이야기를 했다. 앞 장에서 나는 앨런 박사가 가르쳐준 것에 바탕을 두고, 초가 이 해안의 돌출지역으로부터 북동쪽으로 몇 줄로 뻗어나갔다고 이야기했으며, 때로는 그렇게 해서 초에 꽤 깊은 수로들이 생겼다고 말했다. 이런 양상은 해류 때문에 생긴 것으로 보이며, 모래가 섞인 돌출지역이 해저에서 길어진 곳에서 초들이 솟아오르는 것으로 보인다. 이 해안에서 위에서 이야기한 부분을 붉은색으로 칠했다. 남아 있는 남동쪽 부분에 초가 있다는 말은 발간된 어떤 해도에도 없다. 마다가스카르의 이쪽을 엄청나게 많이 알고 있는 W. 엘리스 목사는 초가 없다고 믿는다고 나에게 알려주었다.

아프리카 동해안. —북쪽에서 내려가면 한동안 초가 없는 것처럼 보인다. 내가 여기에서 이야기하는 내용은 오언 함장과 보텔러 대위가 조사한 내용이다. (북위 2도1분) 묵디샤(*Mukdeesha*)에는 (오언의 이야기 1권 357쪽을 보면) 해안을 따라 길이 4~5마일의 초가 있는데, 해안에서 1/4마일 떨어져 있고, 초 안은 수심이 6피트에서 10피트이다. 그렇다면 이는 거초이고, 나는 붉은색으로 칠했다. 적도 약간 남쪽인 주바(*Juba*)에서 (남위 2도20분인) 라무(*Lamoo*)까지는 (오언의 이야기 1권 363쪽을 보면) "해안과 섬들이 마드레포라로 되어 있다." 해도에 (둔다스 군도*Dundas Islds.*라는 이름이 붙은) 이 지역에서는 보통과 다른 점들이 보인다. 아프리카 본토의 해안은 아주 직선이고, 초로 싸인 아주 좁고 곧은 작은 섬들이 해안에서 평균거리 2마일에 늘어서 있다. 작은 섬들이 사슬처럼 연결된 안쪽에는 많은 강들이 들어오는 아주 넓은 갯벌과 펄로 된 만들이 있다. 여기의 깊이는 1패덤에서 4패덤인데—4패덤은 흔하지는 않고, 평균깊이는 약 12피트이다. 이 작은 섬들이 줄지어 있는 사슬의 바깥쪽, 곧 바다는 1마일 거리에서 수심이 8패덤에서 15패덤으로 변화가 크다. 보텔러 대위의 이야기로는(이야기 1권 369쪽에서), 펄이 쌓인 파타(*Patta*)만이 이 해안의 다른 곳과 비슷하게 보이며, 썩어가는 산호로 된 좁고 작은 섬들을 마주보고 있는데, 만의 가장자리 높이는 12피트를 넘지 못하지만, 작은 섬들이 솟아오른 바위표면 위로 쑥 나와 있다. 나는 작은 섬들이 산호로 되어 있다는 것을 알았기 때문에, 해안을 보면서 수 피트를 솟아오른 거초를 보고 있다는 결론을, 여기에서 당장 내리지 않기는 어려운 일이다. 몇몇 작은 섬들의 안에서 물 깊이가 보통과 다른 2패덤에서 4패덤인 것은, 아마 해안 가까이에서 산호의 성장을 가로막는 펄이 섞인 강물 때문일 것이다. 그러나 이런 견해에는 어려움이 하나 있는데, 곧 산호초를 사슬처럼 이어진 작은 섬들로 바꾼 융기작용이 일어나기 전에는, 물은 분명히 지금보다 더 깊었기 때문이다. 반면 그렇게 큰 해안에 걸쳐 거의 완전한 장애물이 생긴다면, 해류가 (특히 강 앞에서는) 펄로 된 강바닥을 더 깊게 만들게 할 것이라고 생각할 수 있다. 거초를 설명하는 장에서 모리셔스섬의 거초를 이야기했을 때, 많은 경우에는 내가 이런 종류의 초 안에 있는 사주지역이 반드시 더 깊어졌다고 믿을 이유들을 설명했다. 그래도 여기 해안에는 여러 곳에 분명히 살아 있는 초가 있어, 나는 여기를 붉은색으로 칠했다. —말린다(*Maleenda*)(남위 3도20분). 이 포구의 평면도에서는 남쪽의 곶이 초로 싸인 것으로 보인다. 오언의 대축척 해도에서는 초가 남쪽으로 거의 30마일 계속된다. 붉은색으로 칠했다. —몸바스

(*Mombas*)(남위 4도5분). 이 포구를 이루는 섬은 (오언의 이야기 1권 412쪽을 보면) "거의 난공불락인 마드레포라 절벽으로 둘러싸여 있다." 본토의 해안, 곧 이 포구의 북쪽과 남쪽 해안이 땅에서 0.5마일에서 1.25마일 떨어져 산호초로 아주 가지런하게 둘려 있다. 초 안에서는 깊이가 9피트에서 15피트이다. 초 바깥에서는 초로부터 반 마일이 되지 않는 곳에서 물 깊이는 30패덤이 된다. 해도를 보면 약 36마일에 걸친 지역에 초가 있는 것처럼 보인다. 붉은색으로 칠했다. —**펨바**(*Pemba*)(남위 5도). 펨바는 산호체로 된 섬이며, 평탄하고 높이는 약 200피트이다(오언의 이야기 1권 425쪽). 길이는 35마일이고 본토와는 깊은 바다로 나뉜다. 해도를 보면 바깥쪽 해안에서는 초가 가지런하다. 나는 이 섬을 붉은색으로 칠했다. 펨바 앞에 있는 본토에도 역시 초가 있다. 또 멀리 떨어져 초들이 있으며, 그 초들과 해안 사이는 깊어 보인다. 나는 해도나 설명에서 그 초들의 구조를 알 수 없었다. 따라서 아무 색도 칠하지 않았다. —**잔지바르**(*Zanzibar*)는 많은 점이 펨바를 닮았다. 서쪽의 남쪽 반과 인근의 작은 섬들에는 초가 있다. 나는 여기를 붉은색으로 칠했다. 잔지바르 약간 남쪽 본토에는 해안에 평행하게 뱅크 몇 개가 있는데, (보텔러 이야기 2권 39쪽에) 모래로 되었다는 말이 없었다면, 산호로 되었다고 생각했을 것이다. 나는 색을 칠하지 않았다. —**라탐 뱅크**(*Latham's Bank*)는 산호초가 둘러진 작은 섬이다. 그러나 높이가 10피트밖에 되지 않아서 칠을 하지 않았다. —**몬피아**(*Monfeea*)는 펨바와 특징이 같은 섬이다. 바깥쪽 해안에 초가 있고 남쪽 끝은 본토의 킬와곶(Keelwa Point)과 초가 있는 작은 섬들로 사슬처럼 이어져 있다. 여기를 붉은색으로 칠했다. 마지막에 말한 섬 네 개는 많은 점들이, 곧 설명할 홍해에 있는 섬들과 닮았다. —**킬와**(*Keelwa*). 해안을 보여주는 평면도에는 이곳의 남북 20마일에 산호로 보이는 초가 있다. 이 초들이 오언의 일반해도

에서는 더 남쪽으로 계속된다. (남위 9도59분과 10도7분의) 린디(*Lindy*)강과 몽고(*Mongbow*)강이 나오는 지도에서는 해안이 같은 구조를 하고 있다. 나는 여기를 붉은색으로 칠했다. —퀘림바 군도(*Querimba Islands*)(남위 10도 40분에서 13도까지). 대축척 해도에는 이 군도가 나타난다. 섬들이 낮고 산호로 되어 있다(보텔러 이야기 2권 54쪽). 또 일반적으로 섬에서 튀어나온 넓은 초들이 있는데, 썰물에는 공기 중에 노출되고 바깥쪽에서는 깊은 바다에서 갑자기 솟아올라 있다. 안쪽에서는 평균수심 10패덤인 수로 또는 연속된 만들이 있어 본토와 분리되어 있다. 한편 본토에 있는 작은 곶들과 연결된 산호 뱅크들도 있다. 퀘림바 군도와 뱅크들은 이 곶들이 연장되는 선 위에 놓여 있고, 곶들과는 아주 얕은 수로들로 분리되어 있다. 원인이 무엇이든 퇴적물의 이동이나 지하의 움직임이 곶들을 형성하였으며, 이와 마찬가지로 곶들로 이어지는 해저연장구조들을 형성하였음이 분명하다. 해저연장구조들은 바깥쪽 끝으로 가면서 산호초에 좋은 기초가 되었으며, 다음에는 작은 섬들의 기초가 되었다. 이런 초들은 명백하게 거초에 속하기 때문에, 나는 퀘림바 군도를 붉은색으로 칠했다. —모나빌라(*Monabila*)(남위 13도32분). 이 포구의 평면도에서 바깥쪽 곶들은 분명히 산호로 보이는 초로 둘려 있다. 붉은색으로 칠했다. —모잠비크(*Mozambique*)(남위 15도). 도시가 건설된 섬의 바깥쪽과 인근 섬들이 산호초로 둘려 있다. 나는 여기를 붉은색으로 칠했다. 오언의 이야기(1권 162쪽)에 있는 설명에서 모잠비크에서 델라고아(*Delagoa*)만(灣)에 이르는 해안은 낮고 모래로 보인다. 해안 부근의 많은 사주와 작은 섬이 산호에서 생긴 물체들로 되었다. 그러나 크기가 작고 낮아서 해도에서 정말 초가 있는지는 알기 어렵다. 그러므로 해안의 이 부분은 색을 칠하지 않았고, 앞에서 이야기하지 않은 더 북쪽도 정보가 없어서 칠하지 않았다.

페르시아만. —최근 동인도회사가 발행한 대축척 해도를 보면 몇 곳, 그중에서도 이 만의 남쪽에는 산호초가 있는 것으로 보인다. 그러나 물이 대단히 얕고 모래 뱅크가 많아서, 해도에서 초와 뱅크를 구별하기가 쉽지 않으므로, 나는 윗부분을 색칠하지 않았다. 그러나 물이 더 깊어지는 만의 입구 쪽으로 가면서 오르무즈(*Ormuz*)섬과 라라크(*Larrack*)섬은 초로 가지런하게 둘려진 것으로 보여, 붉은색으로 칠했다. 페르시아만에 환초는 분명히 없다. 이마움(*Immaum*) 해안과 페르시아만의 남쪽 돌출부를 만드는 해안에는 초가 없는 것으로 보인다. (작은 한두 곳을 뺀) 아라비아펠릭스(*Arabia Felix*)의 남서쪽 해안 전체와 소코트라(*Socotra*) 해안은 해도와 하인스(Haines) 함장의 (1839년 지리학 학술지 125쪽) 기록을 보면, 초가 없는 것으로 보인다. 나는 실론의 앞에 있는 (이미 이야기한) 낮은 마두라곶을 빼고는 인도의 해안 어디에도 광대한 산호초는 없다고 믿는다.

홍해. —내가 말하는 내용은 주로 동인도회사가 1836년에 발행한 훌륭한 대축척 해도들, 이곳을 조사한 조사자 가운데 한 사람인 모레스비 함장과 나 개인이 연락한 내용, 그리고 에렌베르크의 뛰어난 논문집인 "홍해 산호 뱅크의 본질에 관하여"에서 뽑아낸 내용들이다. 홍해에 바로 인접한 평원들은 대부분 아주 최근의 제3기 퇴적암층으로 된 것으로 보인다. 해안에는 몇 곳 예외를 빼고는 산호초가 있다. 해안 가까이는 보통 아주 깊다. 그러나 항해자 대부분의 관심을 끌었던 이 사실이 초와는 특별한 관계가 없는 것으로 보인다. 모레스비 함장이 동해안 위도 24도10분에는, 해안 가까이는 아주 깊고 초가 없지만, 보통 해안선과 다름이 없는 해안이라고 나에게 특별히 말했다. 홍해에서 가장 눈에 띄는 점이 주로 동해안의 경우, 해안에서 좀 떨어져, 물에 잠긴 뱅크들과 초들과 섬들이 사슬처럼 연결되어 있다는 점이다. 해안과 이 사슬 사이는 작은 배들이 안전하게 항해할 수 있을 정도로 충분히 깊다. 뱅크들은 보통 달걀꼴이고 폭이 수 마일이다. 그러나 그중 몇 개는 폭에 비해서 아주 길다. 그 해도를 실제 만들지 않은 사람은 누구라도 그 뱅크들이 실제보다 훨씬 더 길 것으로 생각한다고 모레스비 함장이 알려주었다. 많은 뱅크가 수면으로 올라와 있으나, 절대다수가 수면 아래 5패덤에서 30패덤에 있으며, 뱅크의 수심은 불규칙하다. 뱅크는 모래와 살아 있는 산호로 되어 있다. 모레스비 함장의 말로는 산호가 뱅크 표면 대부분을 덮는다고 한다. 뱅크들은 해안에 평행하게 뻗어 있고 가운데 부분이 짧은 뱅크들로 본토와 흔히 연결되어 있다. 뱅크 아주 가까이에서는 바다가, 본토 해안 대부분의 해안 가까이처럼, 아주 깊다. 그러나 언제나 그런 것은 아니어서 위도 15도와 17도 사이에서, 바다는 뱅크의 동쪽 해안과 서쪽 해안에서 바다의 가운데를 향하여, 제법 점점 깊어진다. 많은 곳에 있는 섬들이 이 뱅크에서 솟아올라 있다. 섬들은 낮고 위가 평평하며, 본토의 평지 같은 가장자리를 만드는 지층처럼 수평층리가 있는 지층으로 만들어져 있다. 이보다 더 작고 더 낮은 섬 가운데에는 단순히 모래로만 된 섬들도 있다. 모레스비 함장은 작은 바윗덩어리들, 곧 섬에서 남은 부분이 지금 물에 약간 잠긴 뱅크 위에 남아 있다고 알려주었다. 에렌베르크도 가장 낮은 섬을 포함해서 작은 섬 대부분이 같은 제3기층으로 된, 평탄하게 침식된 기초가 있다고 확언했다. 그는 큰 파도가 수면 바로 아래에서 뱅크로부터 돌출된 부분을 침식하자마자, 표면에서는 산호가 자라 더 침식되지 않는다고 믿으며, 현재 바다의 해수면과 같은 수준의 뱅크가 그렇게 많은 것을 그런 식으로 설명한다. 이 지역 섬의 대부분은 분명히 크기가 작아지는 것처럼 보인다.

방금 말한 부분, 곧 바다가 꽤 점차 깊어지는 위도 15도와 17도 사이에서는 뱅크와 섬의 형태가 아주 이상하다. 서쪽 해안에 있는 달락(*Dhalac*)

그룹은 작은 섬들과 사주들로 뒤얽힌 제도로 둘러싸여 있다. 중심이 되는 큰 섬의 모양이 아주 불규칙해서, 길이 7마일에 폭이 4마일인 만도 있고, 이 만은 252피트짜리 로프를 가지고도 바닥에 닿지 않았다. 이 만으로 들어가는 입구는 단 하나로 입구의 폭이 반 마일이며, 입구 앞에는 섬이 하나 있다. 파르산(*Farsan*)섬*을 감돌아서 같은 위도에 있는 동해안의 물에 잠긴 뱅크들도 또한 깊고 좁은 수로들로 많이 파여 있다. 수로 하나는 길이가 12마일이고 손도끼 모양이며, 위쪽 넓은 끝 가까이에서는 360피트짜리 측심연으로도 바닥에 닿지 않았으며, 입구는 겨우 반 마일이었다. 특성이 같은 다른 수로는 윤곽이 더 불규칙해서 480피트 로프로도 바닥에 닿지 않았다. 파르산섬 자체도 그 섬을 둘러싸는 뱅크들만큼이나 모양이 기묘하다. 달락섬과 파르산섬을 감싸는 바다의 바닥은 주로 엉겨 붙은 조각들과 모래로 되어 있으나, 깊고 좁은 수로의 바닥은 펄로 되어 있다. 섬 자체는 부서진 석회조각들이 약간 섞인[2] 수평층리가 있는 최근의 얇은 제3기층들로 되어 있다. 섬의 해안은 살아 있는 산호의 초로 둘러 있다.

달락에 균열들이 있다는 뤼펠의 이야기[3]로 보아, 그 섬의 반대쪽이 (한 경우는 50피트나 다를 정도로) 똑같게 융기하지 않았으며, 파르산섬의 형태와 불규칙한 그 섬의 형태도 일부는 아마 똑같이 융기하지 않았기 때문일 것이다. 그러나 뱅크와 깊은 수로의 일반 형태와 육지의 조성을 미루어보아, 평탄하지 않은 바닥 위로 퇴적물을 운반하는 강력한 해류 때문에, 그 섬들

---

* 본문에는 "파르산섬(Farsan Isld.)"으로 되어 있으나, 파르산 군도로 있고 "파르산 그룹(Farsan group)"도 있다. 실제 다음 쪽을 보면 후자로 보인다. 본문과 색인을 원본대로 옮겼다. 이런 것이 꽤 있다.

2) 뤼펠의 아비시니아 여행기 1권 247쪽.

3) 같은 책, 245쪽.

이 그렇게 되었다는 것이 내 생각이다. 산호의 성장 때문에 섬들의 모양이 그렇게 되었다는 설명은 분명히 잘못되었다. 달락 제도와 파르산 제도의 정확한 기원이 무엇이든, 홍해 동해안에 있는 절대다수의 뱅크들은 거의 같은 과정으로 생긴 것으로 보인다. 나는 그렇게 판단하는데, 그 증거로는 그들의 형태가 비슷하고(그 증거가 위도 22도 동쪽의 뱅크이고, 그 북쪽의 뱅크들은 보통 덜 복잡한 것이 사실이지만), 융기된 곳을 보아서 알다시피 뱅크들의 조성이 비슷하다. 달락 군도와 파르산 군도보다 위도 17도 북쪽의 뱅크들은 그 사이가 보통 더 깊고, 뱅크 바깥쪽의 경사가 더 급하다(이들은 함께 변하는 것으로 보인다). 그러나 이런 것들은 그 군도들이 생길 때, 해류의 작용이 다르면 쉽게 생길 수도 있을 것이다. 나아가 모레스비 함장의 말을 들으면, 살아 있는 산호들이 북쪽 뱅크에 더 많다는 사실이 뱅크의 가장자리를 더 가파르게 만들 수 있을 것이다.

이 간단하고 불완전한 이야기에서, 우리는 동쪽 해안과 남쪽의 서쪽 해안에 있는 큰 사슬처럼 이어진 뱅크들이 완전히 산호들이 성장해서 생긴 진정한 보초들과는 크게 다르다는 것을 알 수 있다. 그들의 기원이 산호의 성장과 크게 연결되지 않았다는 것이 에렌베르크의 (홍해에 있는 산호 뱅크의 본질과 형성에 관하여, 45쪽과 51쪽에 있는) 직접적인 결론이다. 또 그는 노르웨이 해안에 있는 섬들이 침식되어 해수면까지 낮아지고, 이후 살아 있는 산호들로 덮인다면, 홍해와 거의 같은 모양이 될 것이라고 말했다. 그러나 나는 맬콤슨(Malcolmson) 박사와 모레스비 함장이 알려준 내용들을 보아, 적어도 몇 곳에서는 에렌베르크가 홍해의 제3기 퇴적층 형성에서 산호의 영향을 과소평가했다는 의심을 하지 않을 수 없다.

위도 19도와 22도 사이의 홍해 서해안. —만일 내가 홍해의 다른 곳에 초가 있다는 것을 몰랐다면, 망설이지 않고 보초로 생각했을 초들이 여기에 있다. 그러나 곰곰이 생각한 다음에도 같은 결론에 도달했다. 20도15분에 있는 초 가운데 하나는 길이가 20마일이며 (북쪽 끝에서는 초가 원반으로 늘어나고) 폭이 1마일이 되지 않지만, 약간 휘어지고 본토에서 5마일 떨어져 본토에 평행하게 뻗어 있으며, 초 안에 있는 물은 아주 깊다. 한 지점에서는 205패덤 길이의 로프가 바닥에 닿지 않았다. 몇 리그 남쪽에는 선(線) 같은 초가 있는데, 아주 좁고 길이는 10마일이며 북쪽과 남쪽에서는 작은 초들과 거의 연결된다. 이 선 같은 초의 (바깥과) 안은 물이 아주 깊다. 또 작고 낫처럼 생긴 초들이 약간 바다 쪽에 있다. 이 모든 초가 모레스비 함장의 말로는 모두 살아 있는 산호로 덮여 있다. 따라서 이곳에 보초의 모든 특징이 있다. 바깥에 있는 초 몇 개의 구조는 환초에 가깝다. 이 초들을 분류하는 데 의심이 생긴 이유는 달락 그룹과 파르산 그룹에서 모래사취와 바위사취 몇 개가 좁고 곧았기 때문이다. 달락 그룹에 있는 사취 한 개는 길이가 거의 15마일이고 폭은 겨우 2마일에 양쪽이 아주 깊다. 따라서 큰 파도로 깎이고 살아 있는 산호로 덮이면, 현재 이야기하는 지역에 있는 초와 거의 비슷한 모양이 될 것이다. 여기 (위도 21도에) 반도가 하나 있는데, 변두리가 절벽이고 끝은 수면높이로 침식되어 있으며 기초는 초로 싸여 있다. 이 반도를 연장한 방향에 (모레스비 함장의 말로는 보통 볼 수 있는 제3기층으로 형성된) 마코와(*Macowa*)섬과 더 작은 섬 몇 개가 있는데, 그 섬의 대부분도 침식되어 낮아진 것으로 보이며 지금은 살아 있는 산호로 덮여 있다. 만약 이 여러 경우에서 층리*가 완전히 없어지면, 그 초들이 현재 논의하는 보초 계통의 초와 거의 비슷해질 것이다. 사실이 이런데도, 나는

* 여기에서 말하는 층리(層理)는 산호가 성장하고 조각들이 쌓이는 과정에서 같은 조각들의 크기나 모양이나 색깔이 같아서 생기는 평행한 층을 말한다.

아주 작고 외따로 떨어져 있으며 낫처럼 생긴 많은 초들과 길고 거의 직선이며 내난이 좁고 주변이 깊이를 알 수 없을 정도로 아주 깊은 초들이, 아마 산호들이 퇴적물로 된 뱅크나 불규칙하게 생긴 섬의 침식된 표면을 덮기만 해도, 생겨날 수 있다는 생각을 하지 않을 수 없다. 이 초들의 기초는 침강했으며, 산호들이 위로 크는 동안 이 초들이 현재 모양으로 되었음을 억지로 믿어야 할 것 같은 기분이 들었다. 덧붙이면, 홍해 해안에 있는 좁고 불규칙한 반도와 섬들이 침강한다면, 문제가 되는 초들에 필요한 기초가 될 것이다.

위도 22도와 24도 사이의 서해안. —(지도에서 파랗게 칠한 부분의 북쪽인) 이 부분에는 약 10패덤에서 30패덤 깊이로 불규칙하게 기울어지는 뱅크 하나가 있다. 작은 초들이 이 뱅크에서 많이 솟아올라 있는데, 그 가운데는 아주 기묘한 모양의 초들도 있다. 만약 위도 24도의 곶이 해수면까지 침식되고 산호로 덮이면, 위도 23도10분에 있는 초와 아주 비슷한 이상한 초가 생길 것이다. 이곳에 있는 많은 초들이 그렇게 생겨났다. 그러나 위도 24도의 곶 부근 깊은 곳에는 낫처럼 생겼거나 거의 환초가 된 초들이 있는데, 이 초들을 보고 나는 이 초 모두가 보초나 환초와 더 깊은 관계가 있다고 생각하게 되었다. 그러나 나는 이 해안을 감히 색칠할 생각을 하지 못했다—(지도에서 파란색으로 칠한 남쪽인) **위도 19도에서 17도까지 서해안**에는 아주 작지만 그리 길게 늘어나지 않고 해안에서 떨어진 깊은 곳에서 솟아오른 낮은 섬들이 많다. 이 섬들을 환초와 보초, 거초의 하나로 나눌 수 없다. 나는 여기에서 위도 19도와 24도 사이에서 바깥에 있는 초들이, 인도양이나 태평양에 있는 진정한 환초와 구조가 비슷해지는, 홍해에 있는 유일한 초라고 말하겠다. 그 초들이 그 환초들과 비슷한 모양이지만, 불완전하고 작을 뿐이다.

동해안—위도 16도10분의 파르산 군도를 감싸는 거초들의 북쪽인 이 해안은 어느 부분이라도 내가 색을 칠할 수 없었다. 해안 전체를 따라 작은 산호초들이 바깥에 많다. 그러나 절대다수의 산호초들이 물에 아주 깊이 잠기지 않은 뱅크에서 솟아올라 와 있기 때문에, (그 뱅크들의 형성과정이 산호의 성장에 그렇게 중요하게 보이지 않는데) 이 산호초들은 제한된 깊이에 있는 불규칙한 기초에서 솟아난 산호둔덕들이 단순히 커져서 되었을 것이다. 그러나 위도 18도와 20도 사이에는 아주 깊은 곳에서 갑자기 솟아나 있는 선(線) 모양의 매우 작은 타원형 초들이 아주 많아서, 서해안의 일부를 파란색으로 칠한 이유와 같은 이유로, 이 부분도 파란색을 칠했다. 동해안 20도 (파란색으로 칠한 지역의 북쪽 한계) 북쪽에는 깊은 곳에서 솟아나 있는 작은 초들이 바깥에 있다. 그러나 그렇게 많지 않고 선도 거의 만들지 않아서, 그들을 칠하지 않는 게 옳다고 생각했다.

홍해의 **남쪽 부분**에서는 본토의 상당 부분과 달락 군도의 어느 정도가 초로 싸여 있는데, 모레스비 함장에 따르면 그 초는 살아 있는 산호이고 거초의 특징들을 가지고 있다. 이 위도에서는 바깥쪽에 있는 직선이나 낫 같은 모양에 아주 깊은 곳에서 솟아나 있는 초들이 없어서, 나는 이 부분을 붉은색으로 칠했다. 같은 이유로 (위도 24도30분의 북쪽인) **서해안의 북쪽 부분과 수에즈만** 대부분의 해안을 붉은색으로 칠했다. 모레스비 함장에 따르면 **아카바만**(*Gulf of Acaba*)에는 산호초가 없으며 물이 아주 깊다.

서인도제도. —나는 여러 출처와 수많은 해도, 그중에서도 최근 왕립해군 오언 함장의 지휘를 받으며 수행되었던 수로조사와 해도를 보고 이 지역에 있는 초를 알게 되었다. 지난번에 이 지역을 조사했던 왕립해군 버드 앨런(Bird Allan) 함장이 이 주제에 관한 개인의견을 많이 알려주어 특별히 고맙다. 홍해의 경우처럼, 서인도제도에서 물에 잠긴 뱅크에 관한 이야기를 미리 몇 마디 하는 게 필요하다. 그 뱅크들은 산호초와 큰 관계가 없으므로, 그 뱅크들을 분류하는 것도 상당히 의심스럽다. 많은 퇴적물이 서인도제도 해안에 쌓이고 있다는 사실은 그 바다의 해도, 그중에서도 유카탄(Yucatan)과 플로리다(Florida)를 연결하는 선의 북쪽을 살펴본 사람 누구에게나 명백하다. 퇴적지역은 큰 강의 유출경로보다는 해류의 경로와 더 밀접하게 연관된 것처럼 보인다. 이 사실은 유카탄곶과 모기곶에서 나온 뱅크들이 광대하게 뻗어 나온 것을 보아도 분명하다.

해안-뱅크 외에도 상당히 고립되어 있는 크기가 다양한 뱅크들이 많이 있다. 이들은 서로 아주 비슷하다. 이들은 수면 아래 2~3패덤에서 20~30패덤에 있고, 모래로 되어 있으며, 때로는 단단하게 엉겨 붙어 있고 산호가 적거나 없다. 표면은 미끈하며 거의 평탄하고 겨우 수 패덤의 깊이로 기울어진다. 아주 완만히 가장자리로 내려가다가 깊이를 알 수 없는 바다 속으로 갑자기 깊어진다. 뱅크들이 이렇게 가파르게 깊어지는 것은 해안-뱅크들의 특징으로 대단히 놀랍다. 그런 예를 하나 들겠는데, 바로 미스테리오사 뱅크(Misteriosa Bank)로 가장자리에서 수평거리가 250패덤 바뀔 때, 수심이 11패덤에서 210패덤으로 변한다. 올드 프로비던스(Old Providence) 뱅크의 북쪽 끝에서는 수평으로 200패덤 거리에서 수심은 19패덤에서 152패덤으로 바뀐다. 큰 바하마 뱅크(Great Bahama Bank) 부근에서는 수평거리 160패덤 되는 많은 곳에서 수심이 10패덤에서 시작하여 190패덤 로프로도 바닥에 닿지 않는 깊이로 변한다. 퇴적물이 쌓이는 세계의 모든 해안에서 이런 현상들이 관찰될 것이다. 뱅크는 바다 쪽으로 멀리 아주 완만하게 기울어지다가 갑자기 끝난다. 서인도 바다 한가운데에 있는 뱅크의 형태와 조성은 주로 퇴적물이 퇴적되어 생겨났다는 것을 분명하게 보여준다. 그들이 외따로 존재하는 것에 대한 유일하고도 분명한 설명은 핵(核)

이 되는 지형이 있다는 것으로, 떠다니는 미세한 퇴적물들이 해류에 따라 이 핵의 주위에 모이게 된 것이다. 기복이 심한 올드 프로비던스섬을 둘러싸는 뱅크의 특징과 그 부근에 홀로 위치한 여러 뱅크의 특징을 비교할 경우, 누구라도 후자들이 물에 잠긴 산들을 둘러싸고 있다는 것을 거의 의심하지 않을 것이다. 폭 7마일에 수심이 145패덤인 수로로 거대한 모기 뱅크(Mosquito Bank)와 분리되어 있는 천둥 둔덕(Thunder Knoll)이라는 뱅크를 조사하면 같은 결론에 이르게 된다. 모기 뱅크는 모기곶이라는 돌출지역 주위에 쌓인 퇴적물로 형성되었음을 의심할 수 없다. 또 천둥 둔덕은 20패덤 깊이로 물에 잠긴 표면, 옆이 기울어진 것, 그리고 조성과 모든 점에서 모기 뱅크를 닮았다. 이 자리에서 말하기는 적절하지 않지만, 지질학자들이 어떤 지층이라도 떨어져 있는 지층이 과거 한때 연결되었다고 결론을 내릴 때 조심해야 하는 것이, 여기에서 보다시피 특성이 정확하게 같은 퇴적층이 커다란 골짜기 같은 공간을 사이에 두고 퇴적될 수 있기 때문이다.

선형(線形)을 이루는 산호초들과 작은 둔덕들이 고립되어 있는 많은 뱅크와 해안 뱅크로부터 불쑥 솟아올라 있다. 때로는 그 지형들이 모기 뱅크 위에 있는 것처럼 꽤 불규칙하게 나타날 수도 있으나, 뱅크의 바깥 경계부에서 약간 떨어져 있는, 바람 불어오는 쪽에서 초승달 모양을 이루는 것이 더 흔한 일이다—따라서 세라니야(Serranilla) 뱅크의 바람 불어오는 가장자리에 길이 2~3마일의 끊어진 선형의 지형들이 있다. 보통 이 선형의 지형들은 깊은 물길에 더 가까이 있는 론카도르(Roncardor) 뱅크, 코트타운(Courtown) 뱅크, 그리고 아네가다(Anegada) 뱅크의 위에서도 나타난다. 이 선형의 지형들이 바람 불어오는 쪽에 나타나는 것은 생존력이 강한 산호종에서도 노출이 가장 잘 되는 곳에 있는 종이 가장 왕성하게 번성한다는 일반론에 부합된다. 그러나 그 위치가 약간 깊은 쪽이라는 점을 나는 설명하기 어려운데, 그렇지만 않다면, 뱅크 가장자리 가까이보다 덜 깊은 곳이 산호가 성장하기에 가장 좋은 곳이기 때문이다. 수 패덤의 깊이로 물에 잠겨 있는 뱅크의 바람 불어오는 쪽 가장자리 가까이에서 산호들이 거의 완전히 이어진 곳에서는 초들이 환초를 아주 빼닮았다. 그러나 만약 뱅크가 (올드 프로비던스처럼) 섬을 둘러싼다면, 그 초는 섬을 둥글게 감싸는 보초와 비슷하게 된다. 모양과 조성은 비슷하지만 초승달 모양의 외곽 초가 없는 이웃해 있는 뱅크들의 기초가 퇴적물로 되었다는 것이 분명하지 않았다면, 초로 싸인 이 뱅크 가운데 몇 개를 불완전한 환초나 보초로 나는 의심하지 않고 분류했을 것이다. 여기에서 가정한 방식으로 생긴, 환초와 비슷한 모양의 초 몇 개가 아마 실제 있으리라는 것을 3장에서 이야기했다.

최근의 제3기에도 융기했다는 증거는, 6장에서 말했듯이 서인도제도 거의 전체에 걸쳐 나타난다. 그러므로 현재 퇴적물이 퇴적되는 해안에 있는 낮은 땅에서는 그 땅이 생긴 유래를 이해하기 쉽다. 예컨대, 지대가 낮으며 광대한 뱅크가 자라고 있는 것처럼 보이는 유카탄 북쪽과 모기 뱅크 북동쪽 같은 곳이 그런 곳이다. 따라서 뱅크의 서쪽과 남쪽 가장자리에 대단히 좁고 길며 괴상한 형태의 섬들이 늘어서 있고, 그 섬들이 모래와 조개껍데기와 산호바위로 되어 있으며, 그 섬 중 몇 개는 높이가 약 100피트인 광대한 바하마 뱅크(Bahama Bank)는 바람 불어오는 쪽(서쪽과 남쪽)에 산호초가 있는 뱅크들이 융기해서 생겨났음이 쉽게 설명된다. 그러나 이 견해에서 우리는 광대한 바하마 모래 뱅크 표면의 대부분이 원래는 물에 깊이 잠겨 있다가 줄처럼 늘어선 섬들을 만든 융기작용으로 현재 위치까지 올라왔거나, 뱅크들이 융기하는 동안 해면의 해류와 너울이 계속 뱅크들을 침식해서 거의 일정한 높이가 되었다고 가정해야 한다. 바하마 그룹의 북서쪽 끝에서 남동쪽 끝으로 가면서, 뱅크의 깊이는 천천히 또 뚜렷하게 깊어지고 육지의 면적은 작아지므로, 바하마 뱅크 지역의 높이가 그렇게 일정한 것은 아니다. 후자의 의견, 곧 이 뱅크들이 융기하는 동안 해류와 너울로 침식되어 낮아졌다는 견해가 나에게는 가장 그럴듯하게 보인다. 또 내가 믿기로는 이 견해가 완전히 물에 잠긴 서인도 바다 먼 곳에 흩어져 있는 많은 뱅크에도 적용될 수 있다. 왜냐하면 어떤 견해라도 융기력이 놀랍도록 일정하게 작용했다고 우리는 가정해야 하기 때문이다.

멕시코만 수백 마일의 해안에는 폭이 1~20마일인 석호들이 사슬처럼 연결되어 있으며(미국항해가 178쪽 외), 물은 담수나 염수이며 바다와는 선형의 모래 띠로 분리되어 있다. 브라질 남부의 광대한 해안[4]과 미국 롱아일랜드에서 플로리다에 이르는 광대한 해안도 (로저스Rogers 교수가 관찰한 대로) 마찬가지이다. 로저스 교수는 영국협회에 낸 보고서(3권 13쪽)에서 낮고 모래로 되어 있으며 선형인 이 작은 섬들의 생성기원을 추정했다. 그는 섬들을 이루는 층들이 아주 균질하고 조개껍데기가 너무 많아서, 지금 있는 곳으로 단순히 큰 파도에 쓸려 올라온 물질들로 되었다는 흔한 가정을 할 수 없다고 말했다. 그는 이 섬들이 서로 반대 방향의 해류가 부딪치는 곳에서 줄처럼 퇴적된 모래톱이나 사주가 융기했다고 생각했다. 해안에 평행하고 해안과는 얕은 석호로 분리되어 있는 이 섬들과 사취가 꼭 산호체와 연결될 필요가 없다는 것은 분명하다. 그러나 남부 플로리다에서는, 그 곳에서 살았던 사람한테서 내가 들은 바로는, 융기된 섬들이 산호가 상당히 많이 포함되어 있는 지층들로 되어 있으며, 살아 있는 산호로 넓게

4) 내가 런던과 에든버러 철학학술지 14권 257쪽에서 브라질 페르남부코(Pernambuco)에서 해안에서 떨어져 해안에 평행한 기묘한 사암 사주를 설명한바, 어쩌면 비슷한 층일 것이다.*

* 3장 마지막 부분의 옮긴이 주석에서 이 사주를 이야기했다.

둘려 있는 것으로 보인다. 이 섬에 있는 수로들은 폭이 2~3마일에 깊이가 5~6패덤인 곳도 있지만, 보통 깊이와 폭이 그만 못하다.[5] 서인도 마나에서 퇴적물 뱅크에 초가 흔히 생긴다는 사실을 안 다음에는 해안을 따라서 퇴적물 모래톱이 형성될 때, 산호의 성장에 크게 도움을 받는다는 것을 쉽사리 마음속에 그릴 수 있게 되었다. 또한 그런 모래톱들이 그 경우에는 진정한 보초와 속을 정도로 비슷해질 것이다.

이제 서인도제도의 초들을 분류하는데, 의심이 어느 정도 사라지면서 인용한 사람들을 믿고 자신을 가지고 해안에 색을 칠하겠다. 버드 앨런 함장은 **바하마 뱅크**에 있는 섬 대부분이 초로 둘러싸였고, 그중에서도 바람 불어오는 쪽이 살아 있는 산호들로 둘러졌음을 나에게 알려주었다. 따라서 나는 오언 함장의 최근 해도에 표시된 그 섬들을 붉은색으로 칠했다. 앨런 함장은 **플로리다** 남쪽 부분을 따르는 작은 섬들도 비슷하게 초로 둘렸다고 알려주었다. 붉은색으로 칠했다. —쿠바. 남동쪽 끝에서 북쪽 해안을 따라 40마일을 가면서 해안이 초로 둘려 있는데, 이 초는 단 몇 곳에만 없고 서쪽으로 160마일 이어진다. 이 초의 일부가 오언 함장이 만든 이 해안에 있는 포구들의 평면도에 나타난다. 또한 테일러(Taylor) 씨는 (루동Loudon의 박물학 잡지 9권 449쪽에서) 이들을 아주 잘 설명했다. 곧 그는 이 초들이 모래가 섞인 바닥에 산호가 약간 있는 폭 반 마일에서 3/4마일을 둘러싸는바, 이런 곳을 **'박소**(*baxo*)'라고 부른다고 말한다. 대부분의 지역에서 사람들이 썰물에는 다리를 걷고 초까지 걸어갈 수 있다. 그러나 깊이가 2~3패덤인 곳도 있다. 초 바깥 가까이에서는 수심이 6~7패덤이다. 특징이

---

5) 보통 해도에는 위도 26도 북쪽 플로리다 해안에 석호(潟湖)는 없다. 그러나 화이팅(Whiting) 소령은 (실리먼Silliman 학술지 35권 54쪽에서) 세인트오거스틴 협만에서 주피터 협만에 이루는 전 해안을 따라 밀려 올라온 모래로, 석호들이 많이 생긴다고 말한다.

이렇게 잘 나타나는 거초 몇 개는 붉은색으로 칠했다. —쿠바의 북쪽 해안 경도 77도30분의 서쪽으로 가면 큰 뱅크가 시작되는데, 해안을 따라 경도로 거의 4도를 뻗어나간다. 뱅크가 시작되는 곳과 "케이(*cays*)", 곧 그 가장자리에 있는 낮은 섬들에서 (훔볼트Humboldt가 나의 이야기 7권 88쪽에서 말한 대로) 이 뱅크와 그 바로 앞에 있는 큰 바하마 뱅크와 살 뱅크(Sal Bank)의 구조적 관계가 잘 일치된다. 그러므로 이 두 조의 뱅크들이 같은 기원, 즉 퇴적작용과 융기운동과 뱅크 외곽의 산호성장이 서로 결합된 결과로 해석할 수 있다. 살아 있는 산호로 둘려 있다고 생각되는 부분을 붉은색으로 칠했다. —이 뱅크들의 서쪽으로 가면, 포구를 빼고는 초가 없는 것으로 보이는 해안이 있는데, 발간된 평면도에서는 초로 둘려 있는 것처럼 보인다. —**콜로라도 사주**(*Colorado Shoals*)와 쿠바 서쪽 끝의 낮은 땅은, 뱅크의 위치와 구조로 보아 플로리다 아주 끝에 있는 뱅크와 비슷한데(오언의 해도를 보라), 이는 마치 위에서 설명한 쿠바 북쪽에 있는 뱅크들이 바하마 뱅크와 비슷한 것과 같다. **콜로라도 사주** 바깥쪽 경계에 있는 작은 섬들과 초 부근의 수심은 보통 2~3패덤이며, 뱅크에는 장애물이 거의 없고 작은 섬이나 산호초가 없는 남쪽에서는 12패덤으로 깊어진다. 초로 싸인 부분을 붉은색으로 칠했다. —쿠바의 남해안은 대단히 오목한 지형인데, 이곳은 펄과 모래 뱅크와 낮은 섬들과 산호초들로 채워져 있다. 험준한 **소나무섬**(*Isle of Pines*)과 쿠바 남해안 사이의 수심은 겨우 2~3패덤이다. (훔볼트 나의 이야기 7권 51쪽, 86~90쪽, 291쪽, 309쪽, 320쪽을 보면) 이 지역에서 돌멩이들과 산호 마드레포라속의 조각들로 이루어진 작은 섬들이 갑자기 솟아올라 수면에 거의 닿아 있다. 미국항해가(1권 2부 94쪽)에서 쓰인 표현들로 보아, 쿠바 남쪽의 바깥 해안을 따른 상당한 부분이 아마 산호초와 모래 뱅크들이 융기되어 생긴 것으로 보이는 산호바위로 된 절벽들이 경계를 이룬다.

해도에는 소나무 섬의 남쪽이 초로 둘렀는데, 항해잡지 미국항해가는 초가 해안에서 꽤 뻗어나갔다고 했으나, 수심은 겨우 9~12피트이다. 여기를 붉은색으로 칠했다. —쿠바의 남쪽에서 동쪽으로 멀리 있는 많은 뱅크들과 "케이"에 관한 자세한 설명을 얻을 길이 없었다. 그곳은 펄 바닥에 수심이 8~12패덤이며 넓다. 이 해안 일부가 서인도제도 일반해도에는 초로 둘려져 있지만, 색칠을 하는 것은 신중하지 않다고 생각했다. 쿠바 남해안의 남은 부분에는 산호초가 없는 것으로 보인다.

유카탄. —유카탄의 북동쪽 끝은 오언 함장의 해도에서는 초로 둘려 있다. 붉은색으로 칠했다. 20도에서 18도에 이르는 동해안도 초로 둘려 있다. 위도 18도 남쪽에서는 서인도제도에서 가장 유명한 초가 시작한다. 이 초는 길이가 약 130마일에 남북방향이며 해안에서 평균 15마일 떨어졌다. B. 앨런 함장이 알려주기로는 여기에 있는 작은 섬들은 모두가 아주 낮다. 물은 초의 바깥에서는 갑자기 깊어지지만, 퇴적 뱅크 부근보다 더 급하게 깊어지지는 않는다. (온두라스*Honduras* 부근) 남쪽 끝에서는 깊이가 25패덤이 된다. 그러나 더 북쪽에서는 깊이가 10패덤으로 얕아지며, 가장 북쪽에서는 약 20마일 바다 전체가 겨우 1~2패덤이다. 이런 점에서 볼 때, 보초의 특징들이 있다. 그럴지라도 첫째, 초에 있는 수로가 본토를 50마일이나 파고드는 불규칙하고 큰 만의 연속이라는 점과 둘째, 보초 같은 이 초들의 상당한 부분이 해도에서는 (예컨대, 위도 16도45분과 16도12분에서는) 순수한 모래로만 되었다는 설명과 셋째, 퇴적물이 서인도제도의 많은 부분에서는 해안에 평행한 뱅크에 퇴적된다는 사실을 알고, 나는 이 초를 감히 보초로 색칠하지 않기로 했는데, 먼저 이 초가 진정 산호가 성장해서 형성되었다는 증거가 없고, 다음에 일부는 단지 모래 사취이며 일부는 초로 덮이고 초가 생긴 침식된 곳이 아니라는 증거가 없기 때문이다. 그러나 나는 이 초가 침강작용으로 생긴 보초일 가능성에 기대를 조금 건다. 내 의혹이 커지는 것이, 보초 같은 이 초의 바로 바깥에 투르네프(*Turneffe*) 초와 등대(*Lighthouse*) 초와 글로버(*Glover*) 초가 있기 때문인데, 이 초들이 완전한 환초처럼 생겨서 만약 태평양에 나타났다면, 주저하지 않고 그 초들을 파란색으로 칠했을 것이다. 투르네프 초는 펄로 된 낮고 작은 섬들로 거의 완전히 채워진 것처럼 보인다. 다른 두 개의 초는 안의 깊이가 겨우 1~3패덤이다. 이런 상태와 초들의 모양과 구조와 위치가 높이가 70~80피트인 작은 섬 한 개가 있는 북쪽 삼각형(*Northern Triangles*)이라는 뱅크와 평탄한 지면의 높이가 그 뱅크처럼 70~80피트인 코수멜(*Cozumel*)섬과 비슷하여, 나는 위에서 이야기한 뱅크 세 개가 침강하는 동안 산호가 성장해서 전체가 생긴 진정한 환초들보다는 융기된 사주들의 침식된 기초에 산호가 둘려져 있는 것이라고 보는 것이 더욱 그럴듯하다고 생각했다. 나는 이들을 색을 칠하지 않고 내버려두었다.

동부 모기(*Mosquito*) 해안 앞 위도 12도와 16도 사이에는 (이미 143쪽에서 이야기한) 가운데가 솟아오른 높은 섬들이 있는 넓은 뱅크들이 있다. 또한 물에 완전히 잠긴 다른 뱅크들도 있는데, 이 두 가지 뱅크 모두 바람 불어오는 쪽 가장자리 가까이는 초승달처럼 생긴 산호초들로 둘려 있다. 그러나 앞에서 이야기한 바와 같이, 이 뱅크들이 모기곶(Mosquito promontry)에서 뻗어 나온 큰 뱅크처럼 거의 완전히 퇴적작용에 따라 만들어졌다고 의심하지 않을 수 없었다. 따라서 나는 이들을 색칠하지 않았다.

케이맨섬(*Cayman Island*). —이 섬이 해도에서는 초로 둘린 것처럼 보인다. B. 앨런 함장은 초가 해안에서 약 1마일 정도 이어져 있으며, 그 안의 물 깊이는 5~12피트라고 알려주었다. 붉은색으로 칠했다. —자메이카(*Jamaica*). 해도에서 판단하면 남동쪽 끝 약 15마일, 남서쪽 끝에 그 거리의 두 배, 킹스턴(Kingston)과 포트로열(Port Royal)에서 가까운 남쪽 일부에는 가지런한 초가 있어서, 붉은색으로 칠했다. 자메이카 북쪽에 있는 포구들의 평면도에서는 해안 일부가 초에 둘린 것처럼 보인다. 그러나 섬 전체를 보여주는 해도에는 이곳에 초 표시가 되어 있지 않아서 나는 색칠하지 않았다. 포구들의 평면도나 일반 해도에서, 아주 가지런하게 초로 둘러진 것으로 보이는 포트드플라타(Port de Plata) 서쪽으로 60마일 떨어진 곳을 제외하고는, 산토도밍고(*Santo Domingo*)에 관한 충분한 정보를 얻을 수 없었다. 그러나 해안의 많은 다른 곳들에는 아마도 초가 있는 것으로 보였으며, 그중에서도 섬의 동쪽 끝 쪽이 더 그렇게 보였다. —푸에르토리코(*Puerto Rico*)에서는 남쪽과 서쪽, 동쪽 해안의 상당한 부분과 북쪽 해안의 일부가 해도에서는 초로 둘린 것으로 보인다. 붉은색으로 칠했다. 산토토마스(*Santo Thomas*)섬의 남쪽 수 마일은 산호로 둘려져 있다. 버진고르다(*Virgin Gorda*) 군도 대부분이 내가 숌부르크(Schomburgk) 씨한테서 들은 말로는 초로 둘려져 있다. 아네가다(*Anegada*) 해안과 아네가다가 있는 뱅크도 초로 둘렀다. 이 섬들을 붉은색으로 칠했다. 산타크루스(*Santa Cruz*)의 남쪽 대부분은 덴마크의 조사에서는 초로 둘린 것으로 보인다(또 실리먼 학술지 35권 74쪽에 있는 호비Hovey 교수의 그 섬에 관한 내용을 보라). 초는 해안을 따라 상당한 거리를 뻗어나갔으며, 1마일 넘게 불쑥 튀어나가 있기도 했다. 초 안쪽의 깊이는 3패덤이며, 붉은색으로 칠했다. —안틸레스(*Antilles*)는 폰 부흐(Von Buch)의 (카나리아군도Iles Canaries 설명 494쪽)를 보면 두 개의 곧은 부분으로 나뉘며, 서쪽은 화산 기원이고 동쪽은 석회질 물질로 최근에 생긴 것으로 보인다. 나는 이 그룹 전체를 잘 모른다. 동쪽에 있는 바르부다(*Barbuda*)섬과 서쪽에 있는 안티구아(*Antigua*)섬과 마리아갈란테(*Mariagalante*)섬에는 초가 있는 것처럼 보인다. 주민한테 듣기로는 바르바도스(*Barbadoes*)섬도 마찬가지이다. 이 섬들을 붉은색으로 칠했다. 화산으로 생겨난 서(西)안틸레스의 해안에는 산호초가 아주 드문 것으로 보인다. 아주 큰 축척으로 잘 만든 프랑스 해도에 있는 마르티니크(*Martinique*)섬에는 특별히 주의할 것이 있다. 이 섬 주위의 반을 이루는 남서부와 남부와 동부의 해안은 대단히 불규칙한 뱅크들로 둘러져 있어, 해안에서 보통 최대 1마일은 튀어나와 2패덤에서 5패덤 깊이로 물에 잠긴다. 거의 모든 골짜기 앞에는 그 뱅크들이 터져서 좁고 휘어지며 양쪽 경사가 급한 수로를 만들었다. 프랑스 기술자들은 물에 잠긴 이 뱅크들이 마드레포라로 된 바위로 되었고, 많은 부분이 펄이나 모래로 얇게 덮여 있다는 것을 시추를 통해 확인했다. 이 사실과 특별히 좁게 터신 틈들의 구조를 보고, 이 뱅크들이 한때 살아 있던 산호로 된 초로 되었으며 그 초가 섬의 해안을 감쌌고, 다른 초들처럼 어쩌면 수면에 닿았을지도 모른다는 것을 거의 의심하지 않는다. 물에 잠긴 이 뱅크 몇 개에서는 살아 있는 산호로 된 초들이, 따로 떨어진 작은 조각들로 또는 초가 바탕을 둔 뱅크의 바깥 가장자리의 어느 정도 안쪽에서, 평행한 줄로 갑자기 솟아올라 있다. 이 섬의 해안을 두르는 위에서 말한 뱅크 외에도, 동쪽에는 비슷하게 생긴 뱅크들이 길이 20마일로 해안에 평행하게 늘어서 있으며, 해안과는 폭 2~4마일에 수심 5~15패덤인 물로 분리되어 있다. 분리된 뱅크들이 이렇게 늘어선 곳에서 살아 있는 산호로 된 초 몇 개가 직선으로 갑자기 솟아올라 있다. 또 (초가 두른 거리가 섬 주위의 1/6이 되지 않았기 때문에) 만약 그 초들이 아주 길었다면, 초들의 위치를 보아 당연히 보초로 칠했을 것이다. 그러나 사실이 그래서 색을 칠하지 않고 내버려두었다. 조금 침강하면 산호들이 그 위에 쌓이는 모래와 펄 때문에 죽을 것이고, 초는 당연히 위로 성장하지 못해서 마드레포라로 된 바위 뱅크들이 현재 물에 잠긴 상태로 남으리라 생각된다.

버뮤다 군도는 넬슨(Nelson) 대위가 지질학회 회보(5권 1부 103쪽)에 있는 훌륭한 논문에서 자세하게 설명했다. 군도의 한쪽에 있는 뱅크나 초의 모양이 환초와 아주 비슷하다. 그러나 다음 몇 가지 점에서 현저하게 다르다. 첫째, (내가 왕립해군 채퍼Chaffers 씨한테서 들은 바로는) 초의 가장자리가 평탄하지 않고 단단하지 않으며, 썰물에 노출되고, 얕은 물이나 초호의 내부에 규칙적인 경계를 이룬다는 점, 둘째, (허드Hurd 함장의 해도에 그려진 것처럼) 폭이 거의 1.5마일인 점차 얕아지는 가장자리 지역이 초의 외곽을 둘러싼다는 점, 셋째, 군도의 크기와 높이와 기이한 모양이, 인도양과 태평양에 있는 거의 모든 환초의 둥근 초 위에 있는, 폭이 0.5마일을 잘 넘지 않는 길고 좁고 간단한 작은 섬들을, 거의 닮지 않았다는 점 등이다. 나아가 현재 있는 섬들과 비슷한 섬들이 과거에도 초가 있는 다른 지역에도 있었다는 분명한 증거들이 (넬슨의 위의 논문 118쪽에) 있다. 내가 믿기로는 높이가 30피트를 넘는 땅이 있는 진정한 환초를 발견하기는 어려울 것이다. 반면 넬슨 씨는 버뮤다 군도의 가장 높은 지점이 260피트라고 짐작한다. 그러나 만약 섬 전체가 바람에 날려와 엉겨 붙은 모래로 되었다는 넬슨 씨의 의견이 옳다고 증명되면, 이 차이는 중요하지 않다. 그러나 그 자신의 (118쪽) 이야기로 보면, 보통 석회질 바위들이 가운데 끼이고 바람이 옮기기에는 너무 무거운 돌들이 들어 있으며, 동시에 날려온 물체들은 하나도 흐트러지지 않은, 붉은 흙으로 된 5~6개의 층이 한 곳에서 나타난다. 넬슨 씨는 끼어 있는 돌멩이들과 이 층들의 기원을 많이 있는 극렬한 격변들로 해석한다. 그러나 그런 경우를 더 연구하면, 그런 현상들이 보통 평범하고 더 단순하게 설명된다. 마지막으로 나는 이 군도가 모양은 서인도제도의 바르부다와 아프리카 동해안의 펨바와 상당히 비슷하다고 말할 수 있으며, 후자는 높이가 약 200피트이고 산호바위로 되어 있다. 내가 믿기에 버뮤다 군도는 살아 있는 초로 둘러져 있어 붉은색으로 칠해야 했다. 그러나 나는 이 군도를 칠하지 않고 내버려두었는데, 외형이 초호도나 환초와 전반적으로 비슷했기 때문이다.

바로잡음

이 책의 전반부에서 루트캐Lutkè 제독은 루트케Lutké 제독이며, 스터치베리 Stuchbury 씨는 스텃치베리Stutchbury 씨이다.

옮긴이 글

우리 대부분은 인류가 낳은 위대한 과학자인 찰스 다윈(1809~1882)을 생물학자로 알고 있다. 그의 대표 저술인 "종의 기원"이 종의 진화에 관한 내용이기 때문이다. 그러나 그는 지질학자였다. 다윈이 비글호를 타고 찾아갔던 곳에서 관찰한 기록 중 동물들에 대한 것은 368쪽인 데 비해 지질현상에 관한 것은 1,383쪽이 될 정도로 지질현상에 대한 기록이 훨씬 많다. 나아가 "종의 기원" 9장 "지질기록의 불완전함"과 10장 "지질시대의 생명체 변천"은 지질학과 고생물학에 대한 깊은 이해 없이는 도저히 쓸 수 없는 내용이다. 실제 다윈은 대학시절부터 지질학을 좋아했으며 화석을 탐구한 고생물학자이다. 다만 에든버러 대학교 시절 지질학교수가 말도 되지 않는 강의를 하는 것을 보고 지질학에서 잠시 멀어졌다. 그러나 케임브리지 대학교에서 만난, 현대지질학을 세운 지질학자 가운데 한 사람인, 애덤 시지윅(1785~1873) 교수와 함께 웨일스 지방의 야외조사를 경험한 이후 지질학과 화석에 흥미를 가지기 시작했다. 이어서 비글호에서 당대 최고의 지질학자인 찰스 라이엘(1797~1875)의 "지질학의 원리들"을 읽으면서 지질학에 심취하기 시작했다. 다윈은 1832년 1월 중순 처음 상륙한 케이프 데 베르데 군도의 생자고섬의 지질을 분석하면서 지질학에 관한 재능을 나타내었다. 나아가 그가 귀국해서, 맨 처음 1839년에 출간한 "비글호 항해기"의 부제목에서 "지질학"을 "박물학"보다 앞세웠을 정도로 지질학에 대한 관심이 깊었다. 그러나 1845년에 나온 2판에서는 "박물학"을 "지질학"보다 앞세

워, 그의 관심에 변화가 일어났다. 그때쯤에는 생물들이 진화한다는 사실을 그가 알았고, 그 내용이 "지질학"보다 더 중요하다는 점을 알았기 때문일 것이다. 그의 학문적 관심의 변화에 또 하나 놓쳐서는 안 되는 것이 있다. 바로 그가 남아메리카에서 걸린 "샤가스병" 때문에 야외활동을 할 수 없게 된 것이다. "브라질 수면병"으로 알려진 남아메리카 풍토병이자 고질인 "샤가스병"은 어린애는 죽어도 어른은 죽지 않지만 소화가 되지 않고 속이 메슥거리고 어지러워 정상생활을 할 수 없다. 다윈은 1838년 여름 스코틀랜드를 갔다 온 다음, 평생 동안 여행다운 여행을 하지 못했다. 다만 병을 치료하려고 온천에 한두 달 다녀오는 게 전부였을 정도였다. 따라서 다윈은 정상생활을 거의 하지 못한 상태로 여생을 마쳤다. 다윈을 가장 많이 돌본 셋째 아들 프랜시스 다윈(1848~1925)이 "아버지는 일생 대부분을 환자로 살았다"라고 말했을 정도이다.

거의 만 5년에 걸친 비글호 항해기간의 상당 부분을 지질과 화석을 관찰하고 기록하면서 보냈던 다윈은 지질에 관련된 훌륭한 업적들을 이루었다. 그는 그 가운데 하나인 산호초 형성과정을 가장 먼저 1842년에 발간했다(화산섬과 남아메리카의 지질에 관한 내용은 1844년과 1846년에 각각 발간했다). 그전까지는 산호초의 기초를 "바닷물에 잠긴 화구"니 "해저에 쌓인 퇴적층"이라고 잘못 해석했다. 그러나 파타고니아 같은 광대한 지역과 안데스 산맥 같은 높은 산맥이 융기하거나 침강할 수 있다는 것을 이해한 다윈은 산호의 생태와 지각의 움직임으로 산호초가 형성되는 과정을 직감적으로 파악했다. 산호초를 몇 곳 보지도 않은 그는 해저의 침강작용으로 보초와 환초가, 융기작용으로 거초가 형성된다고 설명했다(다윈 자신은 남태평양 투아모투 군도를 지나갔고 타히티섬과 인도양 킬링 군도에는 상륙했다). 그 설명이 워낙 논리적이라, 라이엘은 그의 설명을 듣자마자 "내 책을 고치겠노라"고 말했을 정도였다. "내 책"이란 "지질학의 원리들"을 말한다.

다윈 자신은 비록 많은 산호초를 직접 가보지 못하였지만, 수많은 산호초를 직접 본 적이 있는 여러 함장들의 보고서와 해도들을 참고해서 "산호초의 구조와 분포"를 저술했다. 그는 자신의 논리를 산호초의 형성과정에 적용시켰으며 자신의 설명이 옳다는 것을 확신했다. 실제 산호초들은 다윈의 주장대로 "가라앉는 섬"에서 만들어진다.

그러나 훗날 다윈의 해석에 반론이 나왔다. 이른바 존 머리(1841~1914)의 "가라앉은 섬" 주장이다. 머리가 그 주장을 할 만한 이유는 나름대로 충분했다. 곧 그가 1872년부터 1876년에 걸친 챌린저호 항해에 참가해서 해수면에서 눈처럼 가라앉는 생물의 유해들과 수심 1,000~2,000미터에 해산들이 있다는 것을 확인했기 때문이다. 그러나 그는 두 가지를 몰랐다. 첫째, 그가 보았던 눈처럼 가라앉는 유해들은 쌓이지 못하고 가라앉으면서 다 녹아 없어진다. 둘째, 해산들의 대부분은 해저지각이 수축되면서 가라앉지 높아지지는 않는다(이는 20세기 지구물리학이 증명했다). 그러므로 해산에서 산호초가 생길 리가 없다. 다만 산호초가 있던 섬이 가라앉으면 그 흔적은 있다.

영국과학계가 산호초 형성과정을 놓고 양분되자, 왕립학사원은 19세기 말에 남태평양에 있는 투발루의 푸나푸티 환초를 굴착하기에 이르렀다. 당시 기술로 330미터 정도를 굴착했으나 산호바위 외에는 나온 것이 없었다. 그러자 서로 자신들의 주장이 옳다고 주장했다. 다윈을 지지하는 사람들은 섬이 너무 깊게 가라앉았기 때문에 기반암에 도달하지 못했다고 주장했다. 반면 머리를 지지하는 사람들은 산호초의 한가운데를 굴착하지 못하고 무너진 곳을 굴착했으므로 산호바위만 나왔다고 주장했다. 그러나 일본이 태평양으로 나오면서 더 굴착할 수 없었다. 드디어 미국이 1950년 핵실험을 준비하면서 마셜 군도 에니웨토크 환초를 굴착하기에 이르렀다.

결국 1,280미터 깊이에서 에오세(지금부터 5,580만 년~3,390만 년 전)의 초록빛이 감도는 화산암에 도달했다. 그러므로 그 화산암은 수천만 년 침강했다. 이후 같은 현상들은 투아모투 군도와 인도양 몰디브 군도와 대서양 카리브해에 있는 산호초에서도 발견되었다.

다윈의 "산호초의 구조와 분포"를 한글로 옮기면서 그가 인용한 엄청난 자료와 그의 해박함에 놀라지 않을 수 없었다. 워낙 유명한 사람이라 그러려니 했지만, 그의 지식과 생각에 감탄하지 않을 수 없었다. 우리나라에서는 "산호초의 구조와 분포"를 한글로 처음 옮기면서 다윈의 원전을 해치고 싶지 않아서 원전에 충실하게 옮겼다. 예컨대, 북위를 남위로 잘못 썼거나 철자가 달라도 그대로 옮기고 옮긴이 주석에서 그 사실을 말하고 고쳤다. 원전의 대부분과 다르게 편집된 부분도 옮긴이 주석에다 표시했다. 그러나 섬 이름 몇 개는 뜻을 생각해서 옮겼다. 예컨대, 거북섬(Turtle island), 남방군도(Austral islands), 등대초(Lighthouse reef), 장미섬(Rose island), 모래섬(Ile de sable)이 그런 경우이며, 이들 말고도 더 있다.

잘 한다고 했지만, 배움이 부족해서 다윈의 뜻과 다르게 옮긴 부분이 없기를 두 손 모아 빈다. 그러면서 지금은 당시에서 상당한 시간이 흘렀고 지구환경이 크게 변해서, 다윈이 말하는 산호초들이나 작은 섬들이나 뱅크들의 많은 부분들이 몰라보게 바뀌었을 것이라는 생각을 금할 수 없다.

이 책을 읽는 독자들과 번역을 지원한 한국연구재단과 책을 발간한 아카넷 출판사에 깊은 감사를 드린다.

2019년 가을

옮긴이 장순근(한국해양과학기술원 부설 극지연구소 명예연구원)

백인성(부경대학교 지구환경과학과 교수)

찾아보기

고딕체로 쓴 이름은 모두 장소 이름이며 부록에만 있다. 뚜렷한 군도나 섬들의 그룹이나 섬의 이름은 색인에 없다. (*지금 이름과 다른 이름들이 원전에 있으나 원전 그대로 옮겼다. 이름 가운데 몇 개는 뜻을 생각해서 그 뜻을 이름으로 옮겼다—옮긴이)

도판 I. 산이 있는 섬을 둘러싸는 보초와 환초, 곧 초호도가 닮았다.

그림 1. 바니코로, 그림 2. 호골루, (모름), 그림 3. 라이아테아, 그림 4. 보 환초,
그림 5. 볼라볼라(초가 많음), 그림 6. 마우로아, 그림 7. 푸이니패트, 그림 8. 갬비어섬,
그림 9. 페로스반호스 환초, 그림 10. 킬링 환초(대단히 얕음).

주석. 1/4인치가 1마일, 단 그림 2와 3과 4는 1/10인치가 1마일. 수심은 패덤이며 가장 깊은 곳을 표시한 곳이 몇 곳 있다.

콘힐 65번지의 스미스 앤드 엘더 회사가 발간. 조각 J. & G. 워커.

도판 II.

큰 차고스 뱅크, 그림1. 1/20인치가 1마일. 어둡게 칠한 부분이 수면 아래 4~10패덤.
해수면
큰 차고스 뱅크의 동서 단면도,
그림 2. 길이가 76마일, 1/20인치가 1마일.
4~10패덤, 15~20패덤, 40~50패덤,
멘치코프 환초, 그림 3. 1인치의 1/20인치가 1마일.
마흘로스마흐두 환초, 그림 4. 1/20인치가 1마일. 파월섬, 호스버르 환초,
뉴칼레도니아, 그림 5. 1인치가 60마일.
말디바 제도, 그림 6. 1인치가 60마일. 틸라-도우-마테, 밀라 도우 마도우, 마흘로스마흐두, 말레, 로스, 아리, 파리두, 닐란두, 몰루크, 수아디바 환초, 푸와 몰루크, 아두 환초

콘힐 65번지의 스미스 앤드 엘더 회사가 발간. 조각 J. & G. 워커.

도판 III. 여러 부류의 산호초의 분포와 활화산의 위치(왼쪽 아래에 있는 설명을 보라).

진한 파란색……환초 또는 초호도
연한 파란색……보초
붉은색……거초
새빨간 점과 줄……활화산
주석. 이 이상은 6장의 모두와 부록을 보라.

콘힐 65번지의 스미스 앤드 엘더 회사가 발간. 조각 J. & G. 워커.

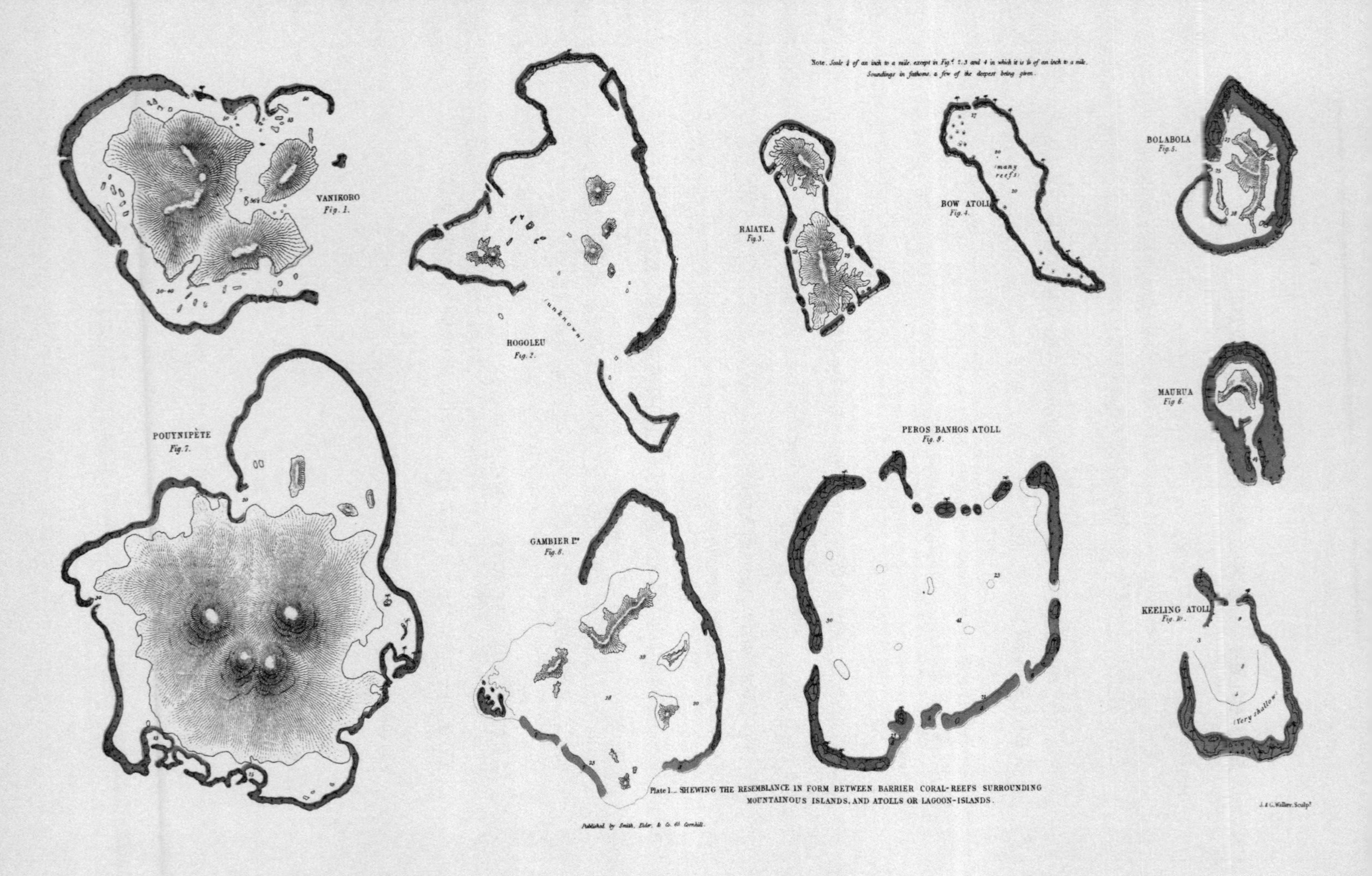

Plate I.— SHEWING THE RESEMBLANCE IN FORM BETWEEN BARRIER CORAL-REEFS SURROUNDING MOUNTAINOUS ISLANDS, AND ATOLLS OR LAGOON-ISLANDS.

PLATE II.

GREAT CHAGOS BANK

Fig. 1. [illegible] of an Inch to a mile

The shaded parts are from 4 to 10 f.ms under water

4 to 10 fathoms

15 to 20 f.ms

40 to 50 f.ms

Level of the Sea

East & West Section across the Gr. Chagos Bank *76 miles in length*

Fig. 2. [illegible] of an inch to a mile

MENCHICOFF ATOLL

Fig. 3. [illegible] of an Inch to a mile

NEW

CALEDONIA

Fig. 5. one inch to 60 miles

Powells Is.d

MAHLOS

MAHDOO ATOLL

Fig. 4. [illegible] of an Inch to a mile

Horsburgh Atoll

MALDIVA ARCHIP.o

Fig. 6.

One Inch to 60 miles

Tilla dou Matte

Milla dou Madou

Mahlos Mahdoo

Male

Ross

Ari

Phaleedoo

Nillandoo

Moluque

Suadiva Atoll

Phoowa Moloku

Addoo Atoll

J & C Walker Sculp.t

Published by Smith, Elder, & Co. 65 Cornhill.

지은이

:: 찰스 다윈 Charles R. Darwin 1809-1882

1809년 2월 12일 런던의 북서쪽인 쉬르즈베리에서 태어났다. 어려서 무엇을 잘 모았던 다윈은 호기심이 많았고 대자연을 아주 좋아했다. 의사인 아버지의 뜻을 따라 에든버러 의과대학에 진학했으나 적성에 맞지 않아 그만두었다. 케임브리지 대학교에서 존 스티븐스 헨슬로 교수를 만나 큰 지적 성장을 했으며 당대 최고의 지질학자인 애덤 시지윅 교수와 웨일스 지방의 지질조사를 하면서 지질학에 흥미를 붙였다. 두 번째 항해를 계획하던 로버트 피츠로이 함장을 만나 비글호를 타고 세계를 일주하면서 남아메리카 동해안과 서해안을 비롯해서 오스트레일리아와 아프리카와 대양의 섬들을 거의 만 5년 동안 찾아보았다. 그는 남아메리카 파타고니아와 안데스산맥을 탐험하면서 얻은 생각으로 산호초를 보지도 못했지만, 산호초가 생기는 과정을 제대로 설명했다. 나아가 생물은 환경에 맞추어서 자연히 발달한다는 생명체만이 가지고 있는 신비한 현상을 발견했다. 그 현상을 일찍 깨달았으나 생각하는 바가 있어, 그는 늦게 1859년 "종의 기원(*The Origin of Species*)"이라는 제목으로 발표했다. 보통 "진화론"으로 요약되는 그 생각은 당시 성경과 교회가 인간의 의식을 지배하던 사회에 큰 파문과 종교의 반발을 불러일으켰으나 진리로 받아들여진다. 지질학과 화석을 좋아한 다윈은 남아메리카에서 걸린 풍토병 때문에 지질을 조사하지 못하고 여생을 거의 환자로 보냈다. 그러면서 지질학 연구보다는 생물을 관찰하고 비글호 항해에서 얻은 자료들을 정리해 30권 가까운 저서를 발간했다. 내용은 화산섬과 남아메리카의 지질, 따개비, 덩굴식물, 지렁이, 충매화, 인간의 조상, 인간과 동물의 감정표현을 포함하여 여러 가지 생물과 인간과 지질학과 화석에 걸친다. 다윈은 1882년 4월 19일 세상을 떠나 웨스트민스터 사원에 묻혔다.

옮긴이

장순근

서울대학교 문리과대학 지질학과를 졸업하고, 1980년 프랑스 보르도 I 대학교에서 이학박사학위를 받았다. 1985년 11/12월 한국남극관측탐험대에 지질학자로 참가했으며, 이 공로로 1986년 국민훈장 모란장을 받았다. 이후 남극세종기지에서 4회 월동했다. 두 번째 월동에서 찰스 다윈의 "비글호 항해기"를 우리나라에서 처음으로 완역했다. 이 사실로 1994년 제34회 한국출판문화상(번역부문)을 받았다. 남극을 소개한 "야! 가자, 남극으로"(1999년, 창비)와 우리나라의 남극 활동을 정리한 "남극탐험의 꿈"(2004년, 사이언스북스)과 "남극 세종기지의 자연환경"(2010년, 서울대학교 출판문화원)을 비롯하여 적지 않은 저서와 역서가 있다. 2002년 제1회 "닮고 싶고 되고 싶은 과학기술인" 10명에 선정되었으며, 2009년 제10회 대한민국과학문화상(도서부문)을 받았다.

백인성

서울대학교 지질과학과를 졸업하고, 동 대학교 대학원에서 석사학위와 박사학위를 받았으며, 미국 마이애미 대학교와 호주 머독 대학교에서 방문교수로 연구를 수행하였다. 국내 탄산염퇴적학 연구의 개척과 한반도 공룡시대와 신생대 마이오세의 고생태와 고환경 연구, 제4기 퇴적층 연구의 다변화 등을 선도하여, 대한지질학회 학술상과 우수논문상, 한국과학기술단체총연합회 우수논문상, 부산과학기술상, 과학기술훈장 웅비장 등을 받았다. 현재 부경대학교 지구환경과학과 교수로 재직 중이며, 교무처장과 부총장, BK21플러스사업 지구환경재해시스템사업단장, 대한지질학회 부회장 등을 역임하였고, 문화재청 문화재위원(천연기념물분과)으로 활동 중이다.

산호초의 구조와 분포

1832년부터 1836년에 걸쳐 왕립해군 피츠로이 함장의 지휘를 받은 비글호 항해의 지질학보고서 첫 부분

1판 1쇄 펴냄 | 2019년 9월 30일
1판 2쇄 펴냄 | 2020년 8월 10일

지은이 | 찰스 다윈
옮긴이 | 장순근 · 백인성
펴낸이 | 김정호
펴낸곳 | 아카넷

출판등록 2000년 1월 24일(제406-2000-000012호)
10881 경기도 파주시 회동길 445-3
전화 | 031-955-9510(편집) · 031-955-9514(주문)
팩시밀리 | 031-955-9519
책임편집 | 이하심
www.acanet.co.kr

Printed in Seoul, Korea.

ISBN 978-89-5733-645-8 94450
ISBN 978-89-5733-214-6 (세트)

이 도서의 국립중앙도서관 출판시도서목록(CIP)은
서지정보유통지원시스템 홈페이지(http://seoji.nl.go.kr)와
국가자료공공목록시스템(http://www.nl.go.kr/kolisnet)에서 이용하실 수 있습니다.
(CIP 제어번호: CIP2019033800)

이 번역서는 2016년 대한민국 교육부와 한국연구재단의 지원을 받아 수행된 연구임
(NRF-2016S1A5A7017588)

This work was supported by the Ministry of Education of the Republic of Korea
and the National Research Foundation of Korea (NRF-2016S1A5A7017588)